K. B. Aruna
M. Krishnappa

Briófitas do distrito de Chikkamagaluru, Ghats Centro-Ocidentais-Karnataka

K. B. Aruna
M. Krishnappa

Briófitas do distrito de Chikkamagaluru, Ghats Centro-Ocidentais-Karnataka

Diversidade, padrão de distribuição, fitoquímica e actividades antimicrobianas

ScienciaScripts

Imprint
Any brand names and product names mentioned in this book are subject to trademark, brand or patent protection and are trademarks or registered trademarks of their respective holders. The use of brand names, product names, common names, trade names, product descriptions etc. even without a particular marking in this work is in no way to be construed to mean that such names may be regarded as unrestricted in respect of trademark and brand protection legislation and could thus be used by anyone.

Cover image: www.ingimage.com

This book is a translation from the original published under ISBN 978-620-2-02944-5.

Publisher:
Sciencia Scripts
is a trademark of
Dodo Books Indian Ocean Ltd. and OmniScriptum S.R.L publishing group

120 High Road, East Finchley, London, N2 9ED, United Kingdom
Str. Armeneasca 28/1, office 1, Chisinau MD-2012, Republic of Moldova, Europe
Printed at: see last page
ISBN: 978-620-8-20180-7

ÍNDICE

Capítulo 1. Introdução

Bryum pseudotriquetrum

1.

Introdução

A Índia possui um património rico e variado de biodiversidade, abrangendo um amplo espetro de habitats, desde as florestas tropicais húmidas à vegetação alpina e das florestas temperadas às zonas húmidas costeiras. Assim, a Índia é considerada um dos 12 países com maior biodiversidade do mundo e possui quatro hotspots de biodiversidade global (os Ghats Ocidentais e o Srilanka, os Himalaias Orientais, a Indo-Birmânia e Sundaland (Anon., 2009).

O Ghats Ocidental da Índia peninsular é um dos 35 hotspots do mundo (Anon., 2005) e é bem conhecido pela sua diversidade biológica, tendo sido sempre um "Paraíso Biológico". As suas formas de relevo diversificadas, o relevo e as condições ambientais suportam uma série de tipos de florestas e estão identificadas para a conservação da biodiversidade, tendo sido estudada uma área desta região com ênfase nas plantas com flor, pteridófitas e algumas briófitas. O subcontinente indiano, com a sua vasta gama de diversidade ecológica e climática, é a mais rica "casa do tesouro" de briófitos.

As briófitas ocupam um lugar importante no reino vegetal. São um grupo diverso e distinto de plantas não vasculares com cerca de 25 000 espécies distribuídas por todo o mundo, o que as torna no segundo maior grupo de plantas terrestres a seguir às plantas com flor. São as mais simples e primitivas das plantas terrestres e são pioneiras a colonizar o habitat terrestre a partir do ambiente aquático. Estas plantas são mais comuns durante as estações chuvosas e em locais húmidos, pelo que as briófitas são conhecidas como os *"anfíbios do reino vegetal"*. Obtêm o seu alimento diretamente da água. Devido à sua notável capacidade de absorção de água, as briófitas são também designadas *por "plantas de ressurreição"* (Daniels e Kariyappa, 2007). Morfologicamente, as briófitas são pequenas criaturas, com uma altura que varia entre alguns milímetros e meio metro, denominadas *"liliputianos do reino vegetal"*. Estas pequenas plantas são tipicamente verdes e carecem de algumas das estruturas complexas que se encontram nas plantas vasculares. Não produzem flores nem sementes e não têm raízes, caule e folhas verdadeiros, mas têm uma estrutura semelhante a uma raiz para se fixarem e absorverem água.

1.1. Origem das briófitas

A palavra briófita foi cunhada por Robert Braun pela primeira vez em 1864. Significa uma planta musgosa, derivada da palavra grega *"Bryori"* que significa musgo e *"Phyton"* que significa planta. Braun incluiu neste grupo as algas, os fungos, os líquenes e os musgos. No sistema de classificação posterior, as algas, os fungos e os líquenes foram colocados numa divisão separada, Thallophyta, e as hepáticas e os musgos em Bryophyta. Mais tarde, Eichler (1883) reconheceu

3

dois subgrupos, Hepaticae e Musci no Bryophyta. Engler (1892) subdividiu Hepaticae em três ordens: Marchantiales, Jungermanniales e Anthercerotales e Musci em três ordens: Sphagnales, Andreales e Bryales. A posição anómala de Anthocerotales como uma ordem da classe Hepaticae foi apontada por muitos briólogos, por exemplo, Underwood (1894). Mais tarde, Howe (1899) deu status de classe à ordem Anthocerotales e a chamou de Anthocerotae. Mas, Chopra (1981) considerou as Briófitas como trifiléticas *viz,* Takakiophytina, Hepatophytina e Muscophytina. Finalmente, a divisão das briófitas pode ser classificada em três classes principais como Hepaticae (Hepáticas), Anthocerotae (Hornworts) e Musci (Musgos).

1.2. Habitat para briófitos

As plantas crescem em dois habitats bem definidos, a água e a terra. As plantas que crescem na água são chamadas plantas aquáticas (por exemplo, algas) e as que crescem na terra são plantas terrestres, por exemplo, plantas com sementes (espermatófitas). Entre estes dois extremos de habitats existe uma zona de transição. É representada pelos pântanos, a zona de encontro entre a água e a terra. Pode ser chamada de zona anfíbia. A inibir a zona anfíbia estão os musgos, as hepáticas e as hornworts, coletivamente designados por briófitos.

De um modo geral, os briófitos são cosmopolitas na sua distribuição. Crescem numa grande variedade de substratos. Podem estar sobre madeira, paredes de barro, tectos de telha, crescendo em esteiras ou almofadas sobre o solo (terricolas), crescendo como epífitas sobre cascas de árvores (corticolas), sobre folhas (foliícolas/epífilas), sobre rochas (rupícolas) e pedras (saxícolas), totalmente litófitas, sobre troncos caídos (lenhícolas), margens de rios e bermas de estradas são locais comuns. Certos briófitos têm uma capacidade notável de suportar a seca e são geralmente conhecidos como formas xeromórficas. Formam colónias secundárias depois dos líquenes nas rochas estéreis.

1.3. Padrão de ciclo de vida em briófitas

As briófitas apresentam uma alternância heteromórfica de gerações nitidamente definida, na qual a fase gametofítica e a fase esporofítica são completamente diferentes tanto na sua morfologia como na sua função. Hofmeister (1851) investigou pela primeira vez a alternância de gerações em briófitas. O corpo principal da planta é o gametófito, que produz anterozóides nos anterídios e ovos nos arquegónios. Após a fertilização (singamia) forma-se o zigoto que se desenvolve no esporófito. O esporófito é geralmente diferenciado em pé, seta e cápsula. Os esporos são produzidos na cápsula após meiose. O esporo é a primeira célula/estágio da geração haploide/gametófita, que termina no óvulo até que este não seja fertilizado. O zigoto/ovo fertilizado é a primeira célula/estágio da geração diploide/esporofítica e permanece até que a divisão reducional (meiose) tenha lugar no tecido esporogénico. A célula-mãe do esporo representa a última fase da geração esporofítica.

1.4. Classes de briófitas

As três principais classes de briófitas são as Hepaticae (Hepáticas), Anthocerotae (Hornworts) e

Musci (Musgos).

1.4.1. Musgos

Os musgos são as briófitas superiores. A sua distribuição é mundial e ocorrem em quase todas as situações em que a vida é possível. Os musgos são conhecidos como a "miniatura verde do reino vegetal". A grande diversidade de espécies de briófitas encontra-se nos musgos, com um número estimado de espécies que varia entre 11000-13000 e 660 géneros (Magill, 2010). Sabe-se que cerca de 2000 espécies de musgos, pertencentes a 342 géneros, ocorrem na Índia (Chopra, 1975; Dash e Saxena, 2009).

Um musgo é constituído por duas partes, o gametófito e o esporófito. O gametófito é haploide, de vida livre, com folhas verdes e diferencia-se em estruturas do tipo caule (caulóide), folha (filoide) e raiz (rizoide). Koch (1956) sugeriu os termos caulóide e filoide para o caule e as folhas, respetivamente. Folhas dispostas em espiral, disticuladas, costadas ou ecostadas. rizóides multicamadas. O esporófito é diploide e cresce parcialmente como parasita do gametófito. Na maioria dos musgos, o esporófito consiste num talo não ramificado denominado seta com um esporângio dentro da cápsula no ápice. Seta curto ou longo, a cápsula varia em forma com opérculo bucal e dentes do peristoma. Os dentes do peristoma respondem a alterações de humidade no ambiente e estão envolvidos na dispersão dos esporos.

1.4.2. Hepáticas

As hepáticas estão amplamente distribuídas pela superfície da Terra, mas são muito mais numerosas nos trópicos do que noutras partes do mundo. Algumas delas são cosmopolitas na sua distribuição. As Hepaticae estimam que o número de espécies varia entre 7000-9000 e estão agrupadas em 280 géneros (von Konrat *et al.*, 2010). Na Índia, estão representadas por 850 espécies em 140 géneros e 52 famílias (Singh, 1997).

Os gametófitos das hepáticas podem ser rebentos folhosos ou talos achatados. Nas formas folhosas, as folhas estão dispostas no caule numa fila ventral e em duas filas laterais. As folhas têm uma camada celular de espessura, nunca têm uma nervura mediana e são geralmente divididas em duas ou mais partes chamadas lóbulos. As folhas ventrais, que na realidade se encontram contra o substrato, são geralmente muito mais pequenas do que as folhas laterais e estão escondidas pelo caule. Os rizóides, que surgem perto das folhas ventrais, são incolores e unicelulares. O talo achatado, do tipo fita a folha, das hepáticas talosas pode ser simples ou estruturalmente diferenciado num sistema de câmaras de ar dorsais e tecidos de armazenamento ventrais.

Os esporófitos das hepáticas desenvolvem-se completamente fechados dentro dos tecidos gametofíticos até que as suas cápsulas estejam prontas a abrir. A seta, que inicialmente é muito curta, consiste em células hialinas pequenas e de paredes finas. Imediatamente antes da abertura da cápsula, as células da seta alongam-se, aumentando assim o comprimento da seta até 20 vezes as suas dimensões originais. Este rápido alongamento empurra a cápsula para fora dos tecidos gametofíticos com a secagem; a cápsula abre-se dividindo-se em quatro válvulas. Os esporos são dispersos pelo vento através do movimento de torção de numerosas células estéreis misturadas, denominadas elatérios. As hepáticas dispersam toda a massa de esporos de uma única cápsula em apenas alguns minutos.

As hepáticas sintetizam uma grande quantidade de óleos voláteis, denominados corpos oleosos, que armazenam em organelos únicos. Estes compostos conferem um aroma frequentemente picante às plantas e parecem desencorajar os animais de se alimentarem delas. Muitos destes compostos têm potencial como medicamentos antimicrobianos ou anticancerígenos (Goffinet e William, 2004; Pojar e Mac, 1994).

1.4.3. Espinheiros

As hornworts têm esporófitos longos em forma de chifre e são o grupo mais pequeno de briófitas. No mundo, a diversidade atual de hornworts é estimada em 200-250 espécies (Villarreal *et al,* 2010), um número pequeno em comparação com musgos e hepáticas. Na Índia, foram documentadas 34 espécies de hornworts (Dash e Saxena, 2009). Diferem de todas as outras plantas terrestres por terem apenas um grande cloroplasto semelhante a uma alga em cada célula do talo. O esporófito está ancorado no gametófito por um pé através do qual ocorre a transferência de nutrientes do gametófito para o esporófito. A libertação de esporos em hornworts ocorre gradualmente durante um longo período de tempo e os esporos são principalmente dispersos por movimentos de água e não pelo vento.

1.5. Utilizações dos briófitos

As briófitas são componentes vitais da vegetação em muitas regiões do globo, constituindo uma parte importante da biodiversidade em ecossistemas de florestas húmidas, zonas húmidas, montanhas e tundras (Hallingbäck e Hodgetts, 2000). Desempenham um papel importante na dinâmica dos nutrientes do ecossistema, na utilização como medicamento, no valor hortícola, no leito de sementes para plantas superiores, fornecem microhabitats para outras plantas e animais, preenchem lacunas nos habitats e promovem a sucessão vegetal. Utilizadas como bio-indicadores (Ando e Mastuo, 1984; Hedenas, 1991; Bargagli *et al,* 1995), deteção de poluição (Gilbert, 1968; Bates, 2000) e no orçamento global (O'Neill, 2000).

1.5.1. Importância ecológica

As briófitas desempenham um papel importante na gestão dos solos e na ligação às rochas (Nath *et al.,* 2000). Muitas espécies de briófitas são utilizadas na conservação do solo. Os musgos pleurocárpicos, como *Thuidium, Brachymenium e Hygrohypnum,* formam uma densa camada sobre as pedras e o solo e preservam o microhabitat da erosão. Muitas espécies de briófitas são os colonizadores secundários em rochas estéreis, ao lado de líquenes na sucessão de plantas em xerosers, ajudando assim na meteorização do solo. São extremamente bons aglutinadores do solo, uma vez que formam grandes tapetes nos solos florestais e nos cortes de estrada. Os musgos de penas (*Hylocomium splendens, Pleurozium schreberi* e *Ptilium cristacastrensis*) e outros briófitos podem atuar como engenheiros do ecossistema (Jones *et al*, 1994).

Os briófitos como *Barbula unguiculata* Hedw., *Weissia controversa* Hedw. e espécies de *Bryum* são úteis no controlo da erosão do solo (Conard, 1935). Os briófitos no solo desempenham um papel importante na função dos ecossistemas florestais. Formam excelentes bancos de sementes para plântulas e amostras, particularmente em florestas sempre verdes. Servem de abrigo a muitos invertebrados e fornecem materiais de construção de ninhos para as aves (Pant e Tewari, 1981).

1.5.2. Indicador das condições ambientais

As briófitas são bons indicadores das condições ambientais. Por vezes, têm sido utilizadas principalmente como indicadores geobotânicos. Têm sido utilizadas principalmente na procura de minerais. Por exemplo, procurem os conhecidos "musgos de cobre" que se diz crescerem preferencialmente sobre depósitos de cobre (Shacklette, 1967; Hartman, 1969). Os musgos podem ser utilizados como um indicador do teor de cálcio e de nutrientes na água. Alguns briófitos podem crescer apenas numa gama de pH estreita e específica e, por conseguinte, a sua presença pode ser tratada como um indicador do pH do solo (Anon., 2013). Os briófitos aquáticos que crescem em cursos de água foram utilizados para a prospeção biogeoquímica da mineralização do urânio (Whitehead e Brooks, 1969).

1.5.3. Indicadores de poluição

Os briófitos são indicadores muito bons da poluição ambiental, sendo utilizados com sucesso para monitorizar a poluição atmosférica devida a emissões industriais. Nash (1972), nos seus estudos sobre musgos como *Ceratodon purpureus, Atrichum undulatum* e *Polytrichum piliferum*, revelou que *A. undulatum* é um dos melhores bioindicadores da poluição atmosférica. As briófitas são bons indicadores de chuva ácida porque não têm epiderme e cutícula protectoras e, por isso, são mais susceptíveis do que as plantas vasculares. Podem também ser utilizadas como indicadores de alterações climáticas e, assim, estudar os seus efeitos no ecossistema (Gignac, 2001).

Os musgos são também utilizados para monitorizar poluentes metálicos em habitats terrestres. Algumas espécies, como *Scapania undulata, Fontinalis antipyretica, Jungermannia* sp. e *Vulcanicola* sp. são bastante úteis na monitorização da poluição por metais pesados (Tyler, 1971). Certas espécies de briófitas são indicadoras de minerais, uma vez que crescem em depósitos minerais específicos. Os musgos de cobre, como *Mielichhoferia elongata e Scopelophila lingulata*, preferem crescer em concentrações muito elevadas de cobre, enxofre e metais pesados (Leimpriecht, 1895). Devido a esta propriedade, os briófitos podem ser utilizados como ferramentas em prospecções geológicas (Pant, 1981).

1.5.4. Utilizações hortícolas

Os horticultores e arquitectos paisagistas utilizam os briófitos como aditivos do solo. Construção de jardins de musgo e de jardins em miniatura Devido à sua elevada capacidade de retenção de água e permeabilidade ao ar, a turfa é um importante condicionador do solo e é comummente utilizada para fins agrícolas e hortícolas em todo o mundo. *O Sphagnum* fresco é também misturado com o solo ou espalhado sobre o solo como cobertura vegetal, ajudando a manter a humidade e a prevenir o crescimento de ervas daninhas. Os jardineiros utilizam *o Sphagnum* e alguns outros musgos em camadas de ar. Os musgos servem de cobertura do solo para o bonsai.

Rhitidoropsis robusta, Thuidium delicatulum e *Hypnum imponens* têm sido usados para a cultura de orquídeas (Adderly, 1964). Os musgos também são utilizados para o cultivo de cogumelos. No Japão, os musgos têm sido frequentemente utilizados em jardins porque dão uma beleza tranquila e um aspeto antigo aos jardins, revestindo troncos de árvores, rochas e pedras.

1.5.5. Utilizações medicinais

As plantas medicinais são dádivas da natureza para curar um número ilimitado de doenças dos seres humanos (Bonjar e Farrokhi, 2004). A abundância de plantas na superfície da terra levou a um interesse crescente na investigação de diferentes extractos obtidos de plantas medicinais tradicionais, como fonte potencial de novos agentes antimicrobianos (Rojas *et al.*, 2003). Desde tempos imemoriais que o ser humano utiliza as briófitas e os seus produtos no combate a doenças e em muitas utilizações.

Durante as guerras mundiais, o musgo *Sphagnum* foi utilizado como penso cirúrgico pelo pessoal do exército (Schofield, 1969). A hepática *Marchantía polymorpha* e *Conocephalum conicum* foram utilizadas para curar doenças do fígado (Miller e Miller, 1979). O extrato de talo de *M. polymorpha* e *Lunularia cruciata* apresenta propriedades antifúngicas e antibacterianas (Gahtori e Chaturvedi, 2011; Dhondiyal *et al.*, 2013). A *Riccia* sp., que forma uma roseta, é utilizada como aplicação externa para curar a micose. Pant *et al.* (1986) referiram que as cinzas de musgo queimado misturadas com gordura e mel são utilizadas pela população da região dos Himalaias para curar queimaduras e feridas. *Polytrichum commune* reduz a inflamação e actua como antipirético, laxante e agente hemolítico (Hu, 1987; Glime e Saxena, 1991). O extrato de óleo do musgo *Polytrichum commune* é utilizado para embelezar e fortalecer o cabelo (Pant e Tewari, 1990). *O Rhodobryum gigantium* e *o R. roseum* têm sido utilizados como medicamentos em bruto para o tratamento de doenças cardiovasculares e prostração nervosa (Glime e Saxena, 1991).

1.6. Fitoquímica e actividades antimicrobianas de briófitos

As briófitas são o segundo maior grupo taxonómico do reino vegetal, mas os estudos realizados para compreender melhor a sua composição química são limitados e dispersos. As briófitas são plantas terrestres delicadas e não possuem cutícula e casca espessas, pelo que possuem compostos bioquimicamente activos que desempenham mecanismos de defesa para as proteger de inimigos como fungos, bactérias e insectos.

Os briófitos contêm numerosos compostos potencialmente úteis, incluindo oligossacáridos, polissacáridos, álcoois de açúcar, aminoácidos, ácidos gordos, compostos alifáticos, fenilquinonas e substâncias aromáticas e fenólicas, mas ainda há muito trabalho a fazer para associar os efeitos medicinais a espécies ou compostos específicos de briófitos (Pant e Tewari, 1990). Foram registados vários lípidos insaturados, ésteres, flavonóides, tripenóides e fenóis em briófitos (Asakawa, 1981).

Sabe-se que algumas hepáticas possuem ácido lunularico, por exemplo nos extractos de *Reboulia* e *Pallavicinia, que* apresenta propriedades antimicrobianas (Belcik e Wiegner, 1980). Devido à sua atividade antimicrobiana, as hepáticas não são susceptíveis a doenças fúngicas. O ácido lunularico inibe o crescimento de fungos patogénicos como *Botrytis cinerea, Rhizoctonia solani* e espécies de *Pythium*, enquanto que os extractos de éter de petróleo das espécies *Barbula* e *Timmiella* foram considerados activos contra bactérias gram negativas e gram positivas (Gupta e Singh, 1971).

As briófitas têm sido amplamente exploradas em relação a numerosos constituintes activos e à sua atividade farmacológica. Foram descritas actividades citotóxicas, anticancerígenas e antitumorais (Shi *etal.,* 2008, 2009; Shen *et al.,* 2010), antibacterianas e anti-inflamatórias (Ivanova *et al.,* 2007) em hepáticas e musgos. Os musgos *Polytrichum* e *Sphagnum* exibem fortes propriedades antibacterianas contra *Gaffkeya tetragena* e *Staphylococcus aureus* (Anon., 2013). Uma avaliação da literatura (McCleary *et al.,* 1960; Banerjee e Sen, 1979; Asakawa *et al.,* 1980; Hoof *et al.,* 1981; Asakawa, 1981, 1984; Dikshit *et al.,* 1982; Castaldo-Cobianchi *et al.,* 1988; Lorimer e Perry, 1993, 1994; Kamory *et al.,* 1995; Basile *et al.,* 1999) indica que foram utilizados diferentes extractos de solventes de cerca de 150 espécies de hepáticas e musgos para o isolamento de diferentes compostos. Estes mostraram propriedades antimicrobianas contra vários grupos de fungos e leveduras, bem como contra bactérias gram positivas e negativas.

1.7. A briologia indiana: Cenário atual

Os nossos conhecimentos sobre a taxonomia e a distribuição dos briófitos estão longe de ser adequados e ainda dependem do trabalho efectuado durante os últimos séculos XIX e início do século XX. Até agora, os musgos constituem a principal componente da brioflora indiana, com cerca de 2000 espécies de musgos pertencentes a 342 géneros e 54 famílias, cuja ocorrência na Índia é conhecida (Chopra, 1975; Vohra e Aziz, 1997). Cerca de 16 géneros e 678 espécies são endémicas da Índia. Destas, cerca de 1030 ocorrem nos Himalaias Orientais, 751 nos Himalaias Ocidentais e 540 nos Ghats Ocidentais. A família Pottiaceae, com 37 géneros e 190 espécies, é a maior família, seguida das famílias Bryaceae (12 géneros e 150 espécies), Dicranaceae (29/146), Hypnaceae (18/92) e Sematophyllaceae (25/84). Os géneros dominantes incluem *Fissidens* (67 spp.), *Bryum* (59 spp.), *Campylopus* (41 spp.) e *Brachythecium* (39 spp.).

Na Índia, as hepáticas estão representadas por cerca de 850 espécies em 140 géneros e 52 famílias (Udar, 1976; Srivastava, 1994; Singh, 1997) e contribuem grandemente para a diversidade florística do país. A região oriental dos Himalaias, com cerca de 548 espécies em 111 géneros e 44 famílias, é a região mais rica e representa quase 65% do total da flora indiana de hepáticas. Seguem-se os Ghats Ocidentais, com cerca de 280 espécies em 79 géneros e 32 famílias, e os Himalaias Ocidentais, com cerca de 235 espécies em 77 géneros e 40 famílias, enquanto o resto do país conta apenas com cerca de 135 espécies. Lejeuneaceae, com 36 géneros e 155 espécies, é a maior família de hepáticas da Índia, seguida de Plagiochilaceae (4 géneros e 119 espécies) e Jungermanniaceae (15 géneros e 76 espécies).

O grupo das hornworts (Anthocerotae) nunca foi revisto taxonomicamente a uma escala global e existem poucas floras bem documentadas, quer temperadas (Proskauer, 1951, 1953, 1957; Schuster, 1992; Paton, 1999) quer tropicais (Hasegawa, 1979-1983; Asthana e Srivastava, 1991; Singh, 1994; Gradstein e da Costa, 2003). Além disso, não existem estudos filogenéticos ao nível das espécies ou das populações de hornworts. Na Índia, estão documentadas 34 espécies de hornworts pertencentes a cinco géneros e três famílias.

Estudos sistemáticos sobre a flora de briófitos de diferentes localidades têm sido frequentemente efectuados em várias partes do mundo, bem como na Índia. As observações taxonómicas fornecem dados úteis sobre a distribuição, migração e ecologia da simetria e diversidade dos briófitos.

As comunidades briológicas pertencem a ecossistemas comparativamente pequenos, frágeis e perturbados. Além disso, o tamanho reduzido de cada planta aumenta a sua vulnerabilidade devido a actividades humanas, desflorestação intensa, incêndios florestais, população turística, colheita em massa por profissionais, outras actividades antropogénicas e animais de pasto (Daniels e Kariyappa, 2007).

Os estudos florísticos de briófitas no Karnataka são muito fragmentários. Estas plantas estão a desaparecer rapidamente dos seus habitats naturais sem serem catalogadas ou estudadas cientificamente. Devido à importância ecológica, à sensibilidade e à vulnerabilidade dos briófitos às alterações do ambiente, é essencial fazer uma listagem dos briófitos de uma localidade e revê-la anualmente. Os habitats não perturbados do distrito de Chikkamagaluru albergam uma população saudável de briófitos. No entanto, até à data não existe qualquer registo ilustrado dos briófitos do distrito de Chikkamagaluru, Karnataka. Este facto exige estudos florísticos imediatos desta imensa riqueza biológica antes que seja completamente destruída.

Capítulo 2. Revisão da literatura

2.

Revisão da literatura

2.1. História da briologia

As briófitas são grupos diversos e distintos de plantas terrestres inferiores, que ocupam um lugar entre as algas, os fetos e os aliados dos fetos. O grupo inclui três linhagens bastante distintas (musgos, hepáticas e hornworts) de espécies familiares.

Os primeiros trabalhos sobre briófitas (especialmente musgos) datam de 1741 d.C. por Dillenius na sua Historia Muscorum from India. Linnaeus seguiu-lhe o exemplo muito mais tarde, em 1753, quando incluiu alguns musgos indianos, juntamente com plantas superiores, na sua Species Plantarum. Mais tarde, Buchanan Hamilton, um médico oficial da embaixada britânica em 1802, fez uma coleção de musgos do Nepal, que foi publicada por Hooker em 1808 como Musci Nepalensis. Foi só depois de Hooker (1818-1820) que se dedicou a estudos mais sérios sobre os musgos, onde descreveu várias espécies novas. Em 1825, Hooker efectuou duas publicações conjuntas com Greville sobre musgos indianos. Entre 1811-42, Schwagrichen incluiu alguns musgos indianos no seu suplemento ao Species Muscorum de Hedwig.

O termo "musgos" utilizado por Jussieu em 1836, inclui os musgos verdadeiros. No entanto, os restantes grupos não eram conhecidos nessa altura. Montagne (1842) registou 100 espécies de musgos de Nilgiris (Tamil Nadu) no seu Cryptogamae Nilgheriensis. Mitten (1859) registou cerca de 800 espécies de musgos pertencentes a 95 géneros e 19 famílias no seu Musci Indiae Orientalis, incluindo um grande número de espécies novas, que constituiu o trabalho mais importante e abrangente que engloba todas as espécies indianas conhecidas na altura. Mais tarde, Mitten (1860, 1861) efectuou o estudo das colecções de briófitas feitas por vários trabalhadores, particularmente em Assam e nas colinas de Khasia por Griffith (1842), e publicou Hepaticae Indiae orientalis, uma obra completa sobre hepáticas indianas que inclui uma lista detalhada de 290 espécies e várias espécies novas.

Brown (1866) introduziu o termo 'Bryophyta', uma palavra grega derivada da combinação de 'Bryon', que significa musgo, e 'phyton', que significa planta, e tratou-o em 'Acotyledonae', que incluía algas, fungos e musgos, mas não hepáticas. As briófitas foram divididas em duas classes por Eichler em 1883: Hepaticae (inclui todas as hepáticas) e Musci (inclui todos os musgos). Engler (1892) subdividiu cada uma das duas classes em três ordens. Hepaticae foi dividida em Marchantiales, Jungermanniales e Anthocerotales e Musci em Sphagnales, Andreaeales e Bryales. Muitos briólogos assinalaram muito cedo a posição inconsistente de Anthocerotales como uma ordem da classe Hepaticae. Em 1899, Howe deu o estatuto de classe à ordem

Anthocerotales. Ele a denominou Anthocerotes e dividiu as briófitas em três classes: Hepaticae, Anthocerotes e Musci. Smith (1955) e Schuster (1958, 1966) aceitaram o sistema de Howe (1899) com uma modificação do termo Anthocerotes como Anthocerotae.

No início da era de 20th , Stephani (1900, 1906, 1906-1909, 19091912, 1912-1917, 1917-24) publicou um trabalho abrangente sobre as hepáticas do mundo. Publicou Species Hepaticarum em seis volumes, uma monografia mundial que incluía a descrição de um grande número de taxa de hepáticas recolhidos em Sikkim, Índia oriental, Birmânia, Khasia hills, Himalaias, Ceilão, Nepal e Madurai.

2.1.1. Briologia: Mundo

Dixon (1908) descreveu um novo género *Brachymenium* Broth. Macvicar (1926) publicou a flora das Hepaticae britânicas. de la Varde (1927), no seu artigo sobre os musgos, publicou uma descrição taxonómica de várias espécies novas.

Schiffner (1929) e Kamimura (1939, 1961) estudaram hepáticas epífilas do Japão. As hepáticas epífilas das ilhas dos Açores foram estudadas por Allorge e Allorge (1938) e mais tarde por Sjögren (1997). Mueller (1951-58) fez uma descrição taxonómica da planta europeia *Notothylas orbicularis*.

Carothers e Kreitner (1967) estudaram as espermátides da hepática *Machantia polymorpha* e mostraram, através da análise de secções finas, que estas continham um organelo de quatro camadas, o *Vierergruppe*, situado entre as bases flagelares e um corpo mitocondrial subjacente. Os autores apresentaram uma representação gráfica de um modelo tridimensional à escala que interpreta a estrutura do organelo.

Kitagawa (1967, 1968) estudou as hepáticas da Tailândia. Forneceu chaves para os géneros *Bazzania* e *Leucolejeunea* da Tailândia no seu processo da série e reduziu a sinonímia dos estudos anteriores de alguns membros *de Leucolejeunea*.

Grolle (1972) registou 11 espécies de hepáticas e um material estéril de *Cephaloziella* das Ilhas Sandwich do Sul e reviu uma lista anotada de 24 espécies de hepáticas da Geórgia do Sul. Propôs uma nova combinação *Clasmatocolea georgiensis* (Gottsche) Grolle e descreveu uma nova espécie *Lophocolea willii* Grolle. Newton (1972) estudou o cromossoma de 16 briófitos da Geórgia do Sul, 15 dos quais são musgos e uma hepática. De Menendez (1977) registou 27 espécies de hepáticas, que são novas na Geórgia do Sul. Dirkse *et al.* (1988) publicaram uma lista de controlo dos briófitos neerlandeses. Esta lista incluía 416 espécies de musgos com 27 variedades, e 122 espécies de hepáticas com duas variedades. *Rhynchostegiella jaquinii, Cololejeunea minutissima, Metzgeria temperata* e *Riccia crozalsii* foram registadas pela primeira vez nos Países Baixos.

A contribuição de Pócs no domínio da briologia é memorável. Estudou hepáticas epífilas africanas (1975, 1978, 1980, 1984 e 1993), briófitas da África Oriental (1985), briófitas foliícolas das ilhas do Oceano Índico (1997a), hepáticas epífilas da Nova Guiné (1997b), duas novas espécies de Lejeuneaceae das ilhas Mascarenhas (1997c), hepáticas epífilas do Laos (2012a) e briófitas das ilhas Fiji (2012b). Pócs e Streimann (1999, 2006) contribuíram para a brioflora da Austrália.

Frisvoll (1981) relatou 15 briófitas (11 musgos e quatro hepáticas) novas em Svalbard. Allen (1989) estudou o género *Campylopus* (Musci: Dicranaceae) na América Central. Een (1989) documentou musgos dos Mascarenhas. Koponen (1990) estudou a flora de briófitas da Melanésia Ocidental. A flora de musgos do Páramo sul-americano (Griffin, 1990), a flora de briófitos da Nova Caledónia (Iwastsuki, 1990), a flora de briófitos das ilhas tropicais do Pacífico (Miller e Whittler, 1990), os musgos das Grandes Antilhas (Buck, 1990) e a brioflora da África Oriental foram explorados por Pócs em 1990. Redfearn (1990) apresentou uma descrição da componente tropical da flora de musgos da China. Gradstein e Yamada (1991) estudaram o género *Radula* nas Ilhas Galápagos. A Bryoflora de Fernando de Noronha, Brasil, foi estudada por Vital *et al.* (1991), uma lista de verificação das briófitas de Chiapas, México (Bourell, 1992) e a flora de musgos de Xishuangbanna, sul de Yunnan, China (Wu, 1992). Gradstein (1992) relatou briófitas ameaçadas da floresta tropical neotropical. Goffinet (1993) apresentou notas taxonómicas e florísticas sobre Macromitrioideae (Orthotrichaceae) neotropicais. Frahm (1994) contribuiu com a brioflora da região de Chocó, na Colômbia. Chuah-Petiot (1995) trabalhou sobre a brioflora do Monte Quénia, Quénia.

Sabovljevic (2000) apresentou a primeira lista de hepáticas da República Federal da Jugoslávia. A flora hepática da Federação Jugoslava inclui 118 espécies de hepáticas e uma espécie de hornwort. Cinco espécies constantes do Livro Vermelho das Briófitas Europeias ocorrem na República Federal da Jugoslávia.

Downing *et al.* (2002) efectuaram um levantamento de briófitas no Monte Canobolas, Nova Gales do Sul. Foram identificadas 75 espécies, incluindo 60 espécies de musgo, 13 espécies de hepáticas e duas espécies de hornwort. O levantamento foi feito numa combinação invulgar de espécies alpinas, de zonas áridas e de florestas tropicais.

Em 2003, *Cheilolejeunea* (subgen. *Strepsilejeunea) norisiae* G. Dauphin & Gradst. sp. nov. foi descrita e ilustrada por Dauphin e Gradstein do Panamá. Dauphin (2005) forneceu um catálogo de 582 hepáticas e oito espécies de hornworts da Costa Rica. Schofield (2004) relatou 20 géneros endémicos de musgos e três de hepáticas na América do Norte (a norte do México).

Em 2006, Hill e outros 18 autores publicaram uma monografia briológica. Trata-se de uma lista de controlo anotada dos musgos da Europa e da Macaronésia. Inclui 278 géneros, 1292 espécies, 46 subespécies e 118 variedades.

Cailliau e Prince (2006) forneceram um catálogo bibliográfico (o catálogo abrange o período desde o primeiro registo em 1838 até ao início de 2001) para o inventário das hepáticas e das hornworts do Cantão de Genebra (Suíça). Neste catálogo, os nomes taxonómicos antigos foram actualizados e fornece uma lista de 48 espécies de hepáticas de 29 géneros e uma espécie de hornwort que foram registadas no Cantão.

Sabovljevic (2006) contribuiu com 82 espécies de briófitas (71 musgos e 11 hepáticas) para o conhecimento da flora de briófitas do Parque Nacional de Djerdap, na Sérvia Oriental. Doyle e Stotler (2006) contribuíram com 142 espécies (55 géneros e 33 famílias de hepáticas e hornworts) para a brioflora da Califórnia e forneceram uma chave padrão e um catálogo de espécies anotado para hepáticas e hornworts da Califórnia.

Dulin (2008a e b) apresentou a lista preliminar de hepáticas da República de Komi (Rússia). Referiu 164 espécies e nove variedades de hepáticas pertencentes a 61 géneros e 28 famílias. Apresentou também a distribuição e ecologia de dez espécies raras de hepáticas na República de Komi (Rússia). Dulin *et al.* (2009) forneceram uma lista de controlo anotada de hepáticas e hornworts da região de Vologda, Rússia. Inclui 84 espécies de 42 géneros e 22 famílias.

Martellos *et al.* (2013) forneceram um sistema de informação sobre hepáticas, hornworts e musgos italianos. Chantanaorrapint e Sridith (2014) estudaram o género *Plagiochasma* (Aytoniaceae, Marchantopsida) na Tailândia. Ayub *et al.* (2014) acrescentaram dois registros notáveis das espécies *Riccia boliviensis* e *R. iodocheila* à flora de Ricciaceae do Rio Grande do Sul e à flora brasileira de hepáticas.

2.1.2. Briologia: Índia

Contribuição notável para a briologia indiana nos seus primórdios registada em Griffith (1849a & b), Notulae e Plantae Asiaticae. O Iconea Plantarum Asiaticarum, baseado nas suas colecções de 1835-1838. A sua descoberta da hepática monotípica *Monoselenium tenerum* Griff. atraiu a atenção de todo o mundo.

Mueller (1853-1854, 1871) e Brotherus (1898, 1899) efectuaram estudos exaustivos sobre musgos dos Himalaias Ocidentais e do Sul da Índia.

Dixon (1914) relatou 58 espécies de musgos pertencentes a 40 géneros recolhidos por Fischer e outros no sul da Índia e no Ceilão, incluindo três novas espécies, nomeadamente *Campylopus pseudogracilis* Cardot & Dixon, *Taxithelium vivicolor* Broth & Dixon, *Barbella questei* Cardot & Dixon, e duas novas variedades *viz., Sterophyllum ligulatum* (C. Muell.) A. Jaeger var. *sedgewickii* Broth & Dixon e *Lievierella fabroniaceae* var. *dilatinerve* Cardot & Dixon. Dixon (1937) relatou 208 espécies de musgos recolhidas por Bor entre 1933-36 nas colinas de Naga em Assam, incluindo um novo género e 40 novas espécies.

Em 1914, o Prof. Shiv Ram Kashyap iniciou o estudo pormenorizado da briologia indiana, com especial referência às hepáticas. Shiv Ram Kashyap. A sua publicação foi West Himalayan Hepatics em 1914 e as suas publicações subsequentes sobre vários aspectos da hepaticologia contribuíram muito para o conhecimento das hepáticas indianas em 1914, 1915, 1916 e 1917. A publicação sobre hepáticas dos Himalaias ocidentais e das planícies do Punjab (1929-1932) inclui

161 espécies, das quais quatro géneros e 30 espécies são novos para a ciência. Devido à sua contribuição memorável e material para este ramo pouco conhecido da Botânica, é justamente chamado o Pai da Briologia Indiana. Kashyap (1932) também escreveu a segunda parte de Liverworts of the Western Himalayas and the Punjab Plains em colaboração com Chopra, descrevendo 53 géneros e 161 espécies.

Pande (1932) efectuou um estudo aprofundado sobre o gametófito e o esporófito de *Notothylas indica* Kashyap. Em 1934, estudou em pormenor a espécie *N. livieri* Steph. e fez também uma revisão histórica do género *Notothylas*.

Schiffner (1938, 1939), no seu trabalho monográfico, fez uma descrição taxonómica crítica das espécies indianas de *Cyathodium* e descreveu *C. acrotrichum* de Sikkim.

Mahabale e Gorji (1940) efectuaram um estudo sobre os cromossomas de *Riccia himalayensis* St. (Ms.). Mahabale (1941) descreveu *Aspirometus dixianthus* de Khandala, perto de Poona. Ahmed (1942) registou três novas espécies de *Riccia* na ciência e na flora indiana, nomeadamente *R. gangetica*, *R. mangalorica* e *R. orientalis*. Pela primeira vez, Chopra (1943) efectuou um censo das hepáticas indianas. Listou 628 espécies de hepáticas pertencentes a 114 géneros. Mahabale e Bhate (1945) descreveram a estrutura e a história de vida de *Fimbriaria angusta*. Mais tarde, Chavan e Mahabale (1945) estudaram a distribuição das hepáticas de Gujarat. Relataram a ocorrência numa vasta área que se estende desde o Monte Abu até Khed Brahama, Vareshwar e Taranga hills em Gujarat.

Bharadwaj (1950, 1960) publicou relatos pormenorizados sobre a morfologia de *Anthoceros crispulus* (Montin) Douin. e *A. gemmulosus* Steph. (atualmente tratado como sinónimo de *A. angustus* Steph.).

Welch (1950) estudou briófitas indianas e registou *Bryum argenteum* (L.) Hedw., *B. argenteum* var. *lanatum* (P.B.) e Sch., *B. bicolor* Dicks., *B. bimum* Schreb (*B. pseudotriquetrum* Schwaegr), *B. caespiticum* (L.) Hedw, *B. capillare* (L.) Hedw., *B. cuspidatum* (Br. e Sch.) Sch., *B. pendulum* (Hornsch.) Sch., *Leptobryum pyriforme* (L.) Schimp., *Pohlia nutans* (Schreb.) Lindb., *P. wahlenbergii* (Web. e Mohr) Andr. e *Rhodobryum roseum* (Weis) Limpr.

Kachroo (1954) estudou o registo taxonómico de algumas espécies de *Anthoceros* L., *Notothylas* Sull. e *Riccia* L. da Índia Oriental (Assam). Pande e Srivastava (1954) descreveram três espécies de *Asterella* e registaram a ocorrência de 24 espécies do género na Índia. Pande *et al.* (1954) descreveram a morfologia de *Fossombronia himalayensis*.

Bartram (1955) relatou os musgos do Noroeste dos Himalaias recolhidos por Steward em 1933 e 1946. Chopra *et al.* (1956) publicaram uma lista preliminar de 143 espécies de musgos de Mussoorie pertencentes a 77 géneros e 27 famílias.

Pande e Udar (1957a) registaram uma nova espécie de *Riccia, R. aravalliensis* Pande *et* Udar sp. nov., de Mt. Abu, Rajasthan, Índia. Reinvestigaram e descreveram o estatuto taxonómico das espécies indianas do género *Riccia* (1957b). Comunicaram várias espécies novas, como *R. tuberculata* (1958), *R. attenuata* (1959) e discutiram a sinonímia das espécies de *Riccia* em 1958. Bapna (1958) registou 24 espécies de hepáticas de Mount Abu, Rajasthan.

Gangulee (1959-1961), na sua série de artigos sobre os musgos da Índia Oriental, descreveu os números das famílias Ditrichaceae (1959), Dicranaceae (1960) e Leucobryaceae (1961), respetivamente. Foreau (1961) enumerou 368 espécies de musgos das colinas de Palni (Ghats ocidentais de Madurai), incluindo 95 novas espécies e 15 variedades.

Kachroo (1967) registou um novo *Anthoceros* de Kerala, *Anthoceros shivanandani*. Esta espécie foi recolhida por Shivanandan Nayar em Kottayam, Kerala.

Dabhade (1969) investigou quatro espécies de *Bryum* da Índia ocidental, fornecendo os seus pormenores taxonómicos, hábito e área de distribuição, e relatou *Funaria nutans* (Mitt.) Broth. de Khandala como um novo registo da Índia ocidental em 1970.

Udar *et al.* (1970) apresentaram uma descrição de corpos oleosos em dez espécies de hepáticas folhosas (*Plagiochila himalayensis*, *Scapania parva*, *Radula complanta*, *R. campanigera*, *Notoscyphus lutescens*, *Frullania retusa*, *Cephalozia gollani*, *Chandonanthus hirtellus*, *Herberta sikkinmensis* e *Lophocolea bidentata)* de Darjeeling (Himalaias orientais), Índia. Do mesmo modo, Udar e Nath (1971) apresentaram uma descrição de corpos oleosos em 12 espécies de hepáticas das colinas de Palni, no sul da Índia. Koul e Singh (1972) registaram 37 espécies de musgos do vale de Caxemira, incluindo um novo registo para a Índia, *Pterygoneuron ovatum* (Hedew.) Dix. Udar e Srivastava (1972) descreveram uma nova espécie *Cyathodium denticulatum* de Darjeeling. Chopra (1975) apresentou uma das mais volumosas monografias de registo sistemático sobre a taxonomia dos musgos indianos.

Lal e Parihar (1979) registaram 27 espécies de hepáticas de Amarkantak, um planalto montanhoso em Madhya Pradesh, das quais *Frullania muscicola* var. *Inuera.* era um novo registo para a Índia. Sharma *et al.* (1981) efectuaram um estudo sobre a morfologia dos esporos de algumas hepáticas e hornworts comuns recolhidas nos Himalaias de Garhwal. Bapna *et al.* (1984) estudaram a indução artificial de órgãos sexuais em *Targionia hypophylla* L.

Sharma e Srivastava (1993) descreveram e ilustraram a espécie em pormenor na sua monografia sobre "Indian Lepidoziineae", mais uma vez com base apenas nos espécimes-tipo.

Nath e Asthana (1998) forneceram uma descrição morfotaxonómica pormenorizada de 12 espécies de *Frullania* no Sul da Índia, bem como o padrão de distribuição, a amplitude altitudinal e a chave para cada espécie. Bapna e Kachroo (1999) apresentaram uma descrição pormenorizada e caracteres gerais de Hepatics da Índia no seu livro Hepaticology in India. Singh (1999) apresentou uma descrição da situação e estratégias das Hepaticae indianas. Apresenta a diversidade de hepáticas no país e tenta fornecer uma breve descrição do estatuto de algumas das espécies endémicas e mais ameaçadas da brioflora indiana. Srivastava e Rawat (2001) estudaram a hepática endémica há muito perdida *Isotachis indica* Mist. confinada a uma pequena área das colinas de Khashi.

Chaudhary *et al.* (2003) registaram o *Bachymenium furgidum* Broth. *ex* Dix. de Mount Abu, Rajasthan. Foi anteriormente registada no Sul da Índia e nos Ghats Ocidentais. Daniels e Daniel (2003) registaram *Fissidens griffithii*, anteriormente conhecido por ocorrer apenas no Butão, um novo registo para a Índia a partir do distrito de Kanyakumari de Tamil Nadu. No mesmo ano, acrescentaram seis espécies como novos registos para a Índia Peninsular. Estas incluem três musgos, *Fissidens kalimpongensis, F. leptopelma* e *Leucobryum juniperoideum*, e três hepáticas, *Leptolejeunea himalayensis, L. sikkimensis* e *Radula madagascariensis.* Singh e Singh (2003) registaram *Conocephalum japonicum* (Thumb) Grolle na Bryoflora indiana. Singh *et al.* (2004) registaram duas hepáticas, *Porella perrottetiana* (Porellaceae) e *Pellia necsiana* (Pelliaceae) de Uttaranchal nos Himalaias ocidentais. Srivastva e Alam (2005) referiram que a família Scapaniaceae é nova no Sul da Índia. Foi anteriormente registada em Darjeeling, nos Himalaias Orientais. Asthana *et al.* (2005) acrescentaram *Phaeoceros kashyappi* às hepáticas dos Himalaias orientais, que era anteriormente conhecida dos Himalaias ocidentais. Nath *et al.* (2005) ilustraram a descrição morfo-taxonómica de cinco espécies do género *Fissidens* Hedw. do santuário de vida selvagem de Achanakmar, Chattisgarh. Nath e Singh (2006) descreveram *Frullania udarii* sp.nov. uma nova espécie de Meghalaya, Índia.

Nair *et al.* (2005) publicaram um manual "Bryophytes of Wayanad in Western Ghats", que contém uma descrição ilustrativa de 171 espécies e duas variedades pertencentes a 105 géneros e 47 famílias, incluindo duas espécies novas, *Trichostomum wayanadensis* e *Amphidium gangulii.* Apresenta descrições e chaves para as famílias, géneros e espécies, acompanhadas de desenhos a traço e fotografias de boa qualidade.

Singh e Singh (2006) estudaram os corpos oleosos em algumas hepáticas folhosas do Sikkim Oriental. Singh *et al.* (2008) continuaram o mesmo trabalho, descrevendo os corpos oleosos em 24 espécies de hepáticas folhosas pertencentes à ordem Jungermanniales do Sikkim Oriental.

Singh e Singh (2007a) registaram 28 espécies de hepáticas e hornworts do vale de Doon. Destas, *Fossombronia pusilla* e *Riccia cruciata* são novos registos para os Himalaias ocidentais. Três espécies, *Monosolenium tenerum, Riccia frostii* e *R. sorocarpa*, são novos registos para Uttarakhand, enquanto 15 espécies foram registadas pela primeira vez no vale de Doon. Singh e Singh (2007b) descreveram uma nova espécie de *Cephalozia* (Dumort.) Dumort, *C. schusteri* sp. nov. de Himachal Pradesh nos Himalaias ocidentais. A nova espécie foi comparada com a *C. udarii* indiana e com as *C. lunulifolia* e *C. pleniceps* holárcticas, das quais difere em termos de caraterísticas morfológicas. Singh (2008) redescobriu uma hepática endémica e rara *Calypogeia aeruginosa* Mitt. após um lapso de mais de 150 anos. Dey *et al.* (2008) descreveram uma nova espécie *Cololejeunea tixieriana* M. Dey, D. Singh *et* D.K. Singh, sp. nov. pertencente ao subgénero *Leptocolea* (Spruce) Schiffn. dos Himalaias orientais, Índia. Chaudhary *et al.* (2008)

publicaram um livro intitulado "Bryophyte flora of North Konkan, Maharashtra-India", este estudo fornece uma descrição consolidada de 100 espécies de briófitas, pertencentes a 37 géneros distribuídos por 24 famílias, que inclui ilustrações pormenorizadas, descrição taxonómica, ecologia e atenção fitogeográfica. Daniels e Daniel (2009) acrescentaram duas hepáticas *Cololejeunea distalopapillata* e *C. vidaliana* à brioflora indiana dos Ghats Ocidentais do Sul, espécies anteriormente conhecidas por estarem distribuídas em África e em certas regiões da Ásia.

Nos últimos anos, foram publicadas listas de controlo dos estados vizinhos de Kerala e Tamil Nadu (Manju *et al.*, 2008; Daniels, 2010). Manju *et al.* (2008) publicaram uma lista de controlo de 471 espécies de briófitos [musgos (302 espécies), hepáticas (159) e hornworts (10)] de Kerala. Daniels (2010) publicou uma lista de controlo de 733 briófitos [musgos (472 espécies), hepáticas (252) e hornworts (9)] de Tamil Nadu.

Dandotiya *et al.* (2011) registaram 2489 taxa de briófitas da Índia, incluindo 1786 espécies em 355 géneros de musgos, 675 espécies em 121 géneros de hepáticas e 25 espécies em seis géneros de hornworts.

Dey e Singh (2012) publicaram um livro, que é um tratamento taxonómico abrangente sobre a comunidade epífila de hepáticas dos Himalaias Orientais. Fornece uma descrição taxonómica de 89 taxa de hepáticas pertencentes a três ordens (Metzgeriales, Porellales e Jungermanniales), sete famílias (Metzgeriaceae, Radulaceae, Frullaniaceae, Jubulaceae, Lejeuneaceae, Lophocoleaceae e Plagiochilaceae) e 19 géneros de Arunachal Pradesh, Sikkim e Bengala Ocidental (Darjeeling) no território dos Himalaias Orientais. O tratamento sistemático de cada táxon foi fornecido com chaves ao nível das ordens, famílias, géneros e espécies, juntamente com a citação, os seus sinónimos, a descrição taxonómica pormenorizada, o habitat, a distribuição na Índia e no mundo, as caraterísticas das espécies, os espécimes examinados e uma nota sobre a sua especificidade e afinidade com espécies aliadas.

Bansal e Nath (2014) documentaram a diversidade do género *Bryum* Hedw. na Índia Peninsular. Reviram 26 taxa do género, que se distribuem por quatro estados (Karnataka, Kerala, Maharashtra e Tamil Nadu) e um território da união (Goa) dos Ghats Ocidentais, enquanto oito espécies foram registadas em três estados (Andhra Pradesh, partes de Odisha e Tamil Nadu) dos Ghats Orientais.

2.1.3. Estudos de briófitas com especial referência ao Karnataka

Brotherus (1899) descreveu alguns musgos do Noroeste dos Himalaias e publicou 96 espécies de musgos de Coorg, em Karnataka, nos Ghats Ocidentais, incluindo 20 espécies novas.

Dixon (1921) publicou uma descrição dos musgos recolhidos por Sedgwick no Norte de Kanara, que inclui 43 espécies de musgos em 27 géneros e 14 famílias.

Raghavan e Wadhwa (1968, 1970) registaram 28 espécies de musgos de 21 géneros e 16 famílias das cordilheiras de Agumbe-Hulical no distrito de Shivamogga em Karnataka. Inclui dois novos registos de espécies indianas, *nomeadamente Bryosedgwickia densa* e *Dendropogonella rufescens.*

Udar e Singh (1979) descreveram uma erva-dos-chifres *Notothylas dissecta* St. nova na Índia, proveniente de Agumbe. Este é o primeiro relato da sua ocorrência na flora asiática.

Nair *et al.* (2004) descreveram a espécie *Bryum tuberosum* Mohamed e Damanhuri das planícies de Udupi de Karnataka, um novo registo para a Índia, que tinha sido anteriormente descrito no continente da Malásia peninsular.

Sathisha (2007) tinha documentado 85 espécies de briófitas pertencentes a 66 géneros e 36 famílias, das quais 14 espécies de hepáticas pertencentes a 13 géneros e dez famílias, duas espécies de hornworts pertencentes a uma única família e 69 espécies de musgos pertencentes a 51 géneros e 25 famílias no Santuário de Vida Selvagem de Bhadra. Das 85 espécies registadas, dez eram novas no Karnataka e uma nova na Índia peninsular. Foi também registada uma espécie endémica, *Floribundaria walkerii* (Renauld e Cardot) Broth. Bhat (2011) estudou os musgos dos Ghats Ocidentais e da faixa costeira de Karnataka. Trata-se de um estudo taxonómico sobre 188 espécies de musgos.

Uma primeira lista de controlo dos musgos registada para o estado de Karnataka por Frahm *et al.,* em 2013. Esta lista de controlo inclui 152 espécies de musgos. Mais tarde, Schwarz (2013) publicou uma lista de verificação actualizada de briófitas de Karnataka, que inclui 338 espécies de briófitas, das quais 216 espécies de musgos, 113 de hepáticas e 9 de hornworts. No mesmo artigo publicado, as hepáticas foram acrescentadas à lista de controlo existente de musgos do Karnataka.

Aruna e Krishnappa (2014) documentaram 62 espécies de briófitas pertencentes a 44 géneros e 30 famílias, das quais 46 espécies de musgos, 14 espécies de hepáticas e duas espécies de hornworts nas regiões Malnad do distrito de Chikmagalur, Karnataka. Aruna *et al.* (2014) estudaram os padrões de diversidade e distribuição de briófitas na Área de Conservação de Plantas Medicinais (MPCA), no Parque Nacional de Kudremukh, no Ghats Ocidental Central, Índia. Documentaram 43 espécies de briófitas pertencentes a 32 géneros e 25 famílias (3 de hepáticas, 39 de musgos e uma espécie de hornwort).

2.2. Diversidade e padrão de distribuição dos briófitos

Mahabale e Chavan (1954) estudaram a distribuição das hepáticas de Gujarat. Recolheram *Plagiochasma appendiculatum* e *Asterella angusta* de regiões secas, enquanto *Phaeoceros himalayensis*, *Cyathodium cavernarum* e *Notothylas levieri* de regiões montanhosas húmidas.

Culberson (1955) estudou a distribuição de líquenes corticícolas e briófitos no Wisconsin, tanto qualitativa como quantitativamente. Analisou factores como o pH da casca, a dureza e a capacidade hídrica. Verificou que a interação destas variáveis era a que melhor explicava as associações epífitas com as árvores hospedeiras.

Barkman (1958) investigou a fitossociologia e a ecologia de epífitas criptogâmicas. Hosokawa e

Omura (1959) estudaram a dinâmica da comunidade de epífitas através do estabelecimento de quadrículas permanentes a várias alturas em árvores hospedeiras, monitorizando a composição de espécies durante um período de vários anos.

Srinivasan (1968) fez uma descrição geral dos currículos ecológicos e de distribuição de hepáticas e musgos e também listou espécies que são comuns aos vários continentes e áreas insulares.

Hoffman e Kazmierskii (1969) descreveram um estudo ecológico de briófitas epífitas e líquenes em *Pseudotsuga menziessi* da Península Olímpica, Washington. Notaram uma diferença entre as briófitas da base da árvore e as encontradas mais acima do tronco. Também notaram que as comunidades de briófitas nos troncos das árvores eram deslocadas para cima à medida que a humidade aumentava. Robinson (1970) discutiu a origem das folhas especializadas de *Fissidens* e *Schistostega*.

Stringer e Stringer (1974) efectuaram uma análise quantitativa de briófitos corticícolas perto de Winnipeg, Manitoba. Estavam a recolher amostras de exposições a norte, este, sul e oeste e verificaram que alguns briófitos eram mais sensíveis do que outros ao efeito da direção de exposição.

Em 1976, Slack realizou um trabalho ecológico sobre a especificidade do hospedeiro de epífitas briófitas no leste da América do Norte. Concordou com o ponto de vista de Barkman (1958) e sugeriu que factores da casca como a capacidade de retenção de água, a taxa de secagem e o pH da casca do hospedeiro eram importantes na especificidade do hospedeiro e dependiam, em certa medida, da geografia e do clima.

Iwaksuki (1979a, b) publicou artigos sobre musgos do Nepal Oriental e do Nepal Central e documentou os musgos numa lista com altitude, habitat, distribuição e incluiu musgos terrestres e epífitos.

Smith (1982) centrou-se na ecologia das briófitas e publicou um livro intitulado "Bryophyte ecology" que inclui os seguintes tópicos: formas de vida, vegetação dos biomas, ecologia fisiológica, nutrição mineral e resposta à poluição atmosférica.

Gradstein *et al.* (1990) investigaram a riqueza de espécies e a fitogeografia da flora de briófitas das Guianas, com especial referência à floresta tropical de planície. Hu (1990) analisou a distribuição de briófitas na China. Gradstein (1991) estudou a diversidade e distribuição das Lejeuneaceae asiáticas. Gradstein e Allen (1992) investigaram a diversidade de briófitas ao longo de um gradiente altitudinal no Parque Nacional Darien, Panamá.

Jonsgard e Birks (1993) efectuaram estudos quantitativos sobre as relações entre briófitos saxícolas e o seu ambiente na Noruega Ocidental.

Asthana e Nath (1994) analisaram o padrão de distribuição de *Phaeoceros* Prosk. nas regiões de Kamaon e Garhwal, nos Himalaias ocidentais. Referiram que *P. laevis*, *P. himalayensis*, *P.*

kashyapii e *P. udarii* ocorrem em florestas subtropicais húmidas de folha caduca.

Baisheva (1995) estudou as comunidades de briófitas epífitas e epixílicas do nordeste da Bashkiria e o seu trabalho inclui cinco syntaxa, incluindo duas novas associações, e três subassociações foram descritas como novas.

Pocs (1996) discutiu a riqueza da flora epífila hepática em diferentes regiões florísticas. A elevada diversidade de espécies ocorre em todos os continentes, mas a níveis diferentes. A maior diversidade epifílica global entre as regiões florísticas surge na Malásia (224 espécies), seguida das Antilhas (178 espécies) e da Melanésia (167 espécies).

Hong e Glime (1997) compararam a riqueza de espécies e a dominância de briófitas com a de líquenes. Recolheram amostras de três espécies arbóreas principais (*Alnus rubra*, *Thuja plicata* e *Tsuga heterophylla)* de troncos de árvores na ilha Ramsay. Reconheceram oito taxa de musgos, 14 de hepáticas, dois de líquenes e um feto. As hepáticas eram mais abundantes no lado norte, a 1-2 m, nas três espécies de árvores.

Mattila e Koponen (1999) estudaram a diversidade da flora de briófitas e da vegetação em madeira apodrecida em florestas pluviais e montanhosas do nordeste da Tanzânia. Nakanishi (1999) investigou a diversidade de espécies de comunidades de briófitos epilíticos, epígeos e epífitos. As suas observações basearam-se na componente de peso seco das espécies em relação a gradientes ambientais.

Dauphin (1999) estudou a diversidade, biogeografia e ecologia dos briófitos da Ilha dos Cocos, Costa Rica. Registou 98 hepáticas, 54 musgos e uma espécie de hornwort. A maioria das briófitas da região eram corticícolas (46%), as restantes eram epífilas (25%), saxícolas (23%) e terrestres (12%). Foi registada a sua ocorrência em oito parcelas (10x10 m) com 20 quadrículas (30x30 cm) em diferentes habitats e altitudes (0-600 m).

Franks e Bergstrom (2000) examinaram a variação em pequena escala das comunidades de briófitos corticícolas no tronco inferior de faias antárcticas *(Nothofagus moorei)* em florestas de fetos microfílicos no sudeste de Queensland. A análise da variação revelou que a composição e a estrutura da comunidade se alteravam tanto com a altura acima do nível do solo como com a direção da exposição. Segundo os autores, os padrões de distribuição reflectem alterações na disponibilidade de humidade no tronco basal das árvores *Nothofagus moorei* e à sua volta, bem como o grau de tolerância à dessecação exibido pelos vários taxa.

Gradstein *et al.* (2000) investigaram a diversidade e a diferenciação de habitats de musgos e hepáticas na floresta nublada de Monterde, Costa Rica. Observaram que os ramos grossos do dossel inferior eram o habitat mais rico com 99 espécies, os troncos a partir de 1 m com 65 espécies, as lianas, os arbustos, os rebentos ou as folhas vivas no andar inferior com 36-46 espécies cada e 16 espécies em troncos podres.

Merwin *et al.* (2001) efectuaram um estudo sobre briófitas epífitas de Monteverde, Costa Rica.

Registaram 198 taxa de briófitas epífitas (120 espécies de hepáticas em 50 géneros, 77 espécies de musgos em 48 géneros e uma hornworts). Um total de 178 espécies foi encontrado na floresta primária, 63 na floresta secundária e 48 nas pastagens.

Negi (2001) estimou a diversidade e a dominância de hepáticas terrestres em algumas localidades de Chopta Tunganath nos Himalaias de Garhwal, tendo analisado 19 espécies de hepáticas terrestres de 13 localidades selecionadas. Negi e Gadgil (2002) efectuaram um estudo da biodiversidade em 13 parcelas de 10x50 m^2 localizadas entre 1400 e 3700 m acima do nível médio das águas do mar numa série de habitats em florestas mistas temperadas de carvalhos e coníferas, passando por prados sub-alpinos e alpinos no distrito de Chamoli do estado de Uttaranchal nos Himalaias de Garhwal, na Índia. A congruência entre táxones em termos de biodiversidade (diversidade α e diversidade β) entre macrólitos, musgos, hepáticas, plantas lenhosas (arbustos e árvores) e formigas foi investigada, de acordo com o seu exame, até que ponto estes grupos de organismos podem funcionar como substitutos uns dos outros. Embora as plantas lenhosas constituam um substrato importante para os musgos e líquenes, não se registou uma associação específica entre eles. A riqueza de espécies de plantas lenhosas foi altamente correlacionada positivamente com os musgos (r^2 =0,63, P<0,001), mas a relação não foi particularmente forte com os líquenes e hepáticas. Enquanto que se verificou uma correlação significativa na rotação de espécies (P-diversidade) dos macrolichos com os musgos (r2=0,21, P<0,005), a relação foi relativamente fraca com as plantas lenhosas.

Vanderpoorten e Engels (2002) investigaram a distribuição de briófitos no centro da Bélgica utilizando uma grelha de espécies sobreposta a uma série de mapas, que incluíam informações sobre as condições do solo e a utilização das terras. Avaliaram a influência da variação ambiental na brioflora a uma escala regional e a reação dos briófitos à variação ambiental.

Vellak *et al.* (2003) investigaram as relações entre a vegetação de briófitos e as camadas superiores, bem como a resposta das espécies das camadas do solo e do campo a vários factores ambientais numa floresta boreal de abetos no sudeste da Estónia. Concluíram que, para a riqueza de espécies de briófitos, o pH do horizonte de decomposição também é importante e que ocorrem menos espécies de briófitos em condições mais ácidas.

Acebey *et al.* (2003) analisaram a riqueza de espécies e a diversificação de habitats de briófitas em florestas tropicais submontanas e pântanos da Bolívia. Nesta análise, a diversidade de briófitas corticícolas em árvores inteiras na floresta tropical primária e em pousios com 4-15 anos de idade a 500-650 m mostrou uma diminuição significativa da diversidade de famílias de briófitas e de espécies de musgo nos pousios. No entanto, a diversidade de hepáticas foi pouco inferior nos pousios, exceto nos muito jovens (4 anos).

Srivastava e Verma (2004) exploraram a diversidade de hepáticas epífitas na plantação de Cinchona em Dodabetta, nas colinas de Nilgiri. Registaram 14 espécies, das quais 13 espécies pertencem a Jungermanniales e uma a Metzgeriales.

Bruun *et al.* (2006) investigaram a relação entre a riqueza de espécies de plantas vasculares, briófitas e macrólitos e dois gradientes importantes no ambiente alpino, a altitude e a topografia local, correspondentes à faixa entre a linha da madeira e o cume da montanha na região mais setentrional da Fenoscândia.

Daniels e Kariyappa (2007) discutiram o estudo comparativo de diferentes vegetações sobre a diversidade de briófitas e a interferência humana nesses habitats. Foram estudados quatro tipos de vegetação, *nomeadamente* plantações de seringueiras, plantações de cravinho, florestas degradadas e florestas sempre verdes.

Alvarenga e Porto (2007) investigaram o efeito da fragmentação do habitat e das mudanças na paisagem natural sobre a estrutura da comunidade (composição, riqueza, diversidade e abundância) das floras de epífitas e briófitas epífilas. Esta invenção foi realizada em oito fragmentos de Mata Atlântica (entre 7 e 500 ha de tamanho) pertencentes a duas áreas (planície e submontana) do estado de Pernambuco, nordeste do Brasil.

Ah-Peng *et al.* (2007) investigaram a relação entre a altitude e a diversidade e distribuição das espécies e evitaram confundir os efeitos múltiplos da heterogeneidade do substrato e da vegetação. Examinaram os padrões de distribuição de briófitas em três microhabitats ao longo de um gradiente altitudinal num fluxo de lava recente do vulcão Piton de la Fournaise (La Réunion, arquipélago de Mascarene).

Ariyanthi *et al.* (2008) investigaram as assembleias de briófitas nas bases dos troncos em florestas naturais, florestas exploradas seletivamente e agro-florestas de cacau sombreadas por remanescentes de florestas naturais em Sulawesi Central. Segundo eles, as perturbações florestais e as transformações em terras agrícolas alteram as paisagens tropicais a um ritmo drástico.

Baisheva *et al.* (2009) estudaram a composição de briófitas em florestas do Planalto de Ufa. De acordo com os métodos de ordenação, a cobertura de musgos epígeos diminuiu com o aumento da densidade do povoamento arbóreo e da proporção de espécies de árvores de folha larga, bem como da cobertura e da altura média do estrato herbáceo. Os autores sugeriram que os principais factores que determinam a distribuição dos musgos epígeos são o nível de iluminação, a fertilidade do solo e o grau de desenvolvimento do solo.

Sim-Sim *et al.* (2011) estudaram o efeito das espécies arbóreas da floresta laurissilva na riqueza e composição de espécies de briófitos epífitos na Ilha da Madeira. Avaliaram 160 árvores, pertencentes a 19 espécies diferentes de árvores na floresta laurissilva. Um total de 137 árvores de 40 locais foi utilizado para as suas análises estatísticas. Registaram 110 taxa de briófitos epífitos (60 espécies de musgos e 50 de hepáticas). As curvas de acumulação mostraram diferenças claras na riqueza de espécies de briófitos entre as diferentes espécies de árvores, com as espécies de árvores típicas da floresta laurissilva a albergarem mais briófitos.

Das e Sharma (2012) efectuaram um estudo sobre hepáticas no Santuário de Vida Selvagem de

Barail, Assam. Efectuaram um levantamento em quatro localidades do santuário, *nomeadamente* Malidar, Damcherra, Marwacherra e Kumba. Identificaram 11 famílias de hepáticas, entre as quais Jungermanniaceae, Lejeuneaceae, Pallaviciniaceae e Marchantiaceae eram as mais dominantes.

Bansal e Nath (2013) realizaram um estudo crítico sobre o género *Bryum* Hedw. (Bryaceae). Revelaram a ocorrência e a distribuição de 21 espécies de sete estados dos Himalaias orientais, nomeadamente, Arunachal Pradesh, Assam, Manipur, Meghalaya, Nagaland, Sikkim e Bengala Ocidental.

2.3. Fitoquímica e actividades antimicrobianas de briófitos

As briófitas começaram a ser utilizadas como plantas medicinais há mais de 400 anos em muitas partes do globo. Embora tenham sido encontradas numerosas actividades biológicas neste grupo de plantas. Não existem espécies venenosas entre este grupo de criptógamas (Huneck, 1983). A fitoquímica, a farmacologia e a farmacognosia de plantas medicinais têm sido relatadas em todo o mundo (Matos *et al.*, 1988; Anesini e Perez, 1993; Artizzu *et al.*, 1995; Samy, 2005; Indu *et al.*, 2006). A este respeito, os taxa mais investigados são as angiospérmicas, enquanto existem atualmente poucos dados disponíveis sobre outros grupos de plantas, incluindo as briófitas (Asakawa, 1982, 1995; Markham, 1988, 1990). No grupo menos considerado das plantas não vasculares, a produção de metabolitos secundários e de substâncias antimicrobianas é um fenómeno generalizado, como mostra grande parte da literatura (Madson e Pates, 1952; Hoof *et al.*, 1981; Huneck, 1983; Cobianchi *et al.*, 1988; Asakawa, 1990; Basile *et al.*, 1998; Singh *et al.*, 2006). Investigações farmacológicas recentes provaram que os princípios activos presentes no grupo são bastante únicos e têm um enorme potencial terapêutico. A atividade antibacteriana, antifúngica, anti-inflamatória, antioxidante, antivenenosa e antiviral é também bem conhecida para vários extractos de espécies de briófitas (Hoof *et al.*, 1981; McCleary *et al.*, 1960; McCleary e Walkington, 1966; Asakawa, 2007). Zhu *et al.* (2006) argumenta que as dimensões diminutas, as dificuldades de identificação das espécies e a falta de incentivos financeiros têm dificultado os esforços para estudar as briófitas como agentes antimicrobianos.

Banerjee e Sen (1979) estudaram a atividade antibiótica de 52 espécies (40 géneros) de briófitos extraídos de água, metanol, etanol, éter e acetona e testados contra 12 microrganismos, incluindo três gram positivos, cinco gram negativos, uma bactéria ácido-resistente e três fungos. Das 52 espécies de briófitas, 29 eram activas contra pelo menos uma das bactérias, mas nenhuma possuía qualquer propriedade antifúngica.

Várias hepáticas, como as espécies *Bazzania, Conocephalum conicum, Dumortiera hirsuta, Marchantia polymorpha, M. furcata, Pellia endiviifolia, Plagiochila* spp., *Porella vernicosa, P. platyphylla* e *Radula* spp. apresentam atividade antimicrobiana (Asakawa, 1984).

Cobianchi *et al.* (1988) provaram que os extractos de *Conocephalum conicum, Mnium undulatum* e *Leptodictyum riparium* mostraram uma elevada atividade antibacteriana contra espécies bacterianas patogénicas.

Basile *et al.* (1998) investigaram a possível atividade inibitória de um extrato de acetona de um musgo *Pleurochaete squarrosa* contra onze espécies bacterianas (alguns agentes patogénicos humanos) e a avaliação da toxicidade aguda em ratos. Basile *et al.* (1999) determinaram a atividade antibiótica de sete flavonóides (apigenina, *apigenina-7-O-triglicosídeo*, bartramiaflavona, lucenina-2, *luteolina-7-O-* neohesperidosídeo, saponarina e vitexina), isolados de cinco espécies de musgo (*Bartramia pomiformis*, *Dicranum scoparium*, *Plagiomnium affine*, *P. cuspidatum* e *Hedwigia ciliata*), em estirpes de bactérias Gram-positivas e Gram-negativas.

Singh *et al.* (2006) realizaram uma atividade antimicrobiana de *Plagiochasma appendiculatum* (Aytoniaceae). O extrato da planta mostrou uma atividade antibacteriana e antifúngica significativa contra os organismos testados. O resultado mostrou que o extrato de *P. appendiculatum* tem uma capacidade potente de cicatrização de feridas.

ilahan *et al.* (2006) estudaram a atividade antimicrobiana de dois extractos (acetona e metanol) de *Palustriella commutata* (Hedw.) Ochyra. utilizando o método de difusão em disco contra 11 bactérias, uma levedura e oito bolores. O extrato de acetona teve uma atividade potencial contra nove bactérias testadas, enquanto algumas bactérias gram-positivas testadas foram sensíveis (*Bacillus mycoides*, *B. cereus*, *B. subtilis* e *Micrococcus luteus*). Todas as bactérias gram-negativas testadas (*Klebsiella pneumoniae*, *Yersinia enterocolitica*, *Pseudomonas aeruginosa*, *Escherichia coli* e *Enterobacter aerogenes*) foram sensíveis ao extrato de acetona. Ambos os extractos foram inactivos contra estirpes de leveduras e bolores.

Singh *et al.* (2007) avaliaram a atividade antimicrobiana de extractos etanólicos de 15 musgos indianos, contra cinco estirpes bacterianas gram positivas, seis gram negativas e oito fungos. Verificou-se que *Sphagnum junghuhnianum*, *Barbula javanica*, *B. arcuata*, *Brachythecium populeum*, *B. rutabulum*, *Mnium marginatum* e *Entodon* cf *rubicundus* eram os mais activos contra todos os organismos.

Asakawa (2007) discutiu os compostos biologicamente activos das briófitas. Resumiu que as hepáticas produzem uma grande variedade de terpenóides lipofílicos, compostos aromáticos e acetogeninas. Muitos destes constituintes têm aromas caraterísticos, pungência e amargor, e apresentam um conjunto extraordinário de bioactividades e propriedades medicinais.

Bodade *et al.* (2008) avaliaram a atividade antimicrobiana de cinco musgos e uma hepática de diferentes extractos de solventes (acetona, etanólico, éter de petróleo, benzeno, clorofórmio e água de distribuição) contra diferentes agentes patogénicos (bactérias e fungos). Os extractos etanólico, de acetona e de clorofórmio foram considerados mais eficazes contra *Escherichia coli* e *Staphylococcus aureus*.

Mishra e Verma (2009) detectaram a composição flavonoide de *Wiesnerella denudata* Steph. e também realizaram um teste antifúngico contra a suspensão conidial de *Aspergillus flavus* e *A.*

niger pelo método padrão de autobiografia em camada fina. Uma fração ativa antifúngica produziu quatro glicosídeos de flavona, apigenina-7-O-β-D-glucósido, acacetina-7-O-α-L-ramnosido, luteolina-3-O-glucuronido e luteolina-5-O-β-D-glucopiranosido.

Veljic *et al.* (2009) analisaram as actividades antibacterianas e antifúngicas de extractos de metanol das espécies de musgo *Fontinalis antipyretica* Hedw. var. *antipyretica, Hypnum cupressiforme* Hedw. e *Ctenidium molluscum* (Hedw.) Mitt. O extrato de metanol de *Fontinalis antipyretica* mostrou a atividade mais forte contra as bactérias e micromicetes testados. O efeito antibacteriano dos extractos de metanol foi maior contra as bactérias gram-negativas *(Escherichia coli* e *Salmonella enteritidis)* do que contra as bactérias gram-positivas testadas. Veljic *et al.* (2010) avaliaram a atividade antimicrobiana do extrato de metanol da hepática *Ptilidium pulcherrimum* contra cinco espécies bacterianas e seis espécies fúngicas, utilizando os métodos de difusão em disco e de microdiluição. O extrato mostrou um efeito mais forte contra as bactérias Gram-positivas testadas do que contra as Gram-negativas. O extrato de metanol mostrou uma forte atividade antifúngica. A melhor atividade antifúngica foi alcançada contra *Trichoderma viride* em comparação com o fungicida sintético bifonazol.

Kumar e Chaudhary (2010) analisaram a atividade antibacteriana do extrato bruto com solventes como etanol, éter de petróleo, acetona e benzeno de *Entodon myurus,* contra algumas bactérias patogénicas pelo método de difusão em ágar. Todos os extractos mostraram atividade contra os microrganismos testados. A atividade antibacteriana máxima mostrada pelo extrato de acetona e metanol contra *Enterobacter aerogenes*, enquanto a atividade antibacteriana mínima mostrada pelo extrato de acetona contra *Klebsiella pneumonia*.

Ucuncu *et al.* (2010) investigaram a atividade antimicrobiana dos óleos essenciais isolados de *Tortula muralis, Homalothecium lutescens, Hypnum cupressiforme* e *Pohlia nutans* contra as bactérias e os fungos selecionados. Mostraram atividade antimicrobiana apenas contra os fungos.

Russell (2010) analisou a atividade antibiótica de catorze extractos metanólicos e etanólicos brutos de briófitas do sudoeste da Colúmbia Britânica contra três estirpes bacterianas com o método de difusão em disco. Sessenta e cinco por cento dos extractos etanólicos e 43% do extrato metanólico testado demonstraram uma atividade antibiótica visível contra *Bacillus subtilis* Gram-positivo. Nenhuma das 14 espécies de extractos de briófitas, de qualquer das extracções alcoólicas, mostrou qualquer atividade visível contra *Escherichia coli* Gram-negativa ou *Klebsiella pneumoniae*. A ocorrência de substâncias antibióticas parece ser mais frequente em hepáticas. Oitenta e oito por cento das hepáticas demonstraram atividade antibiótica, enquanto apenas 33% dos musgos demonstraram atividade. *A Lunularia cruciata* também demonstrou a atividade antibiótica mais significativa de todas as briófitas testadas.

Chaudhary e Kumar (2011) analisaram os constituintes fitoquímicos do musgo epífito *Stereophyllum ligulatum* e extraíram-nos em metanol, etanol, éter de petróleo, acetona e benzeno. Todos os extractos brutos foram testados quanto à atividade antibacteriana contra algumas bactérias patogénicas *viz, Bacillus cereus, Staphylococcus aureus, Escherichia coli, Enterobacter aerogenes* e *Klebsiella pneumoniae* pelo método de difusão em ágar. Os extractos brutos de musgo mostraram uma atividade inibitória notável no crescimento de microrganismos.

Alam *et al.* (2011) investigaram a eficácia antifúngica *in vitro* do extrato aquoso de uma hepática *Dumortiera hirsuta*, contra sete fitopatógenos pós-colheita. Na técnica de alimentos envenenados, dos sete fungos fitopatogénicos pós-colheita testados, seis foram completamente inibidos pelo extrato *de Dumortiera* com uma gama de concentrações de 550 a 600 ppm.

Elibol *et al.* (2011) estudaram o efeito antifúngico e antibacteriano de seis extractos diferentes de musgos acrocarposos (extractos de álcool etílico, álcool metílico, acetona e solvente clorofórmio) testados contra oito microrganismos diferentes. Os extractos de álcool metílico apresentaram o efeito antimicrobiano mais elevado. *A Grimmia anodon* apresentou a atividade mais elevada em termos do número de microrganismos afectados. *A Tortella tortuosa* sozinha tem efeito sobre a estirpe de *Candida albicans*.

Basile *et al.* (2011) realizaram a atividade antioxidante de extractos de acetona do musgo *Leptodictyum riparium* sujeitos a stress com chumbo, cádmio, choque térmico e salinidade em leucócitos de sangue total humano através de um ensaio de quimioluminescência (CL). Os diferentes stresses induziram a atividade antioxidante de acordo com a seguinte escala: Cd > Pb > Salinidade > Choque térmico.

Sabovljevic *et al.* (2011) investigaram a atividade antifúngica comparativa de extractos de dimetilsulfóxido (DMSO) de três briófitos, dois musgos *(Atrichum undulatum* e *Physcomitrella patens)* e uma hepática (*Marchantia polymorpha* subespécie *ruderalis*), cultivados na natureza e em cultura axénica, avaliada pelo método de microdiluição contra cinco espécies de fungos (*Aspergillus versicolor, A. fumigatus, Penicillium funiculosum, P. ochrochloron* e *Trichoderma viride*). Os extractos feitos a partir de material cultivado em condições laboratoriais (*in vitro*) expressaram uma melhor atividade antifúngica em comparação com os extractos feitos a partir de material cultivado na natureza. Alguns dos fungos testados reagem de forma semelhante a ambos os extractos.

Colak *et al.* (2011) estudaram as actividades antimicrobianas de diferentes extractos (álcool etílico, álcool metílico, clorofórmio e acetona) de cinco musgos pleurocárpicos (*Platyhypnidium riparioides, Leucodon sciuroides, Hypnum cupressiforme, Homalothecium sericeum* e *Anomodon viticulosus*), que foram testados contra oito estirpes bacterianas e fúngicas. Os extractos metanólicos de *P. riparioides* mostraram o efeito antibacteriano mais elevado contra a bactéria Gramnegativa *Pseudomonas aeroginosa*, o extrato de acetona de *A. viticulosus* mostrou o efeito antifúngico mais elevado contra o fungo *Saccharomyces cerevisiae*.

Nikolajeva *et al.* (2012) realizaram testes de atividade antibacteriana de extractos aquosos e etanólicos de 11 musgos e nove hepáticas recolhidos na Letónia contra *Staphylococcus aureus,*

Escherichia coli e *Bacillus cereus*. O extrato de *Lophocolea heterophylla* inibiu o crescimento de *B. cereus*, mas nenhum dos extractos testados inibiu o crescimento de *E. coli*. O maior grau de atividade antibacteriana contra *S. aureus* foi demonstrado pelo extrato etanólico de *Dicranum scoparium* e pelos extractos aquosos de *Atrichum undulatum* e *Rhytidiadelphus squarrosus*. As diferenças qualitativas e quantitativas dos extractos de plantas foram avaliadas por espectros FT-IR.

Bukvicki *et al.* (2012) avaliaram a atividade antibacteriana e antifúngica de extractos de metanol dos musgos genuínos *Abietinella abietina*, *Neckera crispa*, *Platyhypnidium riparoides*, *Cratoneuron filicinum* var. *filicinum* e *Campylium protensum*, testados contra bactérias Gram-positivas (*Staphylococcus aureus*, *Micrococcus flavus*, *Bacillus cereus*) e Gram-negativas (*Escherichia coli* e *Salmonella typhimurium*) e fungos, *Trichoderma viride*, *Penicillium funiculosum*, *P. ochrochloron*, *Aspergillus flavus*, *A. niger* e *A. fumigatus*. Foi obtido um efeito antibacteriano significativo para *C. filicinum* e *N. crispa*. O efeito antifúngico foi eficaz contra as micromicetas *T. viride*, *P. ochrachloron*, *P. funiculosum* e *A. flavus* em *N. crispa*.

Pejin *et al.* (2012) avaliaram a atividade antimicrobiana do extrato de sulfóxido de dimetilo do musgo *Rhodobryum ontariense* pelo método de microdiluição contra oito bactérias (*Escherichia coli*, *Pseudomonas aeruginosa*, *Salmonella typhimurium*, *Enterobacter cloacae*, *Listeria monocytogenes*, *Bacillus cereus*, *Micrococcus flavus* e *Staphylococcus aureus*) e cinco espécies de fungos (*Aspergillus versicolor*, *A. fumigatus*, *Penicillium funiculosum*, *P. ochrochloron* e *Trichoderma viride*). Provaram que o extrato é ativo contra todas as bactérias e fungos testados, mas em graus variáveis. Mostrou uma melhor atividade inibitória em comparação com o medicamento antifúngico conhecido contra *T. viride*. Esta descoberta implica que *a R. ontariense* pode ser considerada como um material promissor para produtos antifúngicos naturais.

Bukvicki *et al.* (2012) identificaram os constituintes químicos dos extractos de hepática (*Porella cordaeana*) utilizando a microextracção em fase sólida - espetrometria de massa por cromatografia gasosa (SPME-GC/MS). Os extractos de metanol, etanol e acetato de etilo eram ricos em terpenóides, tais como hidrocarbonetos sesquiterpénicos (53,12, 51,68 e 23,16 por cento) e hidrocarbonetos monoterpénicos (22,83, 18,90 e 23,36 por cento), respetivamente. Os compostos dominantes nos extractos foram o P- felandreno (15,54, 13,66 e 12,10 por cento) e o P-cariofileno (10,72, 8,29 e 7,79 por cento, respetivamente). Avaliaram a atividade antimicrobiana dos extractos contra onze microrganismos alimentares utilizando os métodos de microdiluição e de difusão em disco. O extrato de metanol mostrou melhor atividade em comparação com os extractos de etanol e acetato de etilo. A elevada percentagem de hidrocarbonetos monoterpénicos e sesquiterpénicos pode ser responsável pela melhor atividade antimicrobiana.

Vidal *et al.* (2012) trabalharam na atividade antibiótica de extractos etanólicos do musgo *Octoblepharum albidum* e em associação com aminoglicosídeos, contra seis estirpes bacterianas através de um teste de microdiluição. Foi demonstrada uma atividade inibitória semelhante contra *Escherichia coli* e *Klebsiella pneumoniae*. Concluíram como a atividade antibacteriana dos extractos *de O. albidum* e o seu potencial na modificação da resistência dos aminoglicosídeos analisados.

Adebiyi *et al.* (2012) analisaram os constituintes fitoquímicos dos extractos aquosos de duas plantas de musgo tropical, *Thuidium gratum* e *Barbula indica*, utilizando procedimentos normalizados. O rastreio fitoquímico revelou a presença de alcalóides, flavonóides, fenóis, saponinas e esteróides em quantidades variáveis nas duas plantas de musgo, mas houve ausência de fenol em *B. indica*. Sugeriram que estas duas plantas de musgo poderiam ser uma fonte verdadeira e potencial de medicamentos úteis para o tratamento de doenças.

Alam (2012) avaliou a atividade antifúngica dos extractos metanólicos da hepática talóide *Plagiochasma rupestre* contra três fungos fitopatogénicos *Alternaria alternata*, *Aspergillus niger*, *A. flavus*, *Trichoderma viridae*, *Phytophthora infestans*, *Fusarium oxysporium* e *Penicillium expansum* pelo método de microdiluição, que exibem uma inibição total ou forte do crescimento de *Trichoderma viridae*, *A. niger* e *Phytophthora infestans*. Alam *et al.* (2012) avaliaram a atividade antibacteriana dos extractos etanólico e metanólico do musgo *Entodon nepalensis* contra três espécies bacterianas através do método de difusão em ágar. O extrato etanólico mostrou um efeito mais forte do que o extrato metanólico. O efeito antagonista máximo foi demonstrado contra *Escherichia coli* testada, seguido de *Salmonella typhimurium* e o mínimo contra *Bacillus subtilis*.

Kashid e Chavan (2012) avaliaram a potencialidade antifúngica dos extractos *de Fossombronia indica* e *Cyathodium tuberosum* das localidades de Purandar e Panhala de Western Ghats, Maharashtra. A atividade antibacteriana de três solventes orgânicos diferentes e de extractos aquosos de hepáticas foi testada contra quatro *estirpes* bacterianas diferentes, *nomeadamente Bacillus substilis*, *Escherichia coli*, *Pseudomonas aeruginosa* e *Staphylococcus aureus*, através do método de ensaio de difusão em disco. Todos os extractos expressaram actividades antibacterianas melhores mas variáveis. O extrato etanólico de *F. indica* apresentou uma maior atividade inibitória contra *S. aureus*.

Vats e Alam (2013) investigaram a atividade antibacteriana de diferentes solventes de *Atrichum undulatum* através do método de difusão em Agar. As actividades antibacterianas foram avaliadas contra estirpes bacterianas selecionadas com ampicilina como controlo positivo. O extrato etanólico do musgo mostrou um efeito melhor do que o extrato metanólico. O efeito antagonista máximo foi demonstrado contra *Escherichia coli* testada, seguida de *Salmonella typhimurium* e *Bacillus subtilis*.

Mukhopadhyay *et al.* (2013) determinaram o potencial antimicrobiano e antioxidante de musgos selecionados (*Octoblepharum albidum*, *Hyophila involuta*, *H. perannulata*, *Campylopus introflexus*, *Syrrhopodon subconfertus*, *Erythrodontium julaceum* e *Sematophyllum subhumile*) recolhidos em diferentes altitudes dos Himalaias Orientais. O ensaio antimicrobiano foi realizado considerando a zona de inibição (ZOI) através do método de difusão em poço de ágar após extração com dois sistemas de solventes (aquoso e hidroetanol). O potencial antioxidante destes géneros contra o hidrato de 2, 2-Difenil-1-picril-hidrazil (DPPH) também foi medido para avaliar a sua importância farmacológica. Entre as sete espécies estudadas, *S. subconfertus* mostrou atividade antimicrobiana tanto em bactérias Gram-positivas como Gram-negativas, embora a sua percentagem de redução de DPPH fosse bastante inferior em todas as concentrações.

Alam (2013) estudou a atividade antifúngica *in vitro* de extractos de etanol, metanol e clorofórmio de *Hyophila rosea*, contra três espécies de fungos, nomeadamente *Aspergillus flavus*, *Alternaria alternata* e *Phytophthora infestans*, utilizando o método de difusão em disco. Todos os três extractos exibiram uma eficácia significativa contra fungos em comparação com o bifonazol sintético. O extrato de clorofórmio mostrou uma atividade antifúngica máxima contra *P. infestans*, seguido de *A. flavus* e *A. alternata*.

Deora e Rathore (2013) avaliaram o efeito antibacteriano dos extractos aquosos *de Plagiochasma articulatum* (hepática) e *Fissidens bryoides* (musgo) em algumas estirpes bacterianas, como *Agrobacterium tumifaciens*, *Streptomyces scabies* e *Xanthmonas citri*, através do método de difusão em disco em placas com estrias (Spdd). O extrato de *P. articulatum* foi mais potente do que o *de F. bryoides* contra todos os microrganismos de teste selecionados. Além disso, concluiu-se que *S. scabies* mostrou uma atividade inibidora máxima do crescimento, seguida de *X. citri* e *A. tumifaciens*.

Sharma *et al.* (2013) estudaram a avaliação comparativa da atividade antimicrobiana do extrato metanólico e dos compostos fenólicos de uma hepática, *Rehoulia hemispherica*, através da técnica de difusão em ágar. As bactérias Gram-positivas foram mais sensíveis do que as Gram-negativas, enquanto as espécies fúngicas foram menos sensíveis. O extrato de *R. hemispherica* apresentou os melhores resultados contra *Staphylococcus aureus*, embora tenha sido ativo contra todos os micróbios testados. A atividade antimicrobiana aumentou com o aumento da concentração do extrato, exceto em *Klebsiella* sp. *S. aureus*, *E. faecalis* e *Bacillus cereus* foram mais inibidos pelo extrato bruto de metanol de *R. hemispherica* do que os compostos fenólicos isolados do extrato. *A. niger* foi igualmente inibida pelo extrato bruto de metanol, bem como pelos compostos fenólicos.

Chauhan *et al.* (2014) efectuaram uma avaliação dos compostos fitoquímicos biologicamente activos do musgo *Funaria* sp. do lago Berijam, Kodaikanal, Índia. Os extractos de acetona e metanol de *Funaria* sp. foram obtidos utilizando o extrator Soxhlet e a atividade antimicrobiana foi investigada pelo método de difusão em disco contra várias bactérias Gram positivas e Gram negativas. A zona de inibição máxima foi encontrada contra agentes patogénicos Gram-negativos, enquanto que a atividade inibitória fraca foi investigada contra *Staphylococcus aureus*. Os testes fitoquímicos revelaram a presença de hidratos de carbono em *Funaria* sp. e o extrato de acetona mostrou uma atividade antioxidante eficaz quando comparado com o extrato de metanol utilizando o ensaio de eliminação de radicais livres.

A plagiochilina "A", presente em várias espécies de *Plagiochila*, é um forte antifeedante contra o verme do exército africano, *Spodoptera exempta* (Asakawa, 1982). A plagiochilida, isolada de espécies de *Plagiochila*, matou *Nilaparvata lugens* (Delphacidae) a 100 ggml^{-1} (Toyota *et al.*, 1990). As espécies de *Frullania* são notáveis como hepáticas que causam dermatite de contacto alergénica muito intensa (Asakawa, 2004).

Capítulo 3. Materiais e métodos

3.

Materiais e métodos

3.1. Área de estudo

Chikkamagaluru significa literalmente "A cidade da filha mais nova", cobrindo uma área de 7.201 km2 e é internacionalmente conhecida pelo seu café. O distrito estende-se pelos paralelos latitudinais de 12° 54' 42" e 13° 53' 53" norte e pelos meridianos longitudinais de 75° 04' 46"e 76° 21' 50" leste. Os distritos de Shimoga, Davangere, Chitradurga, Tumkur, Hassan, Dakshina Kannada e Udupi de Karnataka marcam os limites geográficos do distrito de Chikkamagaluru.

De acordo com Champion e Seth (1968), a área geográfica do distrito pertence à categoria "Western tropical evergreen". O distrito de Chikkamagaluru situa-se na parte central dos Ghats Ocidentais. As suas belas paisagens (santuário de vida selvagem de Bhadra, Muthodi, Kemmanagundi, parque nacional de Kudremukh do distrito de Chikkamagaluru e Gangamola), cascatas espectaculares (cascatas de Kallathagiri, Amruthapura, cascatas de Hebbe), cumes de colinas - prados de shola [Mullayyanagiri (1930 m MSL, o pico mais alto de Karnataka), Bababudangiri (Dattapeeta, 1895 m MSL), Meruthi hill (1817 m MSL)], flores de café e ambiente salubre no planalto de Deccan. Inclui vários tipos de florestas, tais como florestas sempre-verdes, florestas semi-verdes, florestas decíduas húmidas e secas, vegetação de shola, matagais, prados e plantações de monoculturas (café, acácia, areca, borracha, teca e arrozais).

3.2. Clima

A estação da chuva anual é de junho a outubro. A precipitação anual medida durante os últimos 10 anos situa-se entre 2000 e 4000 mm (Fig. 3.1). A humidade varia de 55% durante os meses secos a 99% durante os meses de monção. A temperatura máxima diária média varia entre 22,8°C (julho) e 29,1°C (abril) e a temperatura mínima diária média varia entre 13,2°C (janeiro) e 19,8°C (maio).

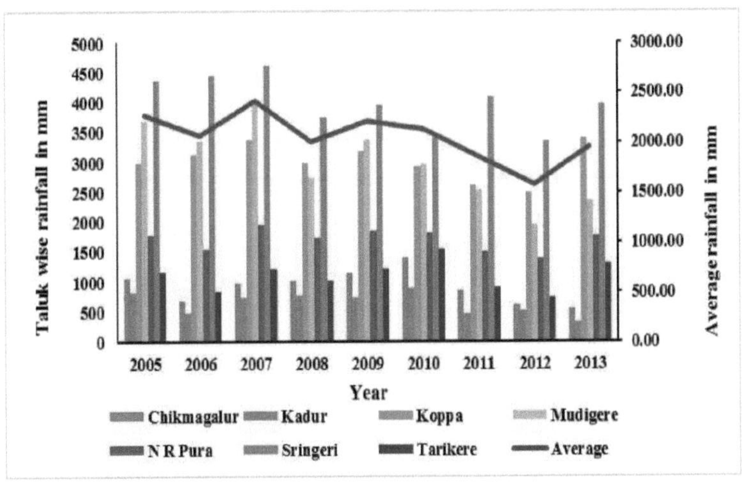

Fonte : www.chickmagalur.nic.in/htmls/about_chickmagalur.htm

Fig 3.1. Precipitação anual de sete taluks do distrito de Chikkamagaluru, Karnataka.

3.3. Levantamento de campo e recolha de briófitos

3.3.1. Locais de amostragem

A área de estudo foi dividida em macro e micro habitats. O macro habitat foi ainda dividido em dois tipos, como taluks e vegetações (Quadro 3.1 e Fig. 3.2). O distrito de Chikkamagaluru é constituído por sete taluks, *a saber,* 1) Chikkamagaluru, 2) Kadur, 3) Koppa, 4) Mudigere, 5) Narasimharaja Pura, 6) Sringeri e 7) Tarikere. O distrito de Chikkamagaluru inclui um conjunto diversificado de vegetações, nomeadamente 1) vegetação do tipo Shola, 2) floresta perene, 3) floresta caducifólia húmida, 4) floresta caducifólia seca, 5) prados, 6) matagal, 7) plantação de acácia, 8) plantação de areca, 9) plantação de café e 10) plantação de teca. Cada macro-habitat foi ainda dividido em cinco micro-habitats (substratos), tais como solo (terricola), rocha (rupícola), cascas de árvores (corticola), folhas (foliícola) e troncos mortos (lenhícola).

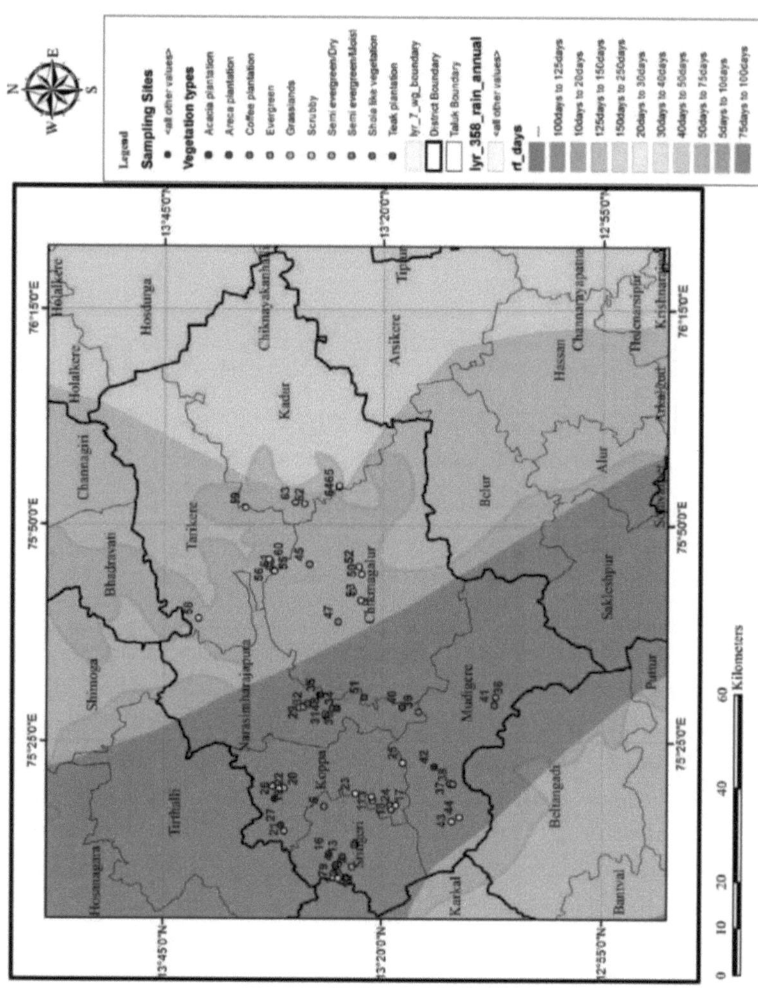

Fig. 3.2. Mapa que mostra os diferentes locais de estudo da área de estudo.

Quadro 3.1. Locais de amostragem de diferentes tipos de vegetação em sete taluks do distrito de Chikkamagaluru, Karnataka

Taluques	Tipos de vegetação	Locais	Lote n.º.	Latitude	Longitude	Altitude (m)
Sringeri	Sempre-verde	Narasimha parvata	1	13° 24.45'N	75° 09.34'E	1070
		Sirimane	2	13° 23.23'N	75° 10.37'E	780
		Sujigudda	3	13°21.03'N	75° 18.12'E	981

36

		Kigga	4	13° 24.57'N	75° 10.54'E	721
	Semi-perene/Moista	Uluve	5	13° 25.98'N	75° 16.92'E	661
		Nemmar	6	13° 23.03'N	75° 13.21'E	678
	Scrubby	Narasimha parvata	7	13° 24.93'N	75° 09.23'E	1068
		Babhruvahana kote	8	13° 24.03'N	75°09.21'E	1030
	Shola como vegetação	Narasimha parvata	9	13°25.31'N	75° 09.52'E	1091
		Babhruvahana kote	10	13° 24.06'N	75°09.18'E	1089
	Prados	Sujigudda	11	13°21.09'N	75° 18.42'E	970
		Narasimha parvata	12	13° 24.60'N	75°09.18'E	1097
	Plantação de areca	Kigga	13	13° 24.30'N	75° 11.47'E	651
		Nemmar	14	13° 23.09'N	75° 13.06'E	650
	Plantação de acácias	Kigga	15	13°25.19'N	75° 10.47'E	718
		Meega	16	13° 26.03'N	75° 12.04'E	695
Koppa	Sempre-verde	Meguru	17	13° 19.03'N	75° 17.42'E	958
		Meguru	18	13° 18.55'N	75° 17.12'E	951
	Semi-perene/Seco	Kotegudda	19	13°31.90'N	75° 19.52'E	793
		Kotegudda	20	13°31.08'N	75° 19.36'E	789
		Heggadde	21	13°31.09'N	75° 14.43'E	717
Koppa	Esfregão	Kotegudda	22	13°31.45'N	75° 19.32'E	730
		Perto de Jayapura	23	13° 23.03'N	75° 19.01'E	835
	Prados	Perto de Megur	24	13° 18.24'N	75° 17.42'E	1322
		Perto de Megur	25	13° 17.38'N	75° 22.37'E	1504
	Plantação de	Hariharapura	26	13°32.13'N	75°	648

	acácias				18.25'E	
		Niluvagilu	27	13°31.31'N	75° 15.22'E	691
Narasimharaja pura (N.R.Pura)	Semi-perene/Moista	Balehonnuru	28	13° 29.33'N	75°28.56'E	811
		Balehonnuru	29	13° 29.03'N	75° 28.62'E	765
	Plantação de café	Balehonnuru	30	13° 25.43'N	75°28.52'E	823
		Balehonnuru	31	13° 25.92'N	75° 28.02'E	785
	Plantação de areca	Kaimara	32	13° 27.93'N	75° 29.22'E	727
		Kaimara	33	13° 27.12'N	75° 29.87'E	736
	Plantação de acácias	Perto de Kudregundi	34	13°25.13'N	75°28.52'E	750
		Perto de Agrahara	35	13° 27.04'N	75° 29.84'E	805
Madigere	Sempre-verde	Kottigehara	36	13° 07.03'N	75°30.12'E	875
		Kalasa	37	13° 12.13'N	75°20.12'E	851
	Semi-perene/Moista	Kalasa	38	13° 11.53' N	75° 20.09'E	808
		Magundi	39	13° 15.52'N	75°28.32'E	801
	Plantação de teca	Perto de Magundi	40	13° 17.43'N	75° 28.62'E	793
	Plantação de café	Perto de Kottigehara	41	13°07.11'N	75°29.16'E	882
	Plantação de acácias	Perto de Kalasa	42	13° 14.03'N	75°22.12'E	879
	Prados	Perto de Kudremukh	43	13° 12.01'N	75° 15.53'E	1023
		Perto de Kudremukh	44	13° 11.08'N	75° 16.22'E	1059
Chikkamagaluru	Sempre-verde	Bababudan giri	45	13° 27.86'N	75°45.27'E	1289
		Perto de Mullaiyyana giri	46	13° 22.03'N	75°41.12'E	1621
	Semi-perene/Moista	Mutthodi	47	13° 24.66'N	75° 38.52'E	767
		Mutthodi	48	13° 25.93'N	75°28.12'E	772
	Esfregão	Mullaiyyana giri	49	13° 23.24'N	75° 42.22'E	1566
		Perto de Bababudangiri	50	13° 22.23'N	75° 44.22'E	1121
	Plantação de teca	Khandya	51	13°21.63'N	75° 30.08'E	763

	Prados	Bababudan giri	52	13° 22.43'N	75°45.12'E	1250
		Mullaiyyana giri	53	13°22.31'N	75°41.20'E	1710
Tarikeri	Sempre-verde	Kemmannugundi	54	13° 32.52'N	75°45.44'E	1538
		Perto de Kemmannugudi	55	13°31.93'N	75° 44.52'E	1509
	Semi-perene/Moista	Kallathigiri	56	13° 33.03'N	75°45.12'E	1387
		Kallathigiri	57	13° 33.08'N	75°45.32'E	1326
	Esfregão	Lakkavalli	58	13°41.03'N	75°39.12'E	741
		Lingadahalli	59	13° 35.46'N	75°51.57'E	1074
	Prados	Kemmannugundi	60	13°33.01'N	75° 46.02'E	1632
		Kemmannugundi	61	13° 32.23'N	75° 44.42'E	1571
Kadur	Semi-perene/Seco	Emmedoddi	62	13°29.01'N	75° 52.27'E	1051
		Emmedoddi	63	13° 29.62'N	75° 52.37'E	1061
	Esfregão	Perto de Sakharayapattana	64	13° 25.03'N	75°54.31'E	911
		Perto de Sakharayapattana	65	13° 25.03'N	75° 54.40'E	901

Plate - 1
Different forest types of Chikkamagaluru District, Central Western Ghats

Fig. a. Acacia plantation in Koppa taluk; b. Areca plantation in Sringeri taluk; c. Coffee plantation in N.R. Pura taluk; d. Evergreen forets in Tarikeri taluk; e. Montane grasslands and forest view of Kemmannugundi; f. Grasslands in Bababudan giri; g. Shola vegetations near to Kemmannugundi; h. Forest view in Sringeri taluk.

Different forest types of Chikkamagaluru District, Central Western Ghats

Fig. a. Teak plantation in Mudigere taluk; b. Montane grasslands and forest view in Sringeri taluk; c. Coffee plantation near to Kemmannugundi; d. Moist deciduous forest in Sringeri taluk; e. Montane grasslands in Gangamola; f. Shola in Sringeri taluk; g. Scrub jungle in Sringeri taluk; h. Forest view in Kemmannugundi.

3.3.2. Métodos de amostragem

A recolha sistemática de briófitos (musgos, hepáticas e hornworts) em cada local de estudo foi efectuada ao longo do tempo. Nos locais de estudo, o método de amostragem aleatória foi efectuado entre junho de 2012 e dezembro de 2014. Foram estabelecidos transectos de 50 metros de comprimento com três quadrículas de 10 x 10 m alternadas com um intervalo de 10 m (Negi e Gadgil, 1997; Daniels e Kariyappa, 2007). Durante o levantamento, foram recolhidas colónias de musgos, hepáticas e hornworts no número de transectos durante a estação pré-monção, monção e pós-monção. Os espécimes com menos de 1 cm de comprimento x largura e os substratos foram considerados como Unidade Taxonómica Reconhecível (UTR).

Os espécimes de briófitas foram raspados do substrato com a ajuda de uma faca de gume afiado. As espécies terrestres foram recolhidas deixando uma fina película de solo. As espécies epífitas foram recolhidas trepando às árvores o mais possível e também nos ramos e galhos caídos. As espécies corticícolas e litofíticas, quando fortemente ligadas ao substrato, foram recolhidas com uma porção de casca e de rochas, respetivamente.

Os dados recolhidos no campo foram registados na ficha de dados, tais como localidade, data, macro habitat, espécies associadas ao substrato. Foram anotados os tipos de vegetação, o nome da espécie hospedeira, a altura da árvore, o GBH e a arquitetura da copa. Foram anotadas as variabilidades ambientais, como a intensidade relativa da luz, a humidade relativa do ar, a temperatura da atmosfera e do solo.

Todos os espécimes representativos das colónias de briófitas foram recolhidos separadamente em sacos de polietileno e transportados para o laboratório para posterior triagem e identificação das espécies. Foram tiradas fotografias para cada espécie e habitat.

3.3.3. Dimensão da amostragem

A composição das espécies em diferentes áreas está sujeita a múltiplos factores. Para normalizar os dados para comparação entre diferentes locais, pode ser utilizada a curva de fração rara.

Na Figura 3.3, as curvas de fracções raras baseadas em amostras são traçadas em função do número de amostras e do número de taxa. Esta mostra que Sringeri e Mudigeri apresentam uma riqueza de espécies quase mais elevada do que os restantes taluks. Mas em Tarikere, a dimensão da amostragem é óptima, pelo que um número reduzido de amostras é suficiente para prever a riqueza de espécies, porque aqui o ponto de saturação das espécies é atingido muito cedo. N.R. Pura é quase igual a Tarikere. Este valor pode ser utilizado para estimar o número de espécies, quando a dimensão da amostra é desconhecida.

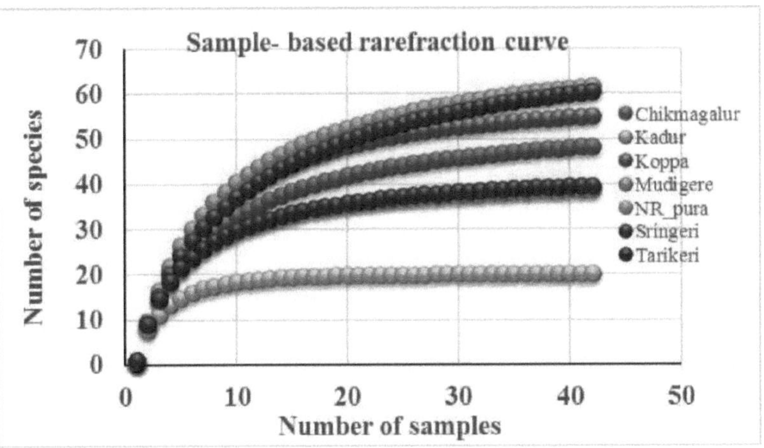

Fig. 3.3. Curva da fração rara baseada na amostra para medir a dimensão da amostra.

3.4. Conceção e desenvolvimento do trabalho

O herbário foi preparado através da secagem ao ar dos espécimes recolhidos e armazenado em bolsas de papel de 5x4". Os materiais recolhidos foram preservados em fixador para estudos posteriores. As caraterísticas externas dos espécimes foram estudadas com um microscópio trinocular estéreo e as caraterísticas internas com um microscópio composto.

A identificação dos espécimes baseou-se nos caracteres gametofíticos e esporofíticos, utilizando os manuais padrão e consultando a literatura. A identificação das espécies foi efectuada utilizando os manuais de Kashyap (1972), Chopra (1975), Gangulee (1985), Asthana e Srivastava (1991), Nair *et al.* (2005), Singh e Nath (2007), Sathisha (2007), Chaudary *et al.* (2008) e Dey e Singh (2012). Os espécimes de herbário de todas as briófitas foram conservados no Departamento de Botânica Aplicada, Universidade de Kuvempu, Shankaraghatta, distrito de Shivamogga, Karnataka.

3.5. Padrão de distribuição dos briófitos em diferentes estações do ano num estudo selecionado

áreas

Para a análise do padrão de distribuição sazonal dos briófitos, foram selecionadas duas parcelas permanentes (florestas sempre-verdes perturbadas e não perturbadas) com base no tipo de vegetação, na taxa de perturbação, na espessura da floresta, na cobertura do dossel e na conveniência de visitas de campo regulares. Foi utilizado o mesmo método que o mencionado anteriormente, mas o inquérito foi efectuado em três estações, a *saber,* chuvosa, inverno e verão, entre 2011-12 e 2012-2013, em duas parcelas permanentes. Os dados foram recolhidos no terreno nos meses de junho a setembro para a estação das chuvas, de outubro a janeiro para a estação do inverno e de fevereiro a maio para a estação do verão.

Foi selecionada uma floresta perenifólia perturbada perto de Kigga (13° 22.17' N, 75° 10.04' E,

721 m MSL), Sringeri taluk. Nesta parcela, a interferência humana e o pastoreio de gado eram escassos, a copa das árvores estava aberta, a luz solar no solo era maior, a decomposição dos detritos no solo era menor e a espessura das árvores era de dois estratos.

Foi selecionada uma floresta perene não perturbada em Sirimane (13° 23.23' N, 75° 10.37' E, 780 m MSL), Sringeri taluk. Nesta parcela, não havia interferência humana nem pastoreio de gado, a copa das árvores era fechada, a luz solar no solo era reduzida, a decomposição da folhagem era maior e a espessura das árvores era de três estratos.

3.6. Análise estatística através de índices de diversidade

Os dados registados nos transectos de cada taluque, vegetação e substrato foram analisados estatisticamente em separado. Para ter uma ideia correta da diversidade, da densidade, da frequência e da abundância, os índices de diversidade foram calculados utilizando as seguintes fórmulas (Simpson, 1949; Cottam e Curtis, 1956; Shannon e Wiener, 1963) e o software PAST (versão 2.14).

a. Densidade: O número total de indivíduos de uma espécie / Número total de quadrículas estudadas.

b. Densidade relativa: (o número total de indivíduos de uma espécie em todas as quadrículas / o número total de indivíduos de todas as espécies em todas as quadrículas) x 100.

c. Frequência: Número de quadrículas em que as espécies ocorreram / Número total de quadrículas estudadas.

d. Frequência relativa: (número de quadrículas em que as espécies ocorrem / número total de todas as espécies em todas as quadrículas) x 100.

e. Abundância: Número total de indivíduos de uma espécie / Número de quadrículas em que a espécie ocorreu.

f. Valor de Importância das Espécies (SIV): Frequência relativa + Densidade relativa.

g. Riqueza de espécies: Número de espécies.

h. Diversidade alfa

Índice de diversidade de Simpson: D $= \Sigma$ ni (ni-1) / N (N-1)

Índice de diversidade de Shannon-Wiener: H' $= -\Sigma$ pi Em pi

em que, pi= (ni/N)

i. Diversidade beta: Para a análise da diversidade beta do índice de Jaccard e do índice de Whittaker, utilizámos o software PAST (versão 2.14).

3.7. Actividades fitoquímicas e antimicrobianas de briófitos

3.7.1. Recolha, secagem e pulverização de material vegetal

Os espécimes de três musgos *Macromitrium moorcroftii*, *Garckea flexuosa* e *Pogonatum microstomum* foram recolhidos na área de estudo. Antes da extração, o material vegetal foi separado das partículas de solo aderentes, lavado em água corrente da torneira e seco (Banerjee e Sen, 1979). As amostras secas foram trituradas para obter um pó fino.

3.7.2. Preparação do extrato de musgos

Foram selecionados diferentes solventes, como éter de petróleo, clorofórmio e metanol, para a extração de musgos selecionados com base na sua polaridade ou valores de constante dieléctrica e densidade.

O material em pó de 1 kg cada foi embalado num aparelho Soxhlet e com uma gama de solventes, começando com solventes de baixa polaridade até alta (éter de petróleo, clorofórmio e metanol) 48 h. Os extractos foram filtrados com papel de filtro Whatman n.º 1, os filtrados foram mantidos em condições assépticas para evaporação completa do solvente. Os extractos secos foram conservados num exsicador.

3.7.3. Análise fitoquímica qualitativa preliminar

O teste de grupo fitoquímico preliminar de extractos de solvente de materiais vegetais para a deteção de metabolitos secundários foi realizado pelos métodos padrão (Harborne, 1984; Siddqui e Ali, 1997; Krishnaswamy, 2003). Os testes basearam-se na observação visual da mudança de cor ou da formação de um precipitado após a adição de reagentes específicos.

3.7.3.1. Pesquisa de alcalóides

a. Teste de Mayer: Algumas gotas dos reagentes de Mayer foram tratadas com 2 mg de extractos. A formação de um precipitado branco ou amarelo pálido indica a presença de alcalóides.

b. Teste de Wagner: Um ml de cada extrato foi misturado com volumes iguais do reagente de Wagner (iodo em iodeto de potássio). A formação de um precipitado castanho-avermelhado indica a presença de alcalóides.

c. Teste de Dragendorff: 2 mg do extrato metanólico foram adicionados a 5 ml de água destilada. Ao mesmo foi adicionado ácido clorídrico 2M até ocorrer uma reação ácida. De seguida, adicionou-se 1 ml do reagente de Dragendorff. A formação de um precipitado vermelho alaranjado indica a presença de alcalóides.

3.7.3.2. Pesquisa de flavonóides

a. Teste de cloreto férrico: A solução de teste com algumas gotas de solução de cloreto férrico apresenta uma cor verde intensa que indica a presença de flavonóides.

b. Teste de Shinoda: À solução de teste foram adicionados alguns fragmentos de fita de magnésio e, posteriormente, foram adicionadas algumas gotas de ácido clorídrico conc. A formação de uma cor vermelha magenta indica a presença de flavonóides.

c. Ensaio de redução do ácido zinco-hidroclórico: À solução de ensaio foi adicionada uma pitada de pó de zinco e, posteriormente, algumas gotas de ácido clorídrico conc. ácido clorídrico. A formação de uma cor vermelha magenta indica a presença de flavonóides.

d. Teste do reagente alcalino: A solução de teste, quando tratada com solução de hidróxido de sódio, mostra um aumento da intensidade da cor amarela, que se torna incolor com a adição de algumas gotas de ácido diluído.

e. Ensaio com solução de acetato de chumbo: À solução de teste foram adicionadas algumas gotas de acetato de chumbo a 10%. A formação de um precipitado amarelo indica a presença de flavonóides.

3.7.3.3. Teste para Glicosídeos

a. Teste de Keller-Killiani: A solução de ensaio foi tratada com algumas gotas de solução de cloreto férrico e misturada. Quando se adiciona ácido sulfúrico concentrado com solução de cloreto férrico, formam-se duas camadas, a inferior castanha-avermelhada e a superior de ácido acético verde-azulada.

b. Teste legal: À solução de teste foram adicionadas algumas gotas de piridina (tornada alcalina pela adição de solução de nitroprussiato de sódio). A formação de uma coloração rosa a vermelha indica a presença de glicosídeos.

3.7.3.4. Teste de taninos

a. Ensaio com cloreto férrico: À solução de teste foram adicionadas algumas gotas de solução de cloreto férrico. A formação de uma cor vermelha escura indica a presença de taninos.

b. Teste de gelatina: A solução de teste quando tratada com solução de gelatina dá origem a um precipitado branco, o que indica a presença de taninos.

3.7.3.5. Teste para fenóis

a. Teste do fenol: 2 ml dos extractos foram tratados separadamente com 1 ml de solução de cloreto férrico. O desenvolvimento de uma cor intensa indica a presença de fenóis.

b. Teste do ácido elágico: Os extractos foram tratados com algumas gotas de ácido acético glacial a 5% (p/v) seguido de uma solução de nitrato de sódio a 5% (p/v). A formação de uma cor castanha turva indica a presença de fenóis.

3.7.3.6. Teste para saponinas

a. Teste da espuma: Colocam-se 5 ml de cada extrato num tubo de ensaio e agitam-se vigorosamente para obter uma espuma estável. A esta solução espumosa, adicionam-se 5-6 gotas de azeite. A formação de uma emulsão indica a presença de saponinas.

3.7.3.7. Teste para esteróides

a. Teste de Salkowaski: A 1-2 ml de todos os extractos, foram adicionados 5 ml de clorofórmio. À mistura acima referida, adicionou-se cuidadosamente 1 ml de ácido sulfúrico conc. Adicionou-se cuidadosamente 1 ml de ácido sulfúrico conc. ao longo das paredes do tubo e misturou-se. A formação de uma cor avermelhada na camada inferior indica a presença de esteróides.

b. Teste de Liebermann-Burchard: A 1-2 ml de todos os extractos, adicionaram-se algumas gotas de solução de anidrido acético. A esta mistura, adicionaram-se cuidadosamente algumas gotas de ácido sulfúrico conc. Adicionam-se cuidadosamente algumas gotas de ácido sulfúrico conc. ao longo das paredes do tubo de ensaio. A formação de um anel castanho-avermelhado na junção das duas camadas indica a presença de esteróides.

3.7.3.8. Teste para Triterpinoides

a. Teste de Salkowaski: Adicionam-se algumas gotas de ácido sulfúrico conc. Ácido sulfúrico foram adicionadas à solução de teste, agitadas e deixadas em repouso, a camada inferior torna-se amarela indicando a presença de triterpenóides.

3.7.4. Determinação da atividade antimicrobiana

3.7.4.1. Testar microrganismos

A deteção das propriedades antimicrobianas de vários extractos contra algumas bactérias patogénicas humanas, incluindo duas bactérias Gram-positivas: *Staphylococcus aureus* (MTCC 3160), *Streptomyces pneumoniae* (MTCC 4734); sete bactérias Gram-negativas: *Escherichia coli* (MTCC 1559), *Klebsiella pneumonia* (MTCC 2113), *Pseudomonas aeruginosa* (MTCC 1034), *Salmonella typhi* (MTCC 734), *Xanthomonas campestris* (MTCC 2286), *Pseudomonas syringae* (MTCC 1604), *Agrobacterium tumefaciens* (MTCC 431) e os quatro fungos dermatófitos foram *Candida albicans* (MTCC 1637), *Chrysosporium keratinophilum* (MTCC 1367), *Chrysosporium merdarium* (MTCC 4608) e *Trichophyton rubrum* (MTCC 3272). Todos estes microrganismos foram obtidos no IMTECH, Chandigarh, Índia.

3.7.4.2. Preparação dos inóculos

Os inóculos bacterianos foram revivificados através da transferência de uma porção de organismos da cultura de reserva para frascos cónicos de 250 ml contendo caldo nutriente esterilizado (Hi Media). Os frascos foram incubados num agitador rotativo durante 24 h. a 37°C. As culturas em caldo foram submetidas ao método padrão de contagem de placas para enumerar a população e a diluição com 1×10^6 cfu/ml foi selecionada para o ensaio antimicrobiano. Para os inóculos fúngicos, foi utilizado caldo de batata dextrose esterilizado (Hi Media) e incubado durante 24 horas a 28°C. Utilizando uma solução salina estéril, as culturas foram colhidas e diluídas para obter uma contagem de cerca de 1×10^8 cfu/ml. A ciprofloxacina e o fluconazol na concentração de 1mg/ml foram utilizados como controlo positivo (padrão) contra bactérias e fungos, respetivamente, e o DMSO a 10% como controlo negativo. As soluções de medicamentos-padrão foram preparadas em água estéril para injeção.

3.7.4.3. Rastreio antimicrobiano pelo método de difusão em poço de Agar

As actividades antimicrobianas das diferentes preparações de extrato de três espécies de musgo *Macromitrium moorcroftii, Garckea flexuosa* e *Pogonatum microstomum* foram determinadas pelo método padrão de difusão em ágar (Perez *et al,* 1990) com ligeiras modificações. As placas de ágar Mueller Hinton (Hi Media) e ágar Sabourd dextrose (Hi Media) foram esfregadas (cotonetes esterilizados) com culturas de 24 horas das respectivas bactérias e fungos. Em seguida, assepticamente, foram abertos poços de 6 mm de diâmetro nas placas de inoculação, com a ajuda de uma broca de cortiça estéril. Aos poços foram adicionados separadamente 100 µl de diferentes concentrações de (100, 50 e 25 mg/ml de DMSO a 10%), Ciprofloxacina e Fluconazol padrão, 1 mg/ml e DMSO a 10% de controlo nos respectivos poços rotulados. As placas foram incubadas a 37°C durante 18-24 h. para as bactérias e 28°C durante 72 h. para os fungos numa posição vertical e a zona de inibição formada à volta dos poços foi registada. Foram mantidas triplicatas e a experiência foi repetida três vezes, para cada réplica as leituras foram feitas em três direcções fixas diferentes e os valores médios foram registados (Ulka e Karadge, 2010).

3.7.4.4. Análise estatística

Os resultados experimentais foram expressos como média ± desvio padrão da média de três réplicas. Os resultados foram processados utilizando o Microsoft Excel 2010.

Capítulo 4. Resultados

As aves construíram o seu ninho com briófitas

4.

Resultados

4.1. Briófitas do distrito de Chikkamagaluru, Karnataka

A divisão Bryophyta inclui três classes Hepaticae, Anthocerotae e Musci, geralmente conhecidas como hepáticas, hornworts e musgos, respetivamente. Briófitas de vida livre, grande variedade de habitats, 1 mm a 40 m de comprimento, forma talosa, foliosa ou erecta; apresenta alternância de gerações, esporófito dependente do gametófito para nutrição, geralmente diferenciado em pé, seta e cápsula, elatérios presentes nas hepáticas e ausentes nos musgos.

A descrição e a disposição dos taxa de musgos, hepáticas e hornworts foram efectuadas utilizando livros e manuais normalizados, Dey e Singh (2012), Chuadhary *et al.* (2008), Nair *et al.* (2005), Bapna e Kachroo (2000), Chopra (1975) e Gangulee (1969-80).

Chave para as classes

1 a.Gametófito talóide ou folhoso, se folhoso sem nervura mediana; rizóides asseptados; boca da cápsula, opérculo e dentes do peristoma ausentes; elatérios presentes ....
2

1 b.Gametófito frondoso; folhas dispostas em espiral, geralmente com costa; rizóides septados; boca da cápsula, opérculo e peristoma geralmente presentes; elatérios ausentes .... **Musci**

2a. Planta talóide/folhosa; talo com diferenciação dos tecidos internos; margem enrugada; numerosos cloroplastos por célula, pirenoide ausente; elatérios do tipo verdadeiro.......**Hepáticas**

2b. Planta talóide; talo sem diferenciação dos tecidos internos; margem não enrugada; um único cloroplasto por célula, pirenoide presente; elatérios pseudo-tipo .... **Anthocerotae**

4.1.1. Classe 1: Musci (Musgos)

A planta é diferenciada em caule, folhas e estrutura semelhante a uma raiz, rizoma com rizóides multicelulares. Caule ereto ou rasteiro, folhas com ou sem costa; seta geralmente presente; cápsula nunca elevada no tecido gametofítico; peristoma geralmente presente, cápsula deiscente principalmente por opérculo, Protonema filamentoso. Em muitas espécies, a cápsula abre-se através de uma tampa; surge de apenas duas ou três camadas concêntricas de células; algumas paredes destas células são absorvidas durante o crescimento; os dentes consistem em espessamentos, colocados nas paredes tangenciais das células componentes e são geralmente articulados.

Chave para as famílias

1a. Plantas acrocárpicas..**2**

1b.Plantas pleurocárpicas..**11**

2a.Folhas lameladas ....**Polytrichaceae**

2b. Folhas não lameladas; dentes do peristoma dicranose; mais 16 esporos **3**

3a.Dentes do peristoma divididos até à base .... **Ditrichaceae**

3b.Dentes   do   peristoma   bifurcados   ou
    simples   **4**

4a. Peristoma bifurcado; margem da ponta da folha dentada; células alares distintas
.....................**Dicranaceae**

4b. Peristoma simples; margem foliar inteira; alar pequeno ou ausente **5**

5a. Folhas multiestratosas; células diferenciadas em clorocistos e leucocistos
....**Octoblepharaceae**

5b. Folhas unistratadas; células não diferenciadas em clorocistos e leucocistos **6**

6a. Folhas disticuladas; complante com lâmina bainha caraterística ....**Fissidentáceas**

6b. Folhas não disticuladas; sem lâmina bainha..**7**

7a. Folhas diferenciadas em zonas hialinas semi-reticuladas...**8**

7b. Folhas não diferenciadas em zonas hialinas semi-reticuladas...................................**9**

8a. Zona hialina delimitada por células isodiamétricas verdes; presença de folhas gemíferas e não
gemíferas .... **Calymperaceae**

8b. Zona hialina não delimitada por células como acima; folhas normais.....................**Pottiaceae**

9a. Células foliares de paredes finas; margem delimitada por uma ou duas camadas de células
alongadas; rizóides simples ou com tubérculos **10**

9b. Células foliares papilosas; margem delimitada por células alongadas de camada única;
rizóides simples ....**Funariaceae**

9c. Células foliares mamilosas ou papilosas; margem dentada ou serrilhada por meio de papilas
emparelhadas .... **Bartramiaceae**

10a. Células perto da base da folha quadradas a rectangulares, acima da base romboides a
hexagonais ou linearmente

vermiformes não em filas oblíquas; ramos férteis e estéreis erectos...........................**Briáceas**

10b. Células próximas da base da folha e acima da base semelhantes, arredondadas a hexagonais;

frequentemente em filas oblíquas;

ramos férteis erectos e ramos estéreis prostrados...**Mniaceae**

1 la.   Costa simples, com alcance até ao topo ou duplo ou ausente...**12**

1 lb.   Costa dupla; atinge o meio ou acima da folha média...................................**Hylocomiaceae**

12a. Perichaecia radiculosa, ramificada regularmente pinada; folhas do caule e folhas dos ramos distintas;

parafilia presente ....**Thuidiaceae**

12b. Perichaecia não radiculosa **13**

13a. Caule principal e ramos radialmente simétricos; principalmente terrestres ou saxícolas.... **14**

13b. Caule principal e ramos não radialmente simétricos, maioritariamente corticícolas **15**

14a. Células alares grandes, vesiculares e coloridas ....**Sematophyllaceae**

14b. Células alares pequenas, quadradas a subquadradas, não coradas **16**

15a.   Células   alares   bem   diferenciadas;   células   foliares   alongadas   a   romboides
.................**Entodonaceae**

15b. Células alares pouco diferenciadas; células foliares lineares...............................**Hypnaceae**

15c. Células alares bem diferenciadas; desigualmente distribuídas com células de um lado mais numerosas; células lamelares superiores lineares; gemas ausentes; terras baixas húmidas a húmidas ....**Stereophyllaceae**

15d. Células alares quadradas a rectangulares curtas, frequentemente bastante numerosas; folhas plicadas ou lisas .... **Brachytheciaceae**

16a. Ramos e folhas complanados; folhas maioritariamente assimétricas.................**Neckeraceae**

16b. Ramos e folhas não complanados; folhas maioritariamente simétricas.................................**17**

17a. Células da lâmina papiladas ou incrustadas **18**

17b. Células da lâmina lisas **19**

18a. Folhas lanceoladas ou ovado-lanceoladas; células arredondadas ou 4-6-laterais, células basais frequentemente papilosas e alongadas .... **Orthotrichaceae**

18b. Folhas lineares a partir de uma base ovada auriculada; células romboides a lineares, papilosas
.....................................**Trachypodaceae**

19a. Ramos secundários frondosos a finamente alongados; folhas não recurvadas nem quadradas
.... **Pterobriáceas**

19b. Ramos secundários nunca frondosos, delgados e alongados; folhas recurvadas ou quadradas

.... **Meteoriaceae Família: Polytrichaceae Schwagr.**

Dos 15 géneros distinguidos dentro da família, cinco géneros, *a saber, Lyellia, Oligotrichum, Atrichum, Pogonatum* e *Polytrichum* ocorrem na Índia. Entre estes, *Pogonatum* é o único género encontrado na área de estudo.

Género: *Pogonatum* P. Beauv. Mag. Encycl. 5: 329. 1804.

Neste género, encontram-se na área de estudo duas espécies, *nomeadamente Pogonatum microstomum* e uma espécie não identificada.

Chave para as espécies

1 a... Células terminais das lamelas divididas; superfície da cápsula lisa...................***P. microstomum***

1 b.Células terminais das lamelas arredondadas; superfície da cápsula rugosa...........***Pogonatum* sp.**

Pogonatum microstomum (R. Br. ex Schwagr.) Brid. Bryol. Univ. 2: 745. 1827. (Placa-8: Fig. c).

Habitat: Terrícola; em estacas de terra em prados, florestas caducifólias húmidas associadas a algumas espécies de musgos e hepáticas.

Espécimes examinados: Sujigudda, Sirimane, Narasimha parvata, Megur, perto de Kudremukh, Kemmannugundi e Mudigere.

Distribuição: Esta é uma espécie do Sudeste Asiático registada no Sul da Índia (Kerala, Tamil Nadu: Nilgiri, Palni hills; Karnataka), Nordeste da Índia (Darjeeling, Western Himalaya, Sikkim, Meghalaya), Sri Lanka, Buthan, Taiwan, Filipinas, Indonésia.

***Pogonatum* sp.**

Plantas grandes, com 3 a 3,5 cm de altura, eixo por vezes ramificado, estreito e peludo, folhas que rodeiam o eixo na parte inferior da planta, folhas estreitas, mais compridas e ligeiramente curvadas, margem serrilhada; células terminais das lamelas arredondadas; cápsula quase retangular, rugosa, basalmente estreita e dilatada em cima, 3 a 4 x 1 a 1,5 mm; tampa cónica e bicuda, caliptra cilíndrica e basalmente bifurcada, perístoma 32 dentado, curto e espesso (Prato-8: Fig. d).

Habitat: Terrícola; em estacas de terra em florestas sempre verdes e semi sempre verdes, associada a algumas espécies de musgos e hepáticas. Encontra-se bem distribuída em estacas de solo de florestas sempre verdes das cascatas de Sirimane.

Espécimes examinados: Narasimha parvata, Sujigudda, Sirimane, Koppa, Mudigere e Tarikere.

Família: Ditrichaceae Limpr.

Existem géneros como *Pleuridium, Pleuridiella, Garkea, Ditrichum, Ceratodon, Distichum* e *Ditrichopsis* na Índia. Entre estes, apenas um género, *Garkea*, ocorre na área de estudo.

Género: *Garckea* Müll. Hal. Bot. Zeitung (Berlin) 3: 865. 1845.

Duas espécies deste género, *Garckea flexuosa* e *G. abbreviata*, são encontradas na área de estudo.

Chave para as espécies

1 a.Folhas inferiores mais pequenas do que as superiores, na condição seca estreitamente comprimidas ....*G. flexuosa*

1 b.Folhas inferiores apenas ligeiramente mais pequenas do que as superiores, na condição seca laxas e espalhadas ....*G. abbreviata Garckea abbreviata* Dixon & P. de la Varde. Arch. Bot. Bull. Mens. 1(8-9): 163. 1927.

Habitat: Terrícola e corticícola; no solo e nas bordas de cortes de terra, troncos de árvores em vegetações de shola, florestas sempre verdes e semi sempre verdes.

Espécimes examinados: Kigga, Narasimha parvata, Kotegudda, Sujigudda, Kottigehara, Kalasa, Bababudan giri, Perto de Mullaiyyana giri, Kemmannugundi.

Distribuição: Kankanady, Mangalore.

Garckea flexuosa (Griff.) Margad. & Nork. J. Bryol. 7:440. 1973. (Placa-6: Fig. c).

Habitat: Terrícola, corticícola, rupícola; no solo e nas bordas de cortes de terra, troncos de árvores e em rochas em vegetações de shola, florestas sempre verdes e semi sempre verdes. Encontra-se em árvores como *Syzygium cumini, Leea indica*.

Espécimes examinados: Kigga, Narasimha parvata, Kotegudda, Sujigudda.

Distribuição: Foi anteriormente registada no Sul da Índia (Kerala, Tamil Nadu, Karnataka), Nordeste da Índia (Bengala Ocidental, Darjeeling, Khasi hills, Tripura), Himalaias Orientais, Índia Central, Ilhas Andaman, distrito de Tirunelveli, Ghats Ocidentais e Sri Lanka.

Família: Dicranaceae Schimp.

São reconhecidas seis subfamílias dentro da família. Uma das subfamílias desta família, Campylopodioideae, tem oito géneros, dos quais *Campylous* está representado na área de estudo.
Género: *Campylopus* Brid. Muscol. Recent. 4: 71. 1819 (1818).

Neste género, encontram-se na área de estudo três espécies, nomeadamente *Campylopus ericoides, C. flexuosus* e *C. schmidii*.

Chave para as espécies

1 a.Costa terminando num ponto sub-hialino a hialino, estriado na parte superior; células foliares superiores romboides mais estreitas ....*C. ericoides*

1 b.Costa não termina num ponto de cabelo   hialino não termina numa ponta cuculada;

células superiores da folha quadradas a rectangulares curtas .... *C. flexuosus*

l c.Costa células da superfície abaxial longo-rectangulares; células da folha superior romboidais ou estreitamente hexagonais .... *C. schmidii*

Campylopus ericoides (Griff.) A. Jaeger. Ber. Thatigk. St. Gallischen Naturwiss. Ges.1870-71:424 (Gen. Sp. Musc. 1:128). 1872. (Prato-4: Fig. g).

Habitat: Rupícola, terriícola; em rochas juntamente com *Bryum* spp., *Hyophila involuta* e também em cortes de solo em prados.

Espécimes examinados: Narasimha parvata, Kotegudda, Sujigudda, Mudigere, Tarikere, Bababudan giri.

Distribuição: Kerala: Chinnar WLS, Tamil Nadu: Ghats ocidentais de Thirunelveli, Agasthyamala), Nordeste da Índia (Darjeeling, Khasi hills, Manipur, Meghalaya, Bengala Ocidental) Sri Lanka, Nepal, Myanmar, Tailândia, Vietname, Java e Filipinas.

Campylopus flexuosus (Hedw.) Brid. Muscol. Recent. Suppl. 4:71. 1819 (1818). (Placa-4: Fig. h).

Habitat: Rupícola, terricícola; sobre rochas e solo em prados.

Espécimes examinados: Narasimha parvata, Kotegudda, Sujigudda, Bababudan giri, Koppa, Kottigehara, Kalasa, Kemmannugundi.

Distribuição: Kerala (Parque Nacional de Eravikulam), Ghats orientais (colinas de Shervaroy), Norte da Índia (Himalaias ocidentais), China, Nepal oriental, Argélia, Abissínia, Madagáscar, Nova Zelândia, Oceânia e Sibéria.

Campylopus schmidii (Müll. Hal.) A. Jaeger. Ber. Thätigk. St. Gallischen Naturwiss. Ges. 1870-71: 439 (Gen. Sp. Musc. 1: 143). 1872. (Placa-5: Fig. a).

Habitat: Rupícola, terricícola; sobre rochas e solo em prados.

Espécimes examinados: Narasimha parvata, Kotegudda, Sujigudda, Mullaiyyana giri, Bababudan giri, Kemmannugundi.

Distribuição: México, Ásia (China, Índia, Sri Lanka, Java, Sulawesi, Bornéu, Taiwan), África, Ilhas do Oceano Índico (Madagáscar), Ilhas do Pacífico (Havai), Austrália.

Família: Octoblepharaceae (Cardot) A. Eddy ex M. Menzel

Octoblepharaceae está separada da família Leucobryaceae. Apenas o género *Octoblepharum* ocorre na área de estudo.

Género: *Octoblepharum* Hedw. Esp. Musc. Frond. 50. 1801.

Apenas uma espécie *Octoblepharum albidum* é encontrada na área de estudo.

Octoblepharum albidum Hedw. Sp. Musc. Frond. 50. 1801. (Prato-7: Fig. h).

Habitat: Corticícola, rupícola, lenhícola, terricícola; é uma espécie bem distribuída em diversos habitats, como troncos de árvores, ramos, troncos caídos, no solo e nas rochas em vegetações de folha perene, semi-perene, shola, plantações de acácia e matagais.

Espécimes examinados: Kigga, Narasimha parvata, Kotegudda, Nemmar, Sujigudda, Hariharapura, perto das quedas de água de Maghebailu e Sirimane, Bababudan giri, Kemmannugundi.

Distribuição: É uma espécie comum na zona de estudo. Foi anteriormente descrita no sul da Índia (Kerala, Tamil Nadu, Karnataka), nordeste da Índia (Kumaon, Sikkim), Sri Lanka, Filipinas, China, América do Norte e do Sul, Austrália, África, Madagáscar, região Indomalayan e Yunnan.

Família: Fissidentaceae Schimp.

Existem quatro géneros na família, dos quais o género predominantemente tropical, *Fissidens*, só é conhecido da Índia.

Género: *Fissidens* Lindb. Musci Scand. 40. 1879.

Neste género, encontram-se na área de estudo sete espécies, nomeadamente *Fissidens zollingeri, F. asperisetus, F. bryoides, F. crenulatus, F. crispulus, F. ceylonensis* e uma espécie não identificada.

Chave das espécies

1 a. Ápice da folha agudo **2**

1 b.Ápice da folha amplamente agudo **3**

1 c.Ápice da folha acuminado .... *F. zollingeri*

2a. Folhas oblongas a linguladas .... *F. asperisetus*

2b. Folhas oblongas a ovadas .... *Fissidens* **sp.**

2c. Folhas oblongas a lanceoladas; nervura central fracamente diferenciada ....F. *bryoides*

2d. Folhas lanceoladas; filamento central não diferenciado ....F. *crenulatus*

3a. Nódulos hialinos axilares bem diferenciados .... *F. crispulus*

3b. Nódulos hialinos axilares não diferenciados ou fracamente diferenciados .... *F. ceylonensis*

Fissidens asperisetus Sande Lac. Verh. Kon. Ned. Akad. Wetensch., Afd. Natuurk. 13:2. pl. 1: b. 1872. (Placa-5: Fig. d).

Habitat: Terrícola; em estacas de solo e também em paredes de lama e betão em ambientes domésticos, florestas semiperenes e perenes. É uma espécie comum em Kotegudda e

Narasimhaparvata.

Espécimes examinados: Narasimha parvata, Kotegudda, Sujigudda, Bababudan giri, Kottigehara, Kalasa.

Distribuição: Trata-se de uma espécie do Sudeste Asiático, anteriormente registada no Sul da Índia (Tamil Nadu, Kerala), Ilhas Andaman, Srilanka, Java, Filipinas.

Fissidens bryoides Hedw. Sp. Musc. Frond. 153. 1801.

Habitat: Terrícola; em estacas de solo e paredes lamacentas em ambientes domésticos, florestas semi-perenes e perenes.

Espécimes examinados: Bababudan giri, Kottigehara, Kalasa, Narasimha parvata, Kotegudda, Sujigudda.

Distribuição: Himalaias ocidentais (Ranikhet, Simla), Sul da Índia, Rajasthan, Gujarat, Japão, Taiwan, China, América, Java e Filipinas.

Fissidens ceylonensis Dozy & Molk. Ann. Sci. Nat., Bot., ser. 3, 2: 304. 1844. (Prato-5: Fig. e).

Habitat: Corticícola, rupícola, lenhícola, terricícola; esta espécie encontra-se amplamente distribuída em todos os locais de estudo e em todos os micro e macro habitats. No solo, em estacas de solo, em rochas e pedras, em paredes quebradas, em raízes de árvores em florestas sempre-verdes e semi sempre-verdes, em ambientes caseiros. Encontra-se em árvores como *Cocos nucifera, Zanthoxylum rhetsa, Hopea* spp., *Antidesma menasu, Calophyllum apetalum, Gordonia obtusa, Myristica dactyloides, Olea dioica, Persea macrantha, Syzygium cumini.*

Espécimes examinados: Kigga, Narasimha parvata, Kotegudda, Nemmar, Sujigudda, Bababudan giri, Kottigehara, Kalasa, Kemmannugundi, Balehonnuru, Kaimara, Jayapura.

Distribuição: Esta espécie foi anteriormente descrita no Sul da Índia (Kerala, Tamil Nadu), Nordeste da Índia (Darjeeling, Himalaya, Sikkim, Uttar Pradesh, Bengala Ocidental), Sri Lanka, Bornéu, Irão, Java, Malásia, Nepal, Nova Zelândia, Filipinas, Sumatra, Tailândia, Vietname e Yunnan.

Fissidens crenulatus Mitt. J. Proc. Linn. Soc., Bot., Suppl. 1:140. 1859. (Prato-5: Fig. f).

Habitat: Terrícola, lenhícola e corticícola; em estacas de solo e solo húmido, em cupinzeiros de florestas semi-perenes.

Espécimes examinados: Narasimha parvata, Kotegudda, perto das cascatas de Maghebailu, Bababudan giri, Mullaiyyana giri, Kottigehara, Kalasa, Kemmannugundi.

Distribuição: Espécie do Indo-Pacífico, distribuída no Sul da Índia (Kerala, Tamil Nadu, Ghats Ocidentais de Kanyakumari), Nordeste da Índia (Orissa), Myanmar e Nepal.

Fissidens crispulus Brid. Muscol. Recent. Suppl. 4: 187. 1819 (1818).

Habitat: Terricolosa, lenhícola, rupícola e corticícola; em estacas de solo e solo húmido em plantações de monoculturas e florestas sempre verdes.

Espécimes examinados: Bababudan giri, Mullaiyyana giri, Kottigehara, Kalasa, Kotegudda e Narasimharaja pura.

Distribuição: Foi anteriormente registada no Norte da Índia (Himalaias), na China e nas Filipinas.

Fissidens zollingeri Mont. Ann. Sci. Nat., Bot., ser. 3, 4:114. 1845. (Prato-5: Fig. g).

Habitat: No corte do solo, no corte do solo à beira da estrada e também em troncos caídos em plantações de café e pastagens.

Espécimes examinados: Narasimha parvata, Kotegudda, Nemmar, Sujigudda, Kottigehara, Kalasa.

Distribuição: Sul da Índia (Kerala, Tamil Nadu e Karnataka), Sri Lanka, Myanmar, Fiji, Java, Malásia, Nova Guiné, Peru, Filipinas, Sumatra e Vietname.

Fissidens sp.

Plantas verde-claras, muito pequenas, até 1,3 mm de comprimento, com 6 a 7 pares de folhas; folhas amontoadas, oblongo-ovais, até 0,8 a 1 mm de comprimento, folhas iguais em todos os lados, o espaço onde termina a lâmina bainha sofre uma ligeira constrição, margem crenulada, lâmina bainha aberta, células arredondadas hexagonais; costa forte, termina abaixo do ápice; esporófito não visto.

Habitat: No corte do solo, no corte do solo à beira da estrada, em rochas e também em troncos caídos e cascas de árvores em quase todas as vegetações da área de estudo.

Espécimes examinados: Narasimha parvata, Kotegudda, Nemmar, Sujigudda, Kottigehara, Kalasa, Bababudan giri, Mullaiyyana giri, Kigga, Sirimane, Uluve, Babruvahana kote, Meega, Meguru, Heggadde, Hariharapura, Niluvagilu, Kaimara, Kudregundi, Magundi, Mutthodi.

Família: Calymperaceae Tipo.

Três géneros, *Calymperes*, *Syrrhopodon* e *Thyridium*, estão presentes na Índia. Dos quais *Calymperes* foi encontrado na área de estudo.

Género: *Calymperes* Sw. ex F. Weber. Tab. Calyptr. Operc. (3). 1814 (1813).

Duas espécies deste género, *Calymperes afzelii* e *C. erosum*, encontram-se na área de estudo.

Chave das espécies

l a.Folhas ....não gemíferas linguladas com ápices obtuso-apiculados ou denticulados .... *C. afzelii*

l b.Folhas   não gemíferas linguladas a estreitamente lanceoladas com ápices denticulados ....*C. erosum*

Calymperes afzelii Sw. Jahrb. Gewächsk. 1:3. 1818. (Prato-4: Fig. d).

Habitat: Corticícola, lenhícola; em troncos de árvores, troncos mortos e rizomas de algumas pteridófitas em florestas semi-perenes. Pode ser encontrada em árvores como *Diospyros ebenum* e *Garcinia morella*. É uma espécie comum na zona de estudo.

Espécimes examinados: Narasimha parvata, Nemmar, Kalasa, Bababudan giri, Mullaiyyana giri, Kigga, Babruvahana kote, Hariharapura, Niluvagilu, Kaimara, Kudregundi, Magundi.

Distribuição: Pico Agasthyamalai (W. Himalaya), Tinnevelly, Kattulum.

Calymperes erosum Müll. Hal. Linnaea 21:182. 1848. (Prato-4: Fig. e).

Habitat: Corticícola, lenhícola; em troncos de árvores associados a *Octoblepharum albidum*, ramos de árvores de florestas semi-perenes. Encontra-se em árvores como *Dichapetalum gelonioides*, *Garcinia morella*, *Gordonia obtusa*, *Hopea canarensis*, *Leea indica*, *Ligustrum gamblei*, *Mesua nagassarium*, *Myristica dactyloides*, *Olea dioica*, *Syzygium caryophyllatum*.

Espécimes examinados: Narasimha parvata, Kottigehara, Kalasa, Mullaiyyana giri, Kigga, Babruvahana kote, Kaimara, Kudregundi, Mutthodi.

Distribuição: Goa, Kerala, Tamil Nadu.

Família: Pottiaceae Schimp.

Três géneros, *nomeadamente Barbula, Hymenostomum* e *Hyophila*, ocorrem na área de estudo.

Chave para os géneros

1 a.Folhas linear- lanceoladas, acuminadas .... *Hymenostomum*

1 b.Folhas espatuladas ou linguladas, largas, apiculadas... *Hyophila*

1 c.Folhas ovais ou ovado-oblongas a lanceoladas, obtusas ou acuminadas .... *Bárbula*

Género: *Barbula* Hedw. Esp. Musc. Frond. 115. 1801.

Apenas uma espécie *Barbula indica* é encontrada na área de estudo.

Barbula indica (Hook.) Spreng. Nomencl. Bot. 2: 72. 1824. (Prato-3: Fig. c).

Habitat: Rupícola, lenhícola, terricícola; é comummente distribuída em bermas de estradas, cortes de solo, solo húmido, em fendas de rochas, troncos caídos e paredes de betão em florestas semi-perenes e matagais.

Espécimes examinados: Kigga, Nemmar, Sirimane, Uluve, Meega, Meguru, Kaimara, Kudregundi, Kottigehara, Kalasa, Mullaiyyana giri.

Distribuição: Foi anteriormente registada na Índia (Kerala), China, Japão, Coreia, Malásia, Filipinas, Colômbia, México, África e América.

Género: *Hymenostomum* R. Br. Trans. Linn. Soc. London 12(2): 572. 1819.

Apenas uma espécie *Hymenostomum edentulum* é encontrada na área de estudo.

Hymenostomum edentulum (Mitt.) Besch. Bull. Soc. Bot. França 34: 95. 1887.

Habitat: Terrícola; em estacas de solo em pastagens semi-perenes e prados.

Espécimes examinados: Narasimha parvata, Sujigudda.

Distribuição: Foi anteriormente descrita no Sul da Índia (Tamil Nadu, Nilgiri hills, Kerala, Palni hills e Madras), Ilhas Andaman e Nicobar, Sri Lanka, China, Vietname do Norte, Taiwan, Java e Filipinas.

Género: *Hyophila* Brid. Bryol. Univ. 1: 760. 1827.

Neste género, encontram-se na área de estudo três espécies, *nomeadamente Hyophila involuta, H. nymaniana* e uma espécie não identificada.

Chave das espécies

1 a.Folhas oblongas a oblongo-espatuladas, margens superiores serrilhadas; células não papilosas ou ligeiramente mamilosas .... *H. involuta*

1 b.Folhas oblongo-elípticas, margens superiores planas; células superiores das folhas muito mamilosas a papilosas .... ***H. nymaniana***

1 c.Folhas carenadas, côncavas; células papilosas ....***Hyophila* sp.**

Hyophila involuta (Hook.) A. Jaeger. Ber. Thatigk. St. Gallischen Naturwiss. Ges. 1871-72: 354 (Gen. Sp. Musc. 1: 202). 1873. (Placa-6: Fig. d).

Habitat: Corticícola, rupícola, lenhícola, terricícola; encontra-se numa variedade de micro-habitats como o solo, rochas, troncos caídos, fendas de rochas, muros, paredes de betão, etc. em ambientes caseiros e florestas semi-perenes. É uma espécie cosmopolita na área de estudo.

Espécimes examinados: Narasimha parvata, Kigga, Nemmar, Sujigudda, Sirimane, Uluve, Babruvahana kote, Meega, Kotegudda, Meguru, Heggadde, Hariharapura, Niluvagilu, Kaimara, Kudregundi, Magundi, Mutthodi, Kemmannugundi, Kallathigiri, Lakkavalli, Kottigehara, Kalasa, Bababudan giri, Mullaiyyana giri.

Distribuição: Foi anteriormente registada em Kerala, Karnataka, Tamil Nadu, Gujarat, Índia Central (Madhya Pradesh, Orissa), Nordeste da Índia (Assam, Arunachal Pradesh, Bengala, Bihar, Darjeeling, Himalaias Ocidentais, Khasi hills), Sri Lanka, Nepal, China, Japão, Java, Coreia, Filipinas, Sumatra, Taiwan, Nova Guiné, América do Sul e Europa.

Hyophila nymaniana (M. Fleisch.) Menzel. Willdenowia 22: 198.1992. (Placa-6: Fig. e).

Habitat: Rupícola, lenhícola, terricícola em ambientes caseiros e florestas semi-perenes.

Espécimes examinados: Kigga, Narasimha parvata, Nemmar, Bababudan giri.

Distribuição: China, Himalaias, Índia, Tailândia, Península da Malásia e Filipinas.

Hyophila sp.

Plantas minúsculas em manchas frouxas. Caule não ramificado, folhas carenadas, côncavas e longas. Costa proeminente, percurrente, lisa. Células da base da lâmina largas, rectangulares, hialinas, 6,5-9,7x 4 pm de comprimento, 34 x 4 pm de largura, base transparente. Células médias hexagonais. Células apicais clorofiladas irregularmente quadradas, papilosas. Seta apical, ereto e longo. Cápsula erecta, cilíndrica, castanha. Peristoma ausente (Prato-6: Fig. f).

Habitat: Terrícola, Rupícola em ambientes caseiros e pastagens.

Espécimes examinados: Narasimha parvata, Nemmar, Kigga, Bababudan giri.

Família: Funariaceae Schwägr.

Nesta família, três géneros, *nomeadamente Enthosthodon, Physcomitrium* e *Funaria*, estão presentes na Índia. Apenas um género, *Funaria*, foi encontrado na área de estudo.

Género: *Funaria* Hedw. Espécie: Musc. Musc. Frond. 172. 1801.

Apenas uma espécie *Funaria hygrometrica* é encontrada na área de estudo.

Funaria hygrometrica Hedw. Sp. Musc. Frond. 172. 1801. (Prato-6: Fig. b).

Habitat: Terrícola, rupícola; em solo húmido, rochas e paredes de tijolo associado a alguns musgos como *Bryum coronatum, B. argenteum, Hyophila involuta* em ambientes caseiros, vegetações de shola e florestas semi-perenes.

Espécimes examinados: Narasimha parvata, Kigga, Sirimane, Uluve, Babruvahana kote, Meega, Meguru, Heggadde, Hariharapura, Niluvagilu, Kaimara, Kudregundi, Kotegudda, Nemmar, Sujigudda, Kottigehara, Kalasa, Bababudan giri, Mullaiyyana giri, Magundi, Mutthodi, Kemmannugundi, Kallathigiri.

Distribuição: Espécie cosmopolita, distribuída no Sul da Índia (Kerala, Tamil Nadu, Karnataka), Nordeste (Himalaias, Caxemira, Manipur, Naga Hills, Orissa), Sri Lanka, China, Japão, Coreia, Mynamar, Nova Zelândia, Taiwan, Sibéria, Europa, Tibete, América do Norte e do Sul, África, Austrália e Oceânia.

Família: Bartramiaceae Schwägr.

Esta família foi baptizada em honra de John Bartram (1699-1777), um botânico inglês na América. Existem quatro géneros, nomeadamente *Bartramia, Bartramidula, Breutelia* e *Philonotis*. Destes, apenas um género *Philonotis* com duas espécies ocorre na área de estudo.

Género: *Philonotis* Brid. Bryol. Univ. 2: 15-28. 1827.

Duas espécies deste género, *Philonotis fontana* e *P. hastata*, são encontradas na área de estudo.

Chave das espécies

1 a.Folhas nitidamente plicadas, margens recurvadas, serrilhadas; cordadas ou largamente ovadas na base, nitidamente plicadas .... *P. fontana*

1 b.Folhas oblongo-lanceoladas, margens planas; estreitamente oblongo-ovadas ou quase triangulares-ovadas na base .... *P. hastata*

Philonotis fontana (Hedw.) Brid. Bryol. Univ. 2:18.1827. (Placa-7: Fig. h).

Habitat: Terrícola; no solo e no corte do solo em florestas semi-perenes e perenes.

Espécimes examinados: Kigga, Narasimha parvata, Nemmar, Sujigudda, Sirimane, Uluve, Babruvahana kote, Meega, Kotegudda, Meguru, Kaimara, Kudregundi, Kottigehara, Kalasa, Bababudan giri, Mullaiyyana giri.

Distribuição: Darjeeling, Sikkim, Manipur, Garhwal, Kumaon, Kangra, Kedarnath, Jaunsar, Shimla, Caxemira, Hazara, Palni hills, Kerala, Tamil Nadu, distrito de Kanyakumari, Naduvattum. China, Japão, Coreia, Irão, Tibete, Taiwan, Filipinas, Europa, África Central e do Sul, América Central e do Sul e Nova Zelândia.

Philonotis hastata (Duby) Wijk & Margad. Taxon 8:74. 1959. (Prato-8: Fig. a).

Habitat: Corticícola, terricícola, rupícola, saxícola; em solos e manchas rochosas em ambientes caseiros, florestas semitardias e sempre-verdes. É uma espécie comum em ambientes caseiros (solo de jardim, muros lamacentos, floreiras) associada a espécies de *Hyophila involuta* e *Fissidens*. Também pode ser encontrada como epífita nos troncos das árvores *Erythrina indica, Artocarpus heterophyllus* e *Syzygium cumini* na estação das chuvas.

Espécimes examinados: Narasimha parvata, Kigga, Nemmar, Sujigudda, Sirimane, Uluve, Babruvahana kote, Meega, Kotegudda, Meguru, Heggadde, Hariharapura, Niluvagilu, Kaimara, Kudregundi, Magundi, Mutthodi, Kemmannugundi, Kallathigiri, Lakkavalli, Emmedoddi, Kottigehara, Kalasa, Bababudan giri, Mullaiyyana giri.

Distribuição: Khandala, Himalaia ocidental, Kerala, Calcutá, Assam, Sikkim, Himalaia oriental, Palni hills, distrito de Kanyakumari, Ghats ocidentais, Manipur, Ghats ocidentais sul. Sri Lanka, Java, Tailândia, Bolívia, Filipinas, Japão, Chile, Taiwan, Ilhas oceânicas, Peru, Venezuela, África, América do Sul, Austrália.

Família: Bryaceae Schwägr.

Esta família é representada por cerca de 12 géneros, entre os quais 10 géneros ocorrem na Índia. Destes, apenas um género *Bryum* ocorre na área de estudo.

Género: *Bryum* Hedw. Esp. Musc. Frond. 178-187. 1801.

Neste género, encontram-se na área de estudo sete espécies, *nomeadamente Bryum argenteum, B. capillare, B. cellulare, B. coronatum, B. plumosum, B. pseudotriquetrum* e *B. wightii.*

Chave das espécies

1 a.Plantas brilhantes, verde-prateadas; folhas estreitamente imbricadas; costa ténue, terminando muito abaixo do ápice .... *B. argenteum*

1 b.Plantas verde-amareladas, castanhas ou avermelhadas; folhas espalhadas; costa forte, percurrente ou excurrente **2**

2a. Costa percurrent ....*B. cellulare*

2b.Costa excurrent **3**

3a. Folhas torcidas em espiral quando secas .... *B. capillare*

3b.Folhas não torcidas em espiral quando secas.. **4**

4a.Folhas fortemente côncavas; inovações que não apresentam tufos comais............................ **5**

4b. Folhas não tão fortemente côncavas; inovações com tufos comais..........*B. pseudotriquetrum*

4c. Folhas acuminadas; muito sobrepostas .... *B. plumosum*

5a. Cápsula pendente, apófise espessa e esponjosa .... *B. coronatum*

5b. Cápsula clavada, com boca muito larga .... *B. wightii*

Bryum argenteum Hedw. Sp. Musc. Frond. 181-182. 1801. (Placa-3: Fig. e).

Habitat: Terrícola, rupícola; as plantas crescem em solo húmido e em rochas associadas a *Hyophila involuta, Bryum coronatum* em plantações de Areca, plantações de café, florestas semi-perenes, matagais e prados. É uma espécie comum na área de estudo.

Espécimes examinados: Narasimha parvata, Kotegudda, Nemmar, Sujigudda, Kottigehara, Kalasa, Bababudan giri, Mullaiyyana giri, Uluve, Babruvahana kote, Meega, Meguru, Heggadde, Hariharapura, Niluvagilu, Kaimara, Kudregundi, Magundi, Mutthodi.

Distribuição: Manipur, Ghats orientais de Orissa, Kumaon, Himalaias, Kerala, Anamalai hills, China, Japão, Malásia, Filipinas, Taiwan, Tailândia, Madagáscar, América, África e Europa.

Bryum capillare Hedw. Sp. Musc. Frond. 182. 1801. (Prato-3: Fig. f).

Habitat: Terrícola; em solo húmido e em rochas submersas associado a *Hyophila* spp. e outras espécies de ervas em florestas semi-perenes e prados.

Espécimes examinados: Narasimha parvata, Sujigudda, Kalasa, Bababudan giri, Babruvahana kote, Mutthodi.

Distribuição: Himalaias ocidentais, Caxemira, Sul da Índia, Rajastão, Gujarate, Tailândia, Vietname do Norte, China, Tibete ocidental, Taiwan, Coreia, Japão, Sibéria, Ásia Central, Europa do Cáucaso, África do Norte e Central, América do Norte e do Sul, Austrália e Nova Zelândia.

Bryum cellulare Hook. Sp. Musc. Frond., Suppl. 3 (1,1): pl. 214, f. a. 1827. (Placa-3: Fig. g).

Habitat: As plantas crescem em solo húmido, em locais sombrios e em rochas submersas, associadas a *Bryum* spp., *Hyophila* spp., *Funaria hygrometrica* e pequenas ervas em prados, florestas semi-verdes.

Espécimes examinados: Narasimha parvata, Kotegudda, Sujigudda, Kottigehara, Mullaiyyana giri, Babruvahana kote, Meguru, Kudregundi, Mutthodi, Kemmannugundi.

Distribuição: Sul da Índia (Kerala) Norte da Índia (Himalaias ocidentais - Garhwal, Ranikhet), Myanmar, China, Japão, Sumatra, Java, Filipinas, Taiwan, Europa, África do Norte e Central e Austrália.

Bryum coronatum Schwägr. Sp. Musc. Frond. Suppl. 1(2):103-104. 1816. (Placa-3: Fig. h).

Habitat: Terrícola, rupícola; em solos arenosos, muros e em rochas associadas a *Bryum argenteum, Hyophila involuta, Funaria hygrometrica* em ambientes caseiros e florestas semi-perenes.

Espécimes examinados: Narasimha parvata, Kotegudda, Nemmar, Sujigudda, Kottigehara, Kalasa, Bababudan giri, Mullaiyyana giri, Kigga, Sirimane, Uluve, Babruvahana kote, Meega, Meguru, Heggadde, Hariharapura, Niluvagilu, Kaimara, Kudregundi, Magundi, Mutthodi, Kemmannugundi, Kallathigiri, Lakkavalli, Emmedoddi, Sakharayapattana.

Distribuição: É uma espécie comum na zona de estudo. Está amplamente distribuída na Índia. Sikkim, Manipur, Darjeeling, Rajasthan, Calcutá, Howrah, Orissa (Cuttack, Puri, Koratput), Ghats ocidentais, Maramalmalai, distrito de Kanyakumari, distrito de Tirunelveli, Mundanthurai, China, Filipinas, Japão, Brasil, Java, Taiwan, Tailândia, Austrália, África. Espécie cosmopolita nas regiões tropicais e temperadas quentes do mundo.

Bryumplumosum Dozy & Molk. Ann. Sci. Nat., Bot., sér. 3, 2:301. 1844. (Prato-4: Fig. a).

Habitat: Terrícola, rupícola e corticícola; em solo húmido e em rochas submersas em florestas sempre-verdes, prados e florestas semi-verdes.

Espécimes examinados: Kigga, Sirimane, Uluve, Babruvahana kote, Meega, Meguru, Heggadde, Hariharapura, Niluvagilu, Kaimara, Kudregundi, Magundi, Mutthodi, Kemmannugundi, Kallathigiri, Lakkavalli, Emmedoddi, Sakharayapattana, Narasimha parvata, Kotegudda, Nemmar, Sujigudda, Kottigehara, Kalasa, Bababudan giri, Mullaiyyana giri.

Distribuição: Assam, Manipur, Calcutá e Howrah, Chhotanagpur, Orissa, E.Himalaya, Mussoorie, Kerala, Tamil Nadu, Sri Lanka, China, Japão, Sumatra, Java, Bornéu, Filipinas, Taiwan, Austrália e Nova Caledónia.

Bryum pseudotriquetrum (Hedw.) G. Gaertn., B. Mey. & Scherb. Oekon. Fl. Wetterau 3(2):102. 1802. (Prato-4: Fig. b).

Habitat: Terrícola, corticícola e rupícola; em troncos de árvores como *Cocos nucifera*,

Zanthoxylum rhetsa, Hopea spp., ramos de árvores e em rochas em florestas sempre verdes, semi sempre verdes, prados e plantações. É comummente distribuída na zona de estudo.

Espécimes examinados: Narasimha parvata, Kigga, Nemmar, Sujigudda, Sirimane, Uluve, Babruvahana kote, Meega, Kotegudda, Meguru, Heggadde, Hariharapura, Niluvagilu, Kaimara, Kudregundi, Magundi, Mutthodi, Kemmannugundi, Kallathigiri, Lakkavalli, Emmedoddi, Sakharayapattana, Kottigehara, Kalasa, Bababudan giri, Mullaiyyana giri.

Distribuição: Sikkim, Himalaia Ocidental, Caxemira, Kumaon, Kerala, Kedarnath. Nepal, Coreia, Colômbia, Venezuela, Europa, Austrália, África e Antárctica.

Bryum wightii Mitt. J. Proc. Linn. Soc., Bot., Suppl.1:74. 1859. (Prato-4: Fig. c).

Habitat: Corticícola, rupícola, terricícola; em troncos de árvores associadas a *Porella campylophylla, Pterobryopsis* spp., ramos de árvores como *Spondias pinnata, Artocarpus heterophyllus, Mimusops elengi, Syzygium cumini, Hopea* spp. e em rochas em vegetações de shola, florestas sempre verdes e semi sempre verdes.

Espécimes examinados: Narasimha parvata, Kigga, Nemmar, Sujigudda, Sirimane, Uluve, Babruvahana kote, Meega, Kotegudda, Meguru, Niluvagilu, Kaimara, Kudregundi, Magundi, Mutthodi, Kemmannugundi, Kallathigiri, Bababudan giri, Mullaiyyana giri, Lakkavalli, Emmedoddi, Kottigehara, Kalasa.

Distribuição: Esta é uma espécie da Indo-Sri Lanka. Mahabaleshwar, Nilgiri hills, Palni hills, Tamil Nadu, Kerala, distrito de Kannur, Kodaikanal, Maharashtra.

Família: Mniaceae Schwagr.

Esta família representa três géneros, *nomeadamente Orthomnium, Orthomniopsis* e *Mnium*, na Índia. Apenas um género, *Mnium*, ocorre na área de estudo.

Género: *Mnium* Hedw. Espécie: Musc. Musc. Frond. 188-197. 1801.

Neste género, encontra-se uma espécie não identificada na área de estudo.

***Mnium* sp.**

Planta verde-clara, de 4 a 6 cm de comprimento; folhas finas e quase redondas, em filotaxia alternada, de 4 a 7 x 2,5 a 3,7 mm de tamanho, em forma de ovo com nervura mediana forte e ponta aguda, células marginais e medianas rectangulares, células laminares arredondadas, a ponta da folha dentada; não se encontra cápsula (Prato-7: Fig. e).

Habitat: Corticícola, rupícola; em rochas húmidas e na base de árvores em vegetações de shola, florestas sempre verdes e semi sempre verdes.

Espécimes examinados: Narasimha parvata, Sujigudda, Babruvahana kote, Meguru, Niluvagilu.

Família: Hylocomiaceae M. Fleisch.

Cerca de cinco géneros, *nomeadamente Hylocomium, Macrothamnium, Leptohymenium, Stenetheciopsis* e *Macrothamniella*, estão representados na Índia. Dos quais apenas *Macrothamnium* ocorre na área de estudo. **Género: *Macrothamnium*** M. Fleisch. Hedwigia 44: 307. 1905.

Apenas uma espécie *Macrothamnium macrocarpum* é encontrada na área de estudo.

Macrothamnium macrocarpum (Reinw. & Hornsch.) M. Fleisch. Hedwigia 44:308. 1905. (Prato-7: Fig. b).

Habitat: Corticícola; em troncos de árvores, ramos de árvores, parte basal de árvores em vegetações de shola, florestas semi-perenes e florestas perenes. Encontra-se em árvores como *Hopea canarensis, Mastixia arborea, Mimusops elengi, Antidesma menasu, Calophyllum apetalum, Gordonia obtusa, Myristica dactyloides, Olea dioica, Persea macrantha, Syzygium cumini.*

Espécimes examinados: Narasimha parvata, Kalasa, Kigga, Nemmar, Sujigudda, Sirimane, Uluve, Babruvahana kote, Meega.

Distribuição: É uma espécie do Indo-Pacífico muito comum, distribuída no Sul da Índia (Tamil Nadu: Colinas de Nilgiri, Colinas de Palni, Kerala), Nordeste da Índia (Khasi, Kumaon, Sikkim), Sri Lanka, Java, Tailândia, Bornéu, Yunnan, Japão, Havai, Myanmar, Ilhas do Oceano Pacífico, Taiwan e Filipinas.

Família: Thuidiaceae Schimp.

Esta família representava quatro subfamílias com nove géneros na Índia. Destes, apenas um género *Thuidium* foi encontrado na área de estudo.

Género: *Thuidium* Schimp. Bryol. Eur. 5: 157. 1852.

Neste género, encontram-se na área de estudo três espécies, *nomeadamente Thuidium pristocalyx, T. tamariscellum* e uma espécie não identificada.

Chave das espécies

1 a. Plantas verde-pálido ou verde-amarelado, com ramificações pinadas a bipinadas ou tripinadas .... ***T. pristocalyx***

1 b. Plantas verde-amareladas; ramificação irregular a pinada .... ***T. tamariscellum***

1 c. Plantas verde-claro a verde-escuro ou castanho-amarelado; ramificação geralmente regularmente bipinada .... ***Thuidium* sp.**

Thuidium pristocalyx (C.Muell.) A. Jaeger. Ber. Senckenberg. Naturf. Ges. 1867-77: 257.1878. (Prato-8: Fig. g).

Habitat: Rupícola: Sobre rochas em vegetações de shola, florestas sempre verdes e semi sempre verdes. Encontra-se geralmente em rochas e na base de árvores (corticícola) perto de cursos de água em vegetações de folha perene e shola.

Espécimes examinados: Narasimha parvata, Sujigudda, Bababudan giri.

Distribuição: Foi anteriormente referida na Tailândia, Vietname, Indonésia, Malásia, Filipinas e Sul da Índia (Kerala).

Thuidium tamariscellum (C. Muell.) Bosch. & Snade- Lac. Bryol. Jav. 2: 20. 1865.

Habitat: Nas bases das árvores e nas folhagens das florestas de shola e sempre verdes.

Espécimes examinados: Kottigehara, Kalasa, Magundi, Kudremukh.

Distribuição: Esta é uma espécie do sul e leste da Ásia, anteriormente registada no sul da Índia (Kerala; Tamilnadu: Nilgiri hills, Palni hills; Karnataka: Coorg), nordeste da Índia (Himalaya, Sikkim), Butão, Nepal, Myanmar, Tailândia, Yunnan, Taiwan, Sumatra, Java e Filipinas.

Thuidium sp.

Plantas verde-claras a verde-escuras ou castanho-amareladas, formando tapetes densos; caule principal rasteiro, pode estender-se até 5 cm de comprimento, folhas do caule distintas de base maior, cordadas, ponta acuminada; ramificação geralmente regularmente bipinada; folhas dos ramos lanceoladas com costa mais curta e mais fraca, células arredondadas na ponta, célula basal, seta hexagonal arredondada a alongada média 0,5 mm, cápsula inclinada para horizontal, ovoide oblonga (Prato-8: Fig. h).

Habitat: Nas bases das árvores, troncos caídos e folhagem em florestas de shola e sempre verdes.

Espécimes examinados: Meguru, Kotegudda, Kottigehara, Kalasa, Magundi, Kudremukh.

Família: Sematophyllaceae Caldo.

Nesta família, apenas um género *Trichosteleum* ocorre na área de estudo.

Género: *Trichosteleum* Mitt. J. Linn. Soc., Bot. 10: 181. 1868.

Apenas uma espécie *Trichosteleum monostictum* é encontrada na área de estudo.

Trichosteleum monostictum *(Thwaites* & Mitt.) Broth. Rec. Bot. Surv. India 1(12): 326. 1899.

(Placa-9: Fig. a).

Habitat: Corticícola, lenhícola: Na casca das árvores e em troncos caídos em selvas arbustivas e vegetações de shola.

Espécimes examinados: Bababudan giri, Mullaiyanan giri, Niluvagilu, Kotegudda, Narasimha parvata, Sujigudda.

Distribuição: Índia - Ghats ocidentais, Karnataka - Coorg do Sul, Bhagamandala, Tadiandamol, Sampkhand.

Família: Entodontaceae Kindb.

Esta família compreende nove géneros na Índia. Destes, dois géneros, *nomeadamente Entodon* e *Erythrodontium* ocorrem na área de estudo.

Chave para os géneros

1 a.Células alares quadradas ou ligeiramente rectangulares, geralmente num grupo triangular .... *Entodon*

1 b.Células alares quadradas ou oblatas, diferenciadas em grupos .... *Erythrodontium*

Género: *Entodon* Müll. Hal. Linnaea 18(6): 704. 1844 (1845).

Neste género, encontram-se na área de estudo duas espécies, *nomeadamente Entodon flavescens* e *E. plicatus.*

Chave das espécies

1 a.Plantas robustas; costa geralmente ausente nas folhas dos ramos, duas costa curtas nas folhas do caule .... *E. flavescens*

1 b.Plantas delicadas; costa indistinta nas folhas do caule e dos ramos .... *E. plicatus*

Entodon flavescens (Hook.) A. Jaeger. Ber. Thatigk. St. Gallischen Naturwiss. Ges. 1876-77: 293

(Gen. Sp. Musc. 2: 359). 1878. (Placa-5: Fig. b).

Habitat: Corticícola, rupícola, lenhícola; em troncos de árvores, troncos caídos e em rochas em florestas sempre verdes e semi sempre verdes. Encontra-se amplamente distribuída na região de sombra das florestas sempre verdes e em árvores como *Dichapetalum gelonioides, Hopea canarensis, Lophopetalum wightianum, Poeciloneuron indicum, Syzygium caryophyllatum.*

Espécimes examinados: Kotegudda, Meguru, Heggadde, Narasimha parvata, Sujigudda, Nemmar, Kottigehara, Bababudan giri, Mutthodi, Kallathigiri.

Distribuição: Foi repotenciada no Sul da Índia, Nordeste da Índia (Darjeeling, Mussoorie, Assam, Khasi hills, Sikkim, Yamnotri), Butão, Nepal, Coreia, Japão, Filipinas, Yunnan e Sibéria Oriental.

Entodonplicatus Müll. Hal. Linnaea 18:706.1844 (1845). (Prato-5: Fig. c).

Habitat: Corticícola; em troncos e ramos de árvores em florestas de folha perene e semi-perene. Encontra-se em árvores como *Hopea canarensis, Litsea floribunda, Mastixia arborea, Olea dioica, Persea macrantha, Poeciloneuron indicum, Syzygium caryophyllatum.*

Espécimes examinados: Narasimha parvata, Kotegudda, Sujigudda, Nemmar, Kottigehara, Bababudan giri, Babruvahana kote, Meguru, Heggadde, Niluvagilu.

Distribuição: Sikkim, Arunachal Pradesh, Assam, Khasia hills, Chhotanagpur, Orissa (Koraput), Kumaon Himalayas, Nanda Devi, Way to Pindari, Nilgiri, Palni, China, Myanmar, Tailândia, Sri Lanka e Filipinas.

Género: *Erythrodontium* Hampe. Vidensk. Meddel. Dansk Naturhist. Foren. Kjobenhavn ser. 3, 2: 279. 1870.

Apenas uma espécie *Erythrodontium julaceum* é encontrada na área de estudo.

Erythrodontium julaceum (Hook. ex Schwägr.) Paris. Index Bryol. 436. 1896 (1896).

Habitat: Lignícola e Terricícola; em troncos caídos e em solo húmido em plantações (Acácia, Café e Teca) e em florestas semi-perenes.

Espécimes examinados: Bababudan giri, Narasimha parvata, Nemmar, Sujigudda, Babruvahana kote, Kallathigiri.

Distribuição: Sul da Índia - Kerala, Karnataka (Coorg), Tamil Nadu (Palni hills, Nilgiri hills), Nordeste da Índia - (Assam Dehradun, Khasi hills, Sikkim, Mussoorie), Sri Lanka, Celebes, Java, Nepal, Filipinas, Myanmar, Tonkin, Sumatra, Yunnan e África.

Família: Hypnaceae Schimp.

Na Índia, são reconhecidas três subfamílias com 13 géneros dentro desta família. Destes, *Isopterygium, Taxiphyllum* e *Vesicularia* da subfamília Hypnoideae ocorrem na área de estudo.

Chave para os géneros

1 a.Pseudoparaphyllia filamentosa; corpos de cria fusiformes ....*Isopterygium*

1 b.Pseudoparafilia foliosa; ausência de corpos de cria .... *Taxiphyllum*

1 c.Pseudoparafilia ausente ....*Vesicularia*

Género: *Isopterygium* **Mitt.** J. Linn. Soc., Bot. 12: 21, 497-500. 1869.

Neste género, encontram-se na área de estudo sete espécies, *nomeadamente Isopterygium albescens* e uma espécie não identificada.

1 a.Folhas ovadas, ápice curto acuminado, minuciosamente dentado na ponta .... *I. albescens*

1 b.Folhas amplamente ovadas; ápice agudo ....*Isopterygium* **sp.**

Isopterygium albescens (Hook.) A. Jaeger. Ber. Thätigk. St. Gallischen Naturwiss. Ges. 1876-77: 433 (Gen. Sp. Musc. 2:1251). 1878.

Habitat: Corticícola, lenhícola; em cascas, ramos de árvores em vegetações de shola, florestas sempre verdes e semi sempre verdes. Também se encontra em espécies de *Ganoderma*.

Espécimes examinados: Narasimha parvata, Sujigudda, Kigga, Nemmar, Sirimane, Uluve, Babruvahana kote, Meega, Kotegudda, Meguru, Heggadde, Niluvagilu, Kaimara, Kudregundi, Kalasa.

Distribuição: Foi anteriormente registada no Sul da Índia (Tamil Nadu: colinas de Nilgiri, colinas de Palni, Kerala), Nordeste da Índia (colinas de Khasi), Sri Lanka, Japão, Myanmar, Sigapore, Tailândia, Nova Zelândia e Filipinas.

Isopterygium sp.

Plantas verde-amareladas em tufos soltos; caule principal rastejante, longo até 10 cm, bipinadamente ramificado, ramos pequenos; folhas largamente ovadas, agudas, margem lisa, ponta das folhas do caule largamente mais pontiaguda do que as folhas dos ramos; costa dupla, ténue, uma maior do que a outra; seta delgada até 2 cm de comprimento; cápsula piriforme, castanho-amarelada; esporos pequenos arredondados (Prato-6: Fig. g).

Habitat: Terrícola; na superfície do solo, região sombria de florestas semi-perenes e vegetações de shola.

Espécimes examinados: Narasimha parvata, Sujigudda, Kigga, Nemmar, Sirimane, Uluve, Babruvahana kote, Meega, Kotegudda, Meguru, Heggadde, Hariharapura, Niluvagilu, Kaimara, Kudregundi, Magundi, Mutthodi, Kemmannugundi, Kallathigiri, Lakkavalli, Emmedoddi, Kottigehara, Kalasa, Bababudan giri, Mullaiyyana giri.

Género: *Taxiphyllum* M. Fleisch. Musci Buitenzorg 4: 1434-1438. 1922 (1923).

Apenas uma espécie *Taxiphyllum taxirameum* foi encontrada na área de estudo.

Taxiphyllum taxirameum (Mitt.) M. Fleisch. Musci Buitenzorg 4: 1435.1922 (1923).

Habitat: Rupícola, terriícola, lenhícola; comum em locais sombreados sobre rochas, solo, troncos caídos em florestas sempre verdes, florestas semi-verdes e prados.

Espécimes examinados: Narasimha parvata, Kotegudda, Sujigudda, Kottigehara, Kalasa.

Distribuição: amplamente distribuída nas regiões tropicais e já foi registada no Sul da Índia (Tamil Nadu: Palni; Karnataka: Coorg, Kerala), Nordeste da Índia (Simla, Mussoorie, Nainital), Sri Lanka, Myanmar, Java, Filipinas, Taiwan, Coreia, Japão e Austrália.

Género: *Vesicularia* (Müll. Hal.) Müll. Hal. Bot. Jahrb. Syst. 23(3): 330. 1896.

Apenas uma espécie *Vesicularia reticulata* foi encontrada na área de estudo.

Vesicularia reticulata (Dozy & Molk.) Broth. Nat. Pflanzenfam. I (3):1094.1908. (Prato-9: Fig. b).

Habitat: Rupícola; é raro distribuído em rochas perto de zonas húmidas adjacentes a rios e ribeiros em florestas semi-perenes e perenes.

Espécimes examinados: Perto das quedas de água de Maghebailu e Sirimane, Narasimha parvata. Kottigehara, Kotegudda, Meguru, Heggadde, Niluvagilu, Kalasa.

Distribuição: Sikkim, Khasi hills, Assam (Mismari), Sul da Índia; Singapura, Sumatra, Indonésia, Celebes, Filipinas.

Família: Brachytheciaceae Schimp.

Nesta família, seis géneros estão representados na Índia, *nomeadamente Homalothecium, Bryhnia, Brachythecium, Rhynchostegiella, Eurhynchium* e *Rhynchostegium*. Destes, dois géneros, *Brachythecium* e *Rhynchostegium*, ocorrem na área de estudo.

Chave para os géneros

1 a.Caules regularmente ramificados de .... forma   pinada ou irregularmente subpinada .... ***Brachythecium***

1 b.Caules mais ou menos irregularmente ramificados .... ***Rhynchostegium***

Género: *Brachythecium* Schimp. Bryol. Eur. 6: 5. 1853.

Apenas uma espécie *Brachythecium buchananii* foi encontrada na área de estudo.

Brachythecium buchananii (Hook.) A. Jaeger. Ber. Thätigk. St. Gallischen Naturwiss. Ges. 187677:341 (Gen. Sp. Musc. 2:1159). 1878. (Prato-3: Fig. d).

Habitat: Corticícola, terrícola, rupícola, saxícola; em solos e rochas de ambientes caseiros, florestas semi-perenes e perenes. Também se encontra como epífita em troncos de árvores, ou em ramos curtos de *Gordonia obtusa* e outras árvores.

Espécimes examinados: Narasimhaparvata, Nemmar, Kigga, Sujigudda, Sirimane, Uluve, Babruvahana kote, Meega, Mutthodi, Kemmannugundi, Kalasa, Bababudan giri, Mullaiyyana giri.

Distribuição: Darjeeling, Kumaon, Tungnath Nainital, Manipur, Khasia hills Naga hills, Himachal Pradesh, Mussoorie, Garhwal, Nilgiri hills, Meghalaya, Tamil Nadu. Nepal, Butão, China, Japão, Coreia, Myanmar, Paquistão, Tailândia, Vietname, Laos e Filipinas.

Género: *Rhynchostegium* Schimp. Bryol. Eur. 5: 197. 1852.

Apenas uma espécie *Rhynchostegium herbaceum* foi encontrada na área de estudo.

Rhynchostegium herbaceum (Mitt.) A. Jaeger. Ber. Thätigk. St. Gallischen Naturwiss. Ges.1876- 77: 368 (Gen. Sp. Musc. 2: 434). 1878. (Placa-8: Fig. f).

Habitat: Corticícola, rupícola; em troncos de árvores, ramos de árvores e em rochas em vegetações de shola, florestas sempre-verdes e semi sempre-verdes, e associada a espécies de *Pterobryopsis* spp. e *Meteoriopsis*. Pode ser encontrada em árvores como *Holigarna arnottiana, Hopea canarensis, Mastixia arborea* e *Mimusops elengi*.

Espécimes examinados: Narasimha parvata, Kigga, Nemmar, Sujigudda, Sirimane, Uluve, Babruvahana kote, Meega, Kotegudda, Meguru, Heggadde, Hariharapura, Niluvagilu, Kaimara, Kudregundi, Magundi, Mutthodi, Kemmannugundi, Kallathigiri, Lakkavalli, Emmedoddi, Kottigehara, Kalasa, Bababudan giri, Mullaiyyana giri.

Distribuição: Sikkim, Darjeeling, Arunachal Pradesh, Khasia hills, Naga hills, Mussoorie, Dehradun, Guptakashi, Binsar e Sri Lanka.

Família: Stereophyllaceae W.R. Buck & Ireland

As Stereophyllaceae foram tratadas como uma subfamília das Plagiotheciaceae por Brotherus (1925). Buck e Ireland (1985) elevaram-na a uma família separada, com seis géneros. *Entodontopsis, Eulacophyllum, Juratzkaea, Sciuroleskea, Stenocarpidium* e *Stereophyllum.* Apenas *Entodontopsis* desta família é reconhecido na área de estudo.

Género: *Entodontopsis* Broth. Nat. Pflanzenfam. 227/228 (I, 3): 895-896. 1907.

Apenas uma espécie *Entodontopsis wightii* foi encontrada na área de estudo.

Entodontopsis wightii (Mitt.) W.R. Buck & Ireland. Nova Hedwigia 41: 106. 1985.

Habitat: Corticícola e Lignícola; em ramos de árvores e troncos caídos.

Espécimes examinados: Kottigehara, Kalasa.

Distribuição: China, Índia, Sri Lanka, Indonésia, Myanmar, Tailândia e Vietname.

Família: Neckeraceae Schimp.

São reconhecidas três subfamílias dentro desta família (Brotherus, 1925). Destas, Neckeroideae com dois géneros *Himantocladium* e *Neckeropsis* e Thamnioideae com um género *Pinnatella* ocorrem na área de estudo.

Chave para os géneros

1 a.Caules secundários frouxamente ou densamente ramificados de forma pinada ou irregularmente pinada .... ***Himantocladium***

1 b.Caules secundários simples ou ramificados de forma irregular a pinada .... ***Neckeropsis***

1 c.Secundário caules 1-2 ramificados de forma pinada .... ***Pinnatella***

Género: *Himantocladium* (Mitt.) M. Fleisch. Musci Buitenzorg. 3: 883. 1908.

Neste género, apenas uma espécie, *Himantocladium plumula*, é encontrada na área de estudo. ***Himantocladiumplumula*** (Nees) M. Fleisch. Musci Buitenzorg 3:889. 1908.

Habitat: Corticícola, rupícola; raízes de contrafortes, base de troncos de árvores e em rochas em vegetações de shola, florestas sempre verdes e semi sempre verdes. Encontra-se em árvores como *Diospyros* spp., *Elaeocarpus tuberculatus, Gnetum ula.*

Espécimes examinados: Kigga, Narasimha parvata, Kotegudda, Sujigudda, Mutthodi, Kemmannugundi, Kallathigiri, Bababudan giri, Mullaiyyana giri.

Distribuição: Espécie do Indo-Pacífico que se encontra distribuída em Kerala, Nordeste da Índia (Arunachal Pradesh, Assam, Khasi hills), Bangladesh, China, Taiwan, Japão, Indonésia, Nova Guiné e Austrália, Myanmar, Laos, Camboja, Tailândia, Vietname, Malásia, Filipinas, Papua, Nova Caledónia.

Género: *Neckeropsis* Reichardt. Reise Novara. 3(1): 181. 1870.

Neste género, apenas uma espécie, *Neckeropsis lepineana*, é encontrada na área de estudo. ***Neckeropsis lepineana*** (Mont.) Fleisch. Musci Buitenzorg 3: 879. 1908.

Habitat: Corticícola e rupícola; em árvores ou superfícies rochosas.

Espécimes examinados: Sujigudda, Mutthodi, Mullaiyyana giri.

Distribuição: Índia, China, Sri Lanka, Vietname, Malásia, Indonésia, Filipinas, Ilhas do Pacífico, Austrália, Havai e África.

Género: *Pinnatella* M. Fleisch. Hedwigia. 45: 79. 1906.

Neste género, encontra-se uma espécie não identificada na área de estudo.

***Pinnatella* sp.**

Plantas rígidas, verde-amareladas, não brilhantes, em tapetes soltos. Caules primários rastejantes, caules secundários pendentes, ramos pinados e ramificados até 2 cm de comprimento; filamento central presente; pseudoparafilia escassa, foliácea. Folhas da estipe amplamente ovadas, acuminadas no ápice. Folhas do caule incurvadas ou frouxamente comprimidas quando secas, ovadas na base, agudas no ápice; folhas dos ramos semelhantes; margens inteiras abaixo, serrilhadas no ápice; costelas simples, subpercurrentes; células foliares superiores e medianas semelhantes, arredondadas-hexagonais ou arredondadas-quadradas, de paredes uniformemente espessas; células basais oblongo-retangulares a sublineares, células alares não diferenciadas; células intramarginais em várias filas de células estreitamente rectangulares claramente diferenciadas abaixo do ápice da folha. Dióicas. Pericáceas em ramos curtos. Setae de 1 cm de comprimento; cápsulas oblongo-ovóides; peristoma não observado. Esporos não vistos (Prato-8: Fig. b).

Habitat: Corticícola; no tronco principal das árvores, nos ramos das árvores e na parte basal das árvores em florestas sempre verdes e semi sempre verdes. Encontra-se em árvores como *Holigarna arnottiana, Hopea canarensis, Mastixia arborea, Mimusops elengi.*

Espécimes examinados: Babhruvahana kote, Kemmannugundi, Mullaiyyana giri.

Família: Orthotrichaceae Arn.

Brotherus (1925) reconheceu quatro subfamílias dentro da família, nomeadamente

Zygodontoideae, Orthotrichoideae, Macromitrioideae e Pseudomacromitrioideae, que compreende dez géneros na Índia. Destes, *Macromitrium* da subfamília Macromitrioideae ocorre na área de estudo.

Género: *Macromitrium* Brid. Muscol. Recent. Suppl. 4: 132. 1819 (1818).

Neste género, encontram-se duas espécies, *nomeadamente Macromitrium moorcroftii* e *M. sulcatum*, na área de estudo.

Chave das espécies

1 a.Cápsula ovoide; erecta .... *M. moorcroftii*

1 b.Cápsula esférica a oblongo-ovoide; sulcada .... *M. sulcatum*

Macromitrium moorcroftii (Hook. & Grev.) Schwägr. Sp. Musc. Frond., Suppl. 2. 2(1):67. pl. 172.

1826. (Prato-6: Fig. h).

Habitat: Corticícola, rupícola; em troncos de árvores, ramos de árvores e em rochas submersas em vegetações de shola, florestas sempre verdes e semi sempre verdes. Encontra-se em árvores como *Glochidion malabaricum, Gordonia obtuse, Syzygium cumini, Ziziphus rugosa*. É comummente distribuída na região de Narasimhaparvata e perto das cascatas de Sirimane e Maghebailu.

Espécimes examinados: Narasimha parvata, Kotegudda, Sujigudda, cascatas de Sirimane e Maghebailu, Kigga, Nemmar, Uluve, Babruvahana kote, Meega, Meguru, Heggadde, Hariharapura, Niluvagilu, Kaimara, Kudregundi, Magundi, Mutthodi, Kemmannugundi, Kallathigiri, Lakkavalli, Emmedoddi, Kottigehara, Kalasa, Bababudan giri, Mullaiyyana giri.

Distribuição: Foi anteriormente registada no Sul da Índia (Karnataka: Coorg, Kerala), Nordeste da Índia (Himalaias ocidentais, colinas Khashi, Sikkim, Darjeeling), Ilhas Andaman e Nicobar, China, Nepal, Myanmar, Butão e Bangladesh.

Macromitrium sulcatum (Hook.) Brid. Bryol. Univ. 1:319. 1826. (Prato-7: Fig. a).

Habitat: Corticícola, rupícola; é uma espécie comum em florestas sempre verdes, semi sempre verdes e em vegetações de shola em troncos de árvores, ramos de árvores e em rochas. Encontra-se em árvores como *Olea dioica, Poeciloneuron indicum, Syzygium cumini, Ziziphus rugosa*.

Espécimes examinados: Kotegudda, Sujigudda, cascatas de Sirimane e Maghebailu, Narasimha parvata, Kigga, Nemmar, Uluve, Babruvahana kote, Meega, Meguru, Heggadde, Hariharapura, Niluvagilu, Kaimara, Kudregundi, Magundi, Mutthodi, Kemmannugundi, Kallathigiri, Lakkavalli, Emmedoddi, Kottigehara, Kalasa, Bababudan giri, Mullaiyyana giri.

Distribuição: É uma espécie amplamente distribuída na área de estudo. Foi anteriormente registada no Sul da Índia (Kerala, Ghats ocidentais de Maharashtra, Tamil Nadu: Nilgiri hills,

Chennai, Karnataka; Coorg), Sri Lanka, Nepal, Madagáscar, Myanmar, Tailândia e Vietname.

Família: Trachypodaceae M. Fleisch.

Nesta família, cinco géneros estão representados na Índia, *nomeadamente Pseudospiridentopsis, Duthiella, Trachypus, Diaphanodon* e *Trachypodopsis*. Destes, *Trachypus* e *Trachypodopsis* ocorrem na área de estudo.

Chave para os géneros

l a.Costa células hexagonais a alongadas-lineares .... *Traquino*

l b.Costa células lineares ou amplamente elípticas .... *Traquipodopsis*

Género: *Trachypodopsis* M. Fleisch. Hedwigia 45: 64. 1906.

Neste género, apenas uma espécie *Trachypodopsis serrulata* é encontrada na área de estudo.

Trachypodopsis serrulata (P. Beauv.) M. Fleisch. Hedwigia 45: 67. 1906.

Habitat: Corticícola; nos troncos das árvores em florestas de folha perene e de folha caduca húmida. Encontra-se em árvores como *Mastixia arborea, Memecylon malbaricum, Myristica dactyloides, Persea macrantha, Syzygium caryophyllatum, S. cumini.*

Espécimes examinados: Narasimha parvata, regiões das cascatas de Sirimane e Maghebailu, Kigga, Nemmar, Sujigudda, Uluve, Babruvahana kote, Meega, Kotegudda, Meguru, Heggadde,

Briófitas do distrito de Chikfymagaluru, Ghats ocidentais centrais Niluvagilu, Kaimara, Kudregundi, Magundi, Mutthodi, Kemmannugundi, Kallathigiri, Kottigehara, Kalasa, Bababudan giri, Mullaiyyana giri.

Distribuição: Foi anteriormente registada no Sul da Índia (Tamil Nadu, Palni hills), Nordeste da Índia (Calcutá, Mussoorie, Arunachal Pradesh, Khasi hills, Naga hills, Sikkim, Simla), Ilhas Andaman, Sri Lanka, Myanmar, Tailândia, Loas, Sumatra, Java, Bornéu, Celebes, Taiwan, África Central e do Sul.

Género: *Trachypus* Reinw. & Hornsch. Nova Ata Phys.-Med. Acad. Caes. Leop.-Carol. Nat. Cur. 14(2): 708. 1820.

Neste género, apenas uma espécie *Trachypus bicolor* é encontrada na área de estudo.

Trachypus bicolor Reinw. & Hornsch. Nova Ata Phys.-Med. Acad. Caes. Leop. -Carol. Nat. Cur. 14(2): 708. f 39. 1829.

Habitat: Corticícola; Comum em troncos de árvores, ramos de árvores e em rochas em florestas semi-perenes, vegetações de shola e sempre-vivas.

Espécimes examinados: Narasimha parvata, Kotegudda, Sujigudda.

Distribuição: Foi anteriormente registada no Sul da Índia (Tamil Nadu, Palni hills, Nilgiri hills, Kerala, santuário de vida selvagem de Chinnar), Nordeste da Índia (Himalaias ocidentais, Assam, Sikkim). Sri Lanka, China, Nepal, Brasil, Guiné Francesa, Indonésia, Japão, Coreia, México,

Myanmar, Tailândia, Nova Guiné, Filipinas e Sumatra.

Família: Pterobryaceae Tipo.

No presente estudo, apenas dois géneros, *Calyptothecium* e *Pterobryopsis*, são reconhecidos nesta família.

Chave para os géneros

1 a.Folhas auriculadas na base .... *Calyptothecium*

1 b.Folhas sem aurícula na base...*Pterobryopsis*

Género: *Calyptothecium* Mitt. J. Linn. Soc., Bot. 10: 190. 1868.

Neste género, três espécies, *nomeadamente Calytothecium recurvulum, C. wightii* e uma espécie não identificada, ocorrem na área de estudo.

Chave das espécies

1 a.Folhas de   ápice cuculoso, obtuso, margens denticuladas em cima, ligeiramente incurvadas de um lado perto da base, auriculadas na base .... *C. recurvulum*

1 b.Folhas com ápice denticulado, pontiagudo, alongado, margem côncava, incurvada e inteira, amplamente ovada na base, auriculada .... *C. wightii*

1 c.Folhas ápice lingulado, margem recurvada na base de um lado, base ondulada transversalmente, ... *Calyptothecium* sp.

Calyptothecium recurvulum (Broth.) Broth. Bull. Acad. Int. Géogr. Bot. 13: 86. 5. 1904. (Prato-4: Fig. f).

Habitat: Corticícola, lenhícola e rupícola; em troncos de árvores, em troncos caídos e em rochas em florestas de folha caduca e húmidas.

Espécimes examinados: Narasimha parvata, Kigga, Nemmar, Sujigudda, Sirimane, Uluve, Babruvahana kote, Meega, Kotegudda, Meguru, Heggadde, Niluvagilu, Kaimara, Kudregundi, Magundi, Mutthodi, Kallathigiri, Kottigehara, Kalasa, Mullaiyyana giri, Kudremukh.

Distribuição: Índia, China, Japão, Sri Lanka, Myanmar, Indonésia, Filipinas, Fiji, Nova Guiné, Ilhas do Pacífico e Austrália.

Calyptothecium wightii (Mitt.) M. Fleisch. Hedwigia 45: 62. 1905.

Habitat: Corticícola; em cascas de árvores e troncos caídos em florestas semi-verdes.

Espécimes examinados: Mutthodi, Magundi, Nemmar, Kigga.

Distribuição: Nordeste da Índia (Darjeeling), Srilanka, Bangladesh, Myanmar, Laos, Tailândia, Vietname, Yunnan e Taiwan.

Calyptothecium sp.

Plantas robustas e brilhantes; caule principal rastejante, longo, fasciculado e radiculoso, com pequenas folhas escamiformes distantes e imbricadas; caule secundário alongado, decumbente, ramos geralmente curtos e de ponta romba. Folhas ovado-oblongas, linguladas, pouco acuminadas a partir de uma base fortemente auriculada, transversalmente ondulada, margem recurvada na base de um lado; cápsula completamente imersa, oval ou oblonga. Dentes do peristoma lanceolados; opérculo com bico pequeno, ereto e algo oblíquo; caliptra pequena cobrindo apenas o opérculo.

Habitat: Corticícola, rupícola; em troncos de árvores, ramos de árvores e em rochas em vegetações de shola, florestas sempre verdes e semi sempre verdes. Encontra-se em árvores como *Hopea canarensis*, *Mimusops elengi*, *Acacia auriculiformis*, etc.

Espécimes examinados: Bababudan giri, Mullaiyyana giri, Mutthodi, Emmedoddi, Meguru, Kotegudda, Niluvagilu, Kigga, Narasimha parvata, Kotegudda, Sujigudda, Meega, Balehonnuru, Kaimara, Kottigehara, Magundi, Kalasa, Kudremukh, Kemmannugundi, Kallathigiri.

Género: *Pterobryopsis* M. Fleisch. Hedwigia 45: 56. 1905.

Neste género, encontram-se na área de estudo duas espécies, *Pterobryopsis orientalis* e uma espécie não identificada.

Chave das espécies

1 a.Caules secundários erectos, pinados, com ramos delgados ....P. *orientalis*

1 b.Caules secundários dendróides, vagamente irregulares ou algo ramificados de forma pinada, ramos rígidos .... *Pterobryopsis* **sp.**

Pterobryopsis orientalis (Müll. Hal.) M. Fleisch. Hedwigia 59: 217. 1917.

Habitat: Corticícola; em troncos e ramos de árvores associados a outros musgos e hepáticas folhosas em florestas de folha perene e semi-perene. Encontra-se em árvores como *Careya arbórea*, *Garcinia indica*, *Hopea canarensis*, *Litsea floribunda*, *Mastixia arbórea*, *Olea dioica*, *Persea macrantha*, *Psychotria nigra*.

Espécimes examinados: Narasimha parvata, regiões das cascatas de Sujigudda, Sirimane e Maghebailu, Meguru, Kotegudda, Niluvagilu, Mutthodi, Mullaiyyana giri.

Distribuição: Foi anteriormente referida no Sul da Índia (Tamil Nadu, Nilgiri hills, Kerala), Nordeste da Índia (Mussoorie, Kumoan, Darjeeling, Sikkim), Tailândia, Vietname, Myanmar, Yuman.

***Pterobryopsis* sp.**

Plantas de tamanho médio, até 4 cm de comprimento, verde-amareladas, em tufos soltos. Caules primários prostrados, delgados; caules secundários dendroides, pouco ramificados, irregulares ou algo pinados, ramos rígidos. Folhas densas, imbricadas quando secas, ereto-espalhadas quando húmidas, ovado-cordadas, com cerca de 3 mm x 2 mm, côncavas, plicadas, cuculadas e pouco acuminadas no ápice; margens planas, denticuladas perto do ápice, inteiras em baixo; costa simples; células foliares lineares, de paredes espessas, porosas na base da folha; células gradualmente mais curtas em direção às margens basais; células alares profundamente castanho-avermelhadas, subquadradas. Esporófitos não vistos (Prato-8: Fig. e).

Habitat: Corticícola; em troncos de árvores, ramos de árvores e em rochas em florestas sempre verdes e semi sempre verdes. Encontra-se em árvores como *Allophylus cobbe, Artocarpus heterophyllus, Callicarpa tomentosa, Canarium strictum, Canthium dicoccum, Cinnamomum viarum, Dichapetalum gelonioides, Dillenia pentagyna, Diospyros ebenum, D. hirsuta, D. montana, Garcinia gummi-gutta, G. indica.* Esta espécie está bem distribuída em árvores semi-perenes.

Espécimes examinados: Kigga, Narasimha parvata, Kotegudda, Nemmar, Sujigudda, Sirimane e regiões das cascatas de Maghebailu, Mutthodi, Mullaiyyana giri.

Família: Meteoriaceae Tipo.

Nesta família, encontram-se 12 géneros na Índia. Entre estes, cinco géneros *são: Aerobryidium, Aerobryopsis, Floribundaria, Meteoriopsis* e *Papillaria.*

Chave para os géneros

1 a.Células foliares pluripapilosas ....*Papillaria*

1 b.Células foliares multipapilosas .... *Floribundaria*

1 c. Células da folha geralmente unipapilosas ou 2-3 papilas por célula; cílios rudimentares ou ausentes .... *Meteoriopsis*

1 d. Células foliares unipapilosas; cílios rudimentares ou desenvolvidos 2

2a. Cílios desenvolvidos .... *Aerobryopsis*

2b. Cílios rudimentares .... *Aerobriídeos*

Género: *Aerobryidium* M. Fleisch. ex Broth. Nat. Pflanzenfam. 1(3): 820. 1906.

Neste género, apenas uma espécie, *Aerobryidium filamentosum*, é encontrada na área de estudo.

Aerobryidium filamentosum (Hook.)Fleisch. Nat. Pflanzenfam. I (3): 821. 1906.

Habitat: Corticícola; no tronco das árvores e nas rochas.

Espécimes examinados: Mutthodi, Mullaiyyana giri, Narasimha parvata, Sujigudda.

Distribuição: Índia, China, Sri Lanka, Myanmar, Tailândia, Laos, Vietname, Malásia, Indonésia e Filipinas.

Género: *Aerobryopsis* M. Fleisch. Hedwigia 44: 304. 1905.

Neste género, encontram-se duas espécies, *Aerobryopsis longissima* e *A. wallichii*, na área de estudo.

Chave para as espécies

1 a. Margem da folha denticulada .... ***A. longissima***

1 b. Margem da folha serrilhada .... ***A. wallichii***

Aerobryopsis longissima (Dozy & Molk.) M. Fleisch. Hedwigia 44: 305. 1905. (Prato-3: Fig. a).

Habitat: Corticícola; casca de árvore em floresta semi-perene e floresta arbustiva. Árvores como *Callicarpa tomentosa, Canarium strictum, Dillenia pentagyna, Gordonia obtusa, Holigarna arnottiana, Ixora* sp., *Ligustrum gamblei, Ziziphus rugosa* são substratos comuns e também em troncos caídos.

Espécimes examinados: Mutthodi, Mullaiyyana giri, Narasimha parvata, Suji gudda, Kotegudda, Magundi, Kigga, Kallathigiri.

Distribuição: Distribui-se no Sul da Índia (Tamil Nadu, Palni hills; Karnataka: Coorg), Leste da Índia (Sikkim), Sri Lanka, China, Ilhas Carolinas, Arquipélago Indiano, Madagáscar, Malaca, Nova Guiné, Filipinas, Ilhas do Oceano Pacífico, Sumatra, Taiwan, Austrália e Yunnan.

Aerobryopsis wallichii (Brid.) M. Fleisch. Musci Buitenzorg 3: 789. 1908. (Prato-3: Fig. b).

Habitat: Corticícola; em troncos e ramos de árvores, troncos caídos e superfícies rochosas.

Espécimes examinados: Magundi, Mutthodi, Kemmannugundi, Kallathigiri, Lakkavalli, Emmedoddi, Kottigehara, Kalasa, Bababudan giri, Mullaiyyana giri, Narasimha parvata, Kigga, Nemmar, Sujigudda, Sirimane, Uluve, Babruvahana kote, Meega, Kotegudda, Meguru, Heggadde, Hariharapura, Niluvagilu, Kaimara, Kudregundi.

Distribuição: Índia, China, Sri Lanka, Vietname, Filipinas, Nova Guiné e ilhas do Pacífico.

Género: *Floribundaria* M. Fleisch. Hedwigia 44: 301. 1905.

Neste género, encontram-se duas espécies, *Floribundaria floribunda* e *F. walkeri*, na área de estudo.

Chave para as espécies

1 a. Papilas de células foliares dispostas maioritariamente em fila no meio .... ***F. floribunda***

1 b. Papilas de células foliares dispostas em duas filas ou dispostas aleatoriamente .... ***F. walkeri***

Floribundaria floribunda (Dozy & Molk.) M. Fleisch. Hedwigia 44: 302. a-i. 1905. (Prato-5: Fig. h).

Habitat: Corticícola; em troncos de árvores, folhas e rochas húmidas sombreadas e na base de árvores em prados, shola e florestas semi-perenes.

Espécimes examinados: Kudremukh, Magundi, Sujigudda, Narasimha parvata.

Distribuição: Índia, China, Japão, Sri Lanka, Tailândia, Malásia, Indonésia, Filipinas, Nova Guiné, Oceânia, Austrália, África e Madagáscar.

Floribundaria walkeri (Renauld & Cardot) Broth. Nat. Pflanzenfam. I (3): 822. 1906. (Placa-6: Fig. a).

Habitat: Corticícola, rupícola; em troncos de árvores e em manchas rochosas em vegetações de shola, florestas sempre verdes e semi sempre verdes.

Espécimes examinados: Kigga, Narasimha parvata, Kigga, Nemmar, Sujigudda, Uluve, Babruvahana kote, Meega, Kotegudda, Meguru, Heggadde, Hariharapura, Niluvagilu, Kaimara, Kudregundi, Magundi, Mutthodi, Kemmannugundi, Kallathigiri, Lakkavalli, Emmedoddi, Kottigehara, Kalasa, Bababudan giri, Mullaiyyana giri, perto das cascatas de Maghebailu e Sirimane.

Distribuição: Índia, China, Nepal, Laos e Filipinas.

Género: *Meteoriopsis* M. Fleisch. ex Broth. Nat. Pflanzenfam. 1(3): 825. 1906.

Neste género, encontram-se duas espécies, nomeadamente *Meteoriopsis reclinata* e *M. squarrosa*, na área de estudo.

Chave para as espécies

1a. Folhas côncavas, oblongo-ovado-lanceoladas, obtusas no ápice, muitas vezes apertadas na base; margens serrilhadas ou dentadas .... ***M. reclinata***

1b. Folhas fortemente quadrado-curvas, na maior parte das vezes ovado-lanceoladas, acuminadas no ápice, apertadas na base; margens serrilhadas .... ***M. squarrosa***

Meteoriopsis reclinata (Müll. Hal.) M. Fleisch. Nat. Pflanzenfam. 1(3): 826. 1906. (Prato-7: Fig. c).

Habitat: Corticícola, lenhícola; está bem distribuída na área de estudo em troncos e ramos de árvores em plantações de café e acácia, vegetações de shola, florestas sempre verdes e semi sempre verdes. Encontra-se em árvores como *Hopea canarensis, Mimusops elengi, Ligustrum gamblei, Coffea robusta, C. arabica, Acacia auriculiformis, Syzygium cumini.*

Espécimes examinados: Sirimane, Narasimha parvata, Kotegudda, Nemmar, Kigga, Sujigudda, Uluve, Babruvahana kote, Meega, Meguru, Heggadde, Niluvagilu, Kaimara, Kudregundi, Magundi, perto de Kudremukh, Mutthodi, Kemmannugundi, Kallathigiri, Lakkavalli, Emmedoddi, Kottigehara, Kalasa, Bababudan giri, Mullaiyyana giri.

Distribuição: É amplamente distribuída na área de estudo. Foi anteriormente registada no Sul da

Índia (Tamil Nadu: Nilgiri hills, Palni hills, Thirunelveli; Karnataka: Coorg; Kerala) Nordeste da Índia (Mussoorie, Kumaon, Bihar, Meghalaya, Sikkim) Sri Lanka, China, Japão, Indonésia, Myanmar, Tailândia, Laos, Nova Guiné, Sumatra e Austrália.

Meteoriopsis squarrosa (Hook. ex Harv.) M. Fleisch. Nat.Pflanzenfam. 1(3): 826.1906. (Placa-7:

Fig. d).

Habitat: Corticícola, rupícola; é um musgo prostrado em troncos de árvores, ramos de árvores e rochas em florestas sempre verdes, semi sempre verdes e vegetações de shola. Encontra-se em árvores como *Antidesma menasu, Euonymus dichotomus, Gordonia obtusa, Myristica dactyloides, Olea dioica.*

Espécimes examinados: Kigga, Narasimha parvata, Kotegudda, Sujigudda, Nemmar, cascatas de Sirimane e Maghebailu, Meguru, Heggadde, Niluvagilu, Balehonnuru, Kaimara, Kalasa, Magundi, Bababudan giri, Mutthodi, Mullaiyyana giri, Kemmannugundi, Kallathigiri, Emmedoddi.

Distribuição: É comummente distribuída na área de estudo. Foi anteriormente registada no Sul da Índia (Tamil Nadu: Nilgiri hills, Palni hills, Thirunelveli; Karnataka: Coorg; Kerala), Nordeste da Índia (Sikkim, Darjeeling, Himalaya, Arunachal Pradesh, Khasi hills, Manipur), Sri Lanka, Nepal, Butão, Myanmar, Tailândia, Vietname, Nova Guiné, Sumatra, Java, Filipinas, Taiwan e Yunnan.

Género: *Papillaria* (Müll. Hal.) Lorentz. Moosstudien. 165. 1864.

Neste género, encontram-se na área de estudo duas espécies, *Papillaria crocea* e uma espécie não identificada.

Chave para as espécies

1 a. Acuminado no ápice, margem serrilhada .... ***P. crocea***

1 b. Atenuado no ápice, margens inteiras ou crenuladas .... ***Papillaria* sp.**

Papillaria crocea (Hampe) A. Jaeger. Ber. Thâtigk. St. Gallischen Naturwiss. Ges. 1875-76:267 (Gen. Sp. Musc. 2: 171). 1877.

Habitat: Corticícola; é um musgo pendente nos ramos das árvores em florestas semi-perenes. Encontra-se em árvores como a *Hopea canarensis, Syzygium cumini.*

Espécimes examinados: Narasimha parvata, Nemmar, Mutthodi, Mullaiyyana giri, Kalasa, Magundi.

Distribuição: Rara na área de estudo. Foi anteriormente registada no Sul da Índia (Tamil Nadu: Palni hills; Kerala), Sri Lanka, China, Japão, Nova Zelândia e Austrália.

Papillaria **sp.**

Plantas verde-acinzentadas, verde-acastanhadas quando velhas, em grandes tapetes. Caules primários rastejantes; caules secundários pendentes, alongados, até 20 cm de comprimento, irregularmente ramificados de forma pinada, frequentemente atenuados no ápice. Folhas do caule imbricadas quando secas, cordadas-ovadas, ovadas na base, com cerca de 2 mm de comprimento, pouco acuminadas no ápice, amplamente auriculadas, ligeiramente decurrentes na base; margens inteiras ou crenadas acima; costa simples, hialinas; células foliares medianas opacas, alongadas-hexagonais; folhas dos ramos semelhantes às folhas do caule, mas mais pequenas. Esporófitos não vistos (Prato-7: Fig. g).

Habitat: Corticícola; pendurado em ramos de árvores em shola, florestas semi-perenes e perenes.

Espécimes examinados: Narasimha parvata, Nemmar, Mutthodi, Mullaiyyana giri.

4.1.2. Classe 2: Hepaticae (Hepáticas)

1 a.Planta talóide, não diferenciada em caule e folhas (hepáticas talóides)..................................... 2

1 b.Plantas folhosas, diferenciadas em caule e folhas (hepáticas folhosas)................................ 7

2a.Escamas ventrais presentes 3

2b.Escamas ventrais pequenas ou ausentes.. 6

3a.Talo com câmaras de ar hexagonais; esporogoina exercida...................................... 4

3b.Talo sem câmaras de ar hexagonais; esporogónias embebidas .... no   talo ....**Ricciaceae**

4a.Esporogónias produzidas ventralmente nos receptáculos .... **Targioniaceae**

4b.Esporogónias produzidas dorsalmente nos receptáculos 5

5a.Câmaras de ar com 2 a muitas camadas; cálice e gema ausentes.........................**Aytoniaceae**

5b.Câmaras de ar com uma camada ou ausentes; cálice e gema presentes ...... **Marchantiaceae**

6a.Talo com nervura mediana distinta; internamente as células são unisseriadas; ramos, quando presentes, dicotómicos .... **Pallaviciniaceae**

6b. Talo com nervura mediana distinta; multistratose, diferenciada em maior e menor; ramos dicotómicos e raramente pinados .... **Metzgeriaceae**

6c. Talo sem nervura mediana; células multiseriadas exceto na margem; ramos simples, pinados, palmados ou irregulares .... **Aneuraceae**

7a. Folhas inseridas obliquamente em duas filas laterais; cada lóbulo com uma única papila mucilaginosa no ápice .... **Fossombroniaceae**

7b. Folhas alternas; papila mucilaginosa ausente... 8

8a. Lóbulos das folhas ausentes **9**

8b. Lóbulos das folhas presentes - em forma de cinta, paralelos ao caule; subfolhas presentes
Porellaceae

8c. Folha bilobada com lóbulos e lóbulos .... **Lejeuneaceae**

9a. Folhas camplanadas, rizóides restritos às bases das subfolhas, subfolhas bilobadas com 2
dentes laterais ....**Lophocoleaceae**

9b. Folhas oblíquas a quadradas; rizóides contínuos no caule; subfolhas, quando presentes,
pequenas ....**Jungermanniaceae**

9c. Folhas inseridas obliquamente; parafilia presente; subfolhas vestigiais; perianto presente
.... **Plagiochilaceae Família: Aneuraceae H. Klinggr.**

A família inclui quatro géneros: *Aneura, Cryptothallus, Lobatoriccardia* e *Riccardia*. Exceto
Lobatoriccardia, os restantes três estão presentes na Índia. Destes, apenas o género *Riccardia*
ocorre na área de estudo.

Género: *Riccardia* Gray. Nat. Arr. Brit. Pl. 1: 679. 1821.

Neste género, encontram-se duas espécies, *Riccardia levieri* e *R. multifida*, na área de estudo.

Chave para as espécies

1a. Talo verde-amarelado-castanho-escuro, ramificado de forma pinada, eixo principal convexo
em baixo, ligeiramente côncavo em cima, em secção transversal .... ***R. levieri***

1b. Talo verde pálido, variadamente ramificado, eixo principal biconvexo em baixo, oval-
arredondado ou plano em cima na secção transversal .... ***R. multifida***

Riccardia levieri Schiffn. Oesterr. Bot. Z. 49: 130. 1899.

Habitat: As plantas crescem em esteiras sobre rochas húmidas e sombrias em florestas de shola,
florestas húmidas de folha caduca, florestas semi-perenes e florestas de folha perene.

Espécimes examinados: Cascatas de Narasimha parvata e Maghebailu, Kotegudda, Bababudan
giri, Mutthodi, Kemmannugundi.

Distribuição: Esta espécie foi anteriormente registada no Sul da Índia (Kerala: WWS, Silent
Vally, Tamil Nadu, Karnataka), Norte da Índia e Butão.

Riccardia multifida (L.) Gray. Nat. Arr. Brit. Pl. 1: 684. 1821. (Placa-12: Fig. c).

Habitat: Cresce em locais húmidos e sombrios, sobre rochas e raízes expostas de plantas
superiores, perto de riachos.

Espécimes examinados: Kalasa, Magundi, Sirimane, Narasimha parvata.

Distribuição: Sul da Índia (Kerala, Tamil Nadu: Madura, Kodaikanal, Palni hills), Norte da Índia

(Himalaias orientais, Darjeeling), Sri Lanka, China, América do Norte, Europa, Alasca e Havai.

Família: Aytoniaceae Caver.

Esta família inclui cinco géneros, *nomeadamente, Asterella, Cryptomitrium, Mannia, Plagiochasma e Reboulia.* Todos eles ocorrem na Índia. Destes, *Asterella, Plagiochasma* e *Reboulia* ocorrem na área de estudo.

Chave para os géneros

1 a.Receptáculos masculinos sésseis, em forma de ferradura na face dorsal do talo, rodeados por escamas lineares .... *Plagiochasma*

1 b.Receptáculos masculinos sésseis, em forma de almofada no ápice do lóbulo, rodeados por pequenas escamas; Receptáculos cónicos ou hemisféricos .... *Reboulia*

1 c.Receptáculos masculinos sésseis, em forma de disco ou em forma de almofada logo atrás dos receptáculos femininos, em rebentos ventrais principais ou pequenos; Receptáculos planos, convexo-cónicos .... *Asterella*

Género: *Asterella* P. Beauv. Dict. Sci. Nat. 3: 257. 1805.

Neste género, existem duas espécies, *Asterella khasiana* e *A. wallichiana*, na área de estudo.

Chave para as espécies

1 a.Elaters longo, bipolar .... *A. khasiana*

1 b.Elaters curto, simples ou furcado, mono ou bipolar .... *A. wallichiana*

Asterella khasiana (Griff.) Grolle. Khumbu Himal 1(4): 267. 1966. (Prato-9: Fig. c).

Habitat: Terrícola; no solo e no corte do solo, normalmente encontrado nas bermas das estradas associado a *Fissidens* spp, *Philonotis* spp, *Targionia hypophylla, Reboulia hemisphaerica* em florestas sempre verdes e semi sempre verdes, plantações e ambientes caseiros.

Espécimes examinados: Kigga, Narasimha parvata, Sirimane, cascatas de Maghebailu, Kotegudda, Sujigudda, Uluve, Nemmar, Meega, Meguru, Niluvagilu, Balehonnuru, Kaimara, Kottigehara, Kalasa, Magundi, Kudremukh, Mutthodi, Mullaiyyana giri, Khandya, Bababudan giri, perto de Kemmannugudi, Kallathigiri, Lakkavalli, Emmedoddi, Sakharayapattana.

Distribuição: Foi anteriormente registada em Darjeeling, Sikkim, Assam, Manipur, Meghalaya, Rajasthan, Madhya Pradesh, Maharashtra, Karnataka, Tamil Nadu, Chembra hills, Nilgiri hills, Madurai, Kodaikanal, Ootacamund, Palni hills, Nepal e China, W. Ghats, Himachal Pradesh, Parque Nacional Eravikulam, Kerala, Nepal e China.

Asterella wallichiana (Lehm.) Grolle. Khumbu Himal. 1(4): 262. 1966. (Prato-9: Fig. d).

Habitat: Geralmente em locais húmidos, por vezes em rochas secas associadas a *Cyathodium* spp, *Philonotis* spp, *Targionia hypophylla, Reboulia hemisphaerica* em florestas sempre verdes, semi sempre verdes, plantações e ambientes caseiros.

Espécimes examinados: Kigga, Sirimane, cascatas de Maghebailu, Sujigudda, Uluve, Nemmar, Meguru, Niluvagilu, Balehonnuru, Kaimara, Kottigehara, Kalasa, Kudremukh, Mutthodi, Khandya, Bababudan giri, perto de Kemmannugudi, Kallathigiri.

Distribuição: Pithoragarh, Mussoorie, Partapgarh, Butão, Bhor Ghat, Maharashtra, Pachmarhi, Nepal, Birmânia.

Género: *Plagiochasma* Lehm. & Lindenb. Nov. Stirp. Pug. 4: 13. 1832.

Apenas uma espécie deste género, nomeadamente *Plagiochasma appendiculatum*, foi encontrada na área de estudo.

Plagiochasma appendiculatum L. et. L. Nov. Stirp. Pug. 4:14. 1832. (Prato-11: Fig. f).

Habitat: Apresenta uma ampla gama de variações de habitat, sendo normalmente encontrada a crescer em paredes, rochas, fissuras expostas e drenos lamacentos, no solo húmido.

Espécimes examinados: Kemmannugundi, Kallathigiri, perto de Kudremukh, Bababudan giri, Mullaiyyana giri.

Distribuição: Índia: Jammu, Shimla, Nainital, Mussoorie, Dalhousie, Hosiarpur, Dehradun, Garhwal, Gauhati, Shillong, Dibrugarh, Calcutá, Pachmarhi, Mahabaleshwar, Nilgiri hills, Rajasthan, Gujarat, Nepal, Manila, China, Filipinas, Quénia, Paquistão e Iémen.

Género: *Reboulia* Raddi. Opusc. Sci. 2: 357. 1818.

Neste género, apenas uma espécie *Reboulia hemisphaerica* é encontrada na área de estudo.

Reboulia hemisphaerica (L.) Raddi. Opusc. Sci. 2(6):357. 1818. (Placa-12: Fig. b).

Habitat: Terrícola; em solos e cortes de solos, bermas de estradas associadas a *Fissidens* spp., *Philonotis* spp., *Targionia hypophylla*, *Asterella khasiana* em florestas sempre verdes e semi sempre verdes, plantações e ambientes caseiros.

Espécimes examinados: Kigga, Narasimha parvata, Kotegudda, Nemmar, Gangamola, Sujigudda, Meguru, Kaimara, Kudregundi, Kottigehara, Magundi, Mutthodi.

Distribuição: Está amplamente distribuída no sul da Índia (Chennai, Nilgiri, distrito de Idduki de Kerala, Tamil Nadu, Karnataka, colinas de Palni), Mussoorie, Dalhousie, Shimla, Kulu, Monte Abu, Caxemira, Darjeeling, colinas de Khasia, Meghalaya, Himachal Pradesh, Pachmarhi, Punjab, Rajasthan,

Bryophytes of Chikfiamagaluru District, Central Western Qhats Madhya Pradesh, Uttar Pradesh, Nepal, China, Japão, Afeganistão, Paquistão, Coreia, Nova Zelândia, Austrália, Europa, América do Norte e do Sul e Java.

Família: Fossombroniaceae Hazsl.

Esta família inclui quatro géneros, *a saber, Austrofossombronia, Fossombronia, Petalophyllum* e *Sewardiella.* Todos os géneros de Austrofossombronia estão presentes na Índia, dos quais apenas *Fossombronia* se encontra na área de estudo.

Género: *Fossombronia* Raddi. Jungermanniogr. Etrusca 29. 1818.

Apenas uma espécie deste género, *Fossombronia indica,* é encontrada na área de estudo.

***Fossombronia indica* Stephani. Sp. Hepat. 6: 73. 1917. (Placa-10: Fig. b).**

Habitat: Terrícola; em estacas de solo em prados, florestas sempre verdes e semi sempre verdes. Esta espécie também pode ser encontrada em estacas de solo à beira da estrada em florestas semiperenes.

Espécimes examinados: Narasimha parvata, Sujigudda, Kemmannugundi, Kallathigiri, Bababudan giri, Mutthodi, Mullaiyyana giri, Kottigehara, perto de Kudremukh, Balehonnuru, Meguru, Babhruvahana kote, Sirimane.

Distribuição: Colinas Chembra de Wayanad, Mangalore do estado de Karnataka, Parque Nacional do Vale Silencioso de Kerala, Maharashtra.

Família: Jungermanniaceae Rchb.

Esta família inclui cerca de 38 géneros em todo o mundo. Na Índia, esta família é representada por cerca de 10 géneros, dos quais apenas dois géneros, *Jungermannia* e *Solenostoma,* ocorrem na área de estudo.

Género: *Jungermannia* L. Sp. Pl. 1131.1753.

Neste género, encontram-se na área de estudo duas espécies, *Jungermannia macrocarpa* e uma espécie não identificada.

Chave para as espécies

1 a.Plantas castanho-amareladas claras, caule carnudo, simples, ereto; inserção da folha larga e oblíqua .... ***J. macrocarpa***

1 b.Planta verde-clara, caule delicado, prostrado a suberecto; inserção da folha oblíqua ***Jungermannia* sp. *Jungermannia macrocarpa* Steph. Sp. Hepat. 6: 87. 1917. (Prato-10: Fig. e).**

Habitat: A planta é vista como tapete em estacas de terra em áreas sombreadas nas bermas das estradas e nos arredores das casas.

Espécimes examinados: Narasimhaparvata, Nemmar, Kigga, Sujigudda, Sirimane, Uluve, Babruvahana kote, Meega, Mutthodi, Kemmannugundi, Kalasa, Mullaiyyana giri.

Distribuição: Índia: Himalaias orientais, Nepal oriental e Darjeeling, Sikkim, China ocidental. ***Jungermannia* sp.**

Planta verde-clara, prostrada a suberecta, de 25-28 mm de comprimento. Caule delicado. Folhas com 1,0-1,5 mm de comprimento e 0,7-1,0 mm de largura, margem antical recurvada, inserida obliquamente; margem, células medianas e basais com paredes finas, trígonos bem desenvolvidos nas células basais. Rhizoids purple (Plate-10: Fig. f).

Habitat: A planta cresce em pedra submersa, paredes cobertas de terra em associação com alguns musgos e hepáticas.

Espécimes examinados: Mutthodi, Kemmannugundi, Kalasa, Mullaiyyana giri,

Narasimhaparvata, Nemmar, Kigga, Sujigudda, Sirimane, Uluve, Babruvahana kote, Meega.

Género: *Solenostoma* Mitt. J. Proc. Linn. Soc., Bot. 8: 51. 1865.

Neste género, apenas uma espécie não identificada é encontrada na área de estudo.

***Solenostoma* sp.**

Plantas verde-amareladas, verde-enegrecidas quando velhas, 3-4 cm de comprimento; caule ereto, poucos ramos na ponta; rizóides em todo o caule, numerosos por baixo; folhas imbricadas, rotundas, decurrentes em ambos os lados, obliquamente espalhadas, quando secas lateralmente comprimidas no caule, células de paredes finas, cutícula lisa; dioicas, brácteas femininas semelhantes às folhas do caule (Prato-12: Fig. g).

Habitat: perto de riachos no solo, em rochas submersas e pedras em prados, juntamente com plantas herbáceas. Também é observada em solo húmido em florestas semi-perenes e perenes e em plantações de areca e café nas estações das chuvas.

Espécimes examinados: Kigga, Meega, Balehonnuru, perto de Kudremukh, Kalasa.

Família: Lophocoleaceae De Not.

Nesta família, apenas dois géneros, *Chiloscyphus* e *Heteroscyphus*, ocorrem na área de estudo.

Chave para os géneros

1a.Células foliares leptodérmicas, sem trígonos ou com trígonos pequenos e fracamente convexos. ***Chiloscyphus***

1b.Células foliares frequentemente grosseiras a fortemente nodosas ou trigonas triradiadas .... ***Heteroscyphus***

Género: *Chiloscyphus* Corda. Naturalientausch 12(Beitr. Naturg. 1): 651. 1829.

Ocorre uma espécie não identificada deste género na área de estudo.

***Chiloscyphus* sp.**

Plantas pequenas e flácidas, quando secas, de cor castanha amarelada e com tufos soltos. Caule com cerca de 28 mm de comprimento, com pêlos castanhos, ramos atenuados nos ápices, com poucas folhas. Folhas quase opostas, 0,5 mm de comprimento, mais ou menos rectas, pequenas imbricadas, ovadas; bilobadas, lóbulos mais ou menos desiguais, face interna 3 dentada, células apicais 0,9 mm, células basais 1,5 mm. Folhas inferiores iguais às folhas, lóbulos estreitamente bífidos até à base, com seio agudo, lóbulos lanceolados esticados para fora e para a frente, comprimidos ao caule, em ambos os lados na região basal são pequenos dentados e armados (Prato-9: Fig. e).

Habitat: As plantas crescem no solo, em rochas cobertas de solo, em rochas.

Espécimes examinados: Cachoeiras de Maghebailu, Meguru, Magundi, Kudremukh, Mutthodi, Mullaiyyana giri.

Género: *Heteroscyphus* Schiffn. Oesterr. Bot. Z. 60: 171. 1910.

Neste género, três espécies, *nomeadamente Heteroscyphus argutus, H. coalitus* e uma espécie não identificada, ocorrem na área de estudo.

Chave para as espécies

1 a. Ápice da folha quase igualmente largo, truncatorotundado por vezes .... ***H. argutus***

1 b. Ápice da folha arredondado ou truncado, pleuridentado .... ***H. coalitus***

1 c. Ápice da folha tridentado .... ***Heteroscyphus* sp.**

Heteroscyphus argutus (Nees) Schiffn. Oesterr. Bot. Z. 60: 172. 1910.

Habitat: É comum encontrar-se em zonas rochosas, em troncos apodrecidos, no solo misturado com outras hepáticas e nos substratos inferiores (raízes e caule inferior) de plantas superiores e também em torno das margens dos cursos de água em florestas semi-perenes e sempre-verdes.

Espécimes examinados: Bababudan giri, Kalasa, Sirimane, Sujigudda, Kemmannugundi e Kallathigiri.

Distribuição: Índia (Karnataka, Kerala, Palni hills, Darjeeling, West Himalaya, Pachmahri, Assam, Sikkim, Manipur, Meghalaya), Bornéu, Brasil, Myanmar, China, Java, Japão, Nova Guiné, Nova Zelândia, Filipinas, Sumatra e Taiwan.

Heteroscyphus coalitus (Hook.) Schiffn. Oesterr. Bot. Z. 60: 172. 1910.(Prato-10: Fig. c).

Habitat: Pode ser encontrada em troncos caídos, em solo húmido e em rochas submersas, associada a outras hepáticas e musgos em florestas sempre verdes.

Espécimes examinados: Bababudan giri, Kalasa, Sujigudda, Kemmannugundi.

Distribuição: Índia (Himalaias, Sikkim, Khasi hills, Ilhas Andaman, Myanmar, Butão, Kerala), China, Java, Sumatra, Boro, Japão, Nova Guiné, Filipinas e Austrália.

***Heteroscyphus* sp.**

Plantas delicadas, verdes, com 2-6 cm de comprimento e 1,2 -2.5 mm de largura; caule com ramificação terminal lateral, muitas vezes achatado dorsiventralmente; 3 camadas exteriores de células corticais com paredes relativamente espessas; folhas distantes ou ligeiramente imbricadas, alternas, quase quadradas a rectangulares, mais largas na base do que no ápice, margem inteira, tridentadas no ápice, dentes de tamanho desigual, o do meio maior, o lateral pequeno, na base largo; subfolhas distantes, muitas vezes livres, raramente unidas num lado na base, ápice mais pequeno profundamente bilobado, seio largo. Dióica; inflorescência masculina em ramos intercalares curtos e laterais, muito pequena, sacada, ápice bidentado; inflorescência feminina em ramos intercalares laterais muito curtos; margem fortemente dentada, seta maciça; parede da cápsula com 4 camadas, camada epidérmica com espessamentos nodulares nas paredes radial e final, camada mais interna com espessamentos nodulares em ambos os lados das paredes radiais (Prato-10: Fig. d).

Habitat: Sobre folhas em vegetações de folha perene e shola.

Espécimes examinados: Bababudan giri, Sirimane, Kemmannugundi e Kallathigiri.

Família: Lejeuneaceae Cas.-Gil.

Esta família inclui cerca de 94 géneros no mundo. Cerca de 30 géneros estão registados na Índia, dos quais *Cololejeunea, Lejeunea, Lopholejeunea* e *Spruceanthus* ocorrem na área de estudo.

Chave para os géneros

1 a.Folhas inferiores presentes.. **2**

1 b.Ausência de subfolhas..*Cololejeunea*

2a.Folhas inferiores grandes **3**

2b.Folhas inferiores pequenas, finas ou tão largas como o caule, inteiras ou bífidas, não plicadas na base . *Lopholejeunea*

3a.Folhas inferiores 3 a 4 vezes mais largas que o caule, não plicadas na base ....*Lejeunea*

3a.Folhas inferiores 2 vezes mais largas que o caule, plicadas na base ....*Spruceanthus* **Genus:** *Cololejeunea* (Abeto) Schiffn. Hepat. (Engl.-Prantl) 121. 1893.

Neste género, encontram-se na área de estudo três espécies, *nomeadamente Cololejeunea appressa, C. mizutaniana* e uma espécie não identificada.

Chave das espécies

1 a.Caule pouco ramificado e pinado .... *C. appressa*

1 b.Caule irregularmente ramificado de.. forma pinada .... *C. mizutaniana*

1 c.Caule raro ou irregularmente ramificado .... *Cololejeunea* **sp.**

Cololejeunea appressa (A. Evans) Benedix. Feddes Repert. Spec. Nov. Regni Veg. Beih.134: 31. 1953. (Prato-9: Fig. f).

Habitat: Foliícolas; nas folhas de plantas superiores e fetos em florestas de folha caduca e húmidas.

Espécimes examinados: Narasimha parvata, Sirimane, Sujigudda, Nemmar, Meguru, Balehonnuru, Kottigehara, Bababudan giri, Mullaiyyana giri, Kemmannugundi, Kallathigiri.

Distribuição: Índia: Nilgiri, Ghats ocidentais, Kodaikana, Ilha de Andamans; Karnataka: Agumbe, Jog falls; Sumatra, Java, Indo-China, Luzon, Bornéu, Filipinas, Japão, Taiwan, Honshu, Shikoku, China, Jamaica, Kyushu, Ryukyu, África.

Cololejeunea mizutaniana Udar & G. Srivast. Misc. Bryol. Lichenol. 9: 138. f. 1. 1983.

Habitat: Foliícolas: epífilas em fetos e folhas de plantas superiores em florestas sempre verdes.

Espécimes examinados: Sirimane, Meguru, perto de Kudremukh, Bababudan giri, perto de Kemmannugudi.

Distribuição: Karnaka: Jog falls, Agumbe.

Cololejeunea sp.

Plantas verde-amareladas - verde-acinzentadas, estreitamente aderidas ao substrato; caule com 3- 5 mm de comprimento, 1,2- 1,8 mm de largura, ramificação rara, irregular. Células corticais do caule com paredes finas, 5 filas verticais, poligonais; rizóides numerosos, fasciculados, hialinos. Folhas imbricadas, obliquamente espalhadas; lóbulo da folha ovado, 0.65- 0.88 mm de comprimento, 0.50- 0.73 mm de largura, ápice arredondado, margem inteira; lóbulo da folha quase achatado, lanceolado-ciliado; Gemmae não vista (Plate-9: Fig. g).

Habitat: Foliícola; nas folhas de florestas de folha caduca e húmidas. Folhas de *Hopea canarensis, Hopeaponga, Syzygium caryophyllatum, S.cumini.*

Espécimes examinados: Kigga, Narasimha parvata, Kotegudda, Sujigudda, Bababudan giri. **Género: *Lejeunea*** Lib. Ann. Gén. Sci. Phys. 6: 372. 1820.

Neste género, encontram-se na área de estudo três espécies, nomeadamente *Lejeunea flava, L. stevensiana* e uma espécie não identificada.

Chave para as espécies

1 a.Folhas inferiores 4 vezes mais largas que o caule, ovado-orbiculares, subcordadas na base .... *L. flava*

1 b.Folhas inferiores 3-4 vezes mais largas que o caule, orbiculares, arredondadas com base cordada .... *L. stevensiana*

1 c.Folhas inferiores 3-4 vezes mais largas do que o caule, orbiculares ou oblongas, bilobadas N

o comprimento, lóbulos estreitos .... ***Lejeunea* sp.**

Lejeunea flava (Sw.) Nees. Naturgesch. Eur. Leberm. 3: 277. 1838. (Prato-10: Fig. g).

Habitat: Foliícolas: nas folhas de plantas superiores em shola, florestas perenes e caducifólias húmidas.

Espécimes examinados: Kemmannugundi, Mullaiyyana giri, Sujigudda, Sirimane.

Distribuição: Índia: Butão, Bengala Ocidental, Darjeeling, Lago Senchal, Ghum, Kurseong, Shilong, Cherrapunji, Sikkim, Gangtok, Mysore, Kotagiri, Shembagnur; Nepal, Europa, América do Norte e do Sul, Cuba, Nova Zelândia, Taiwan, Madeira, Tenerife, Java, Bornéu, Sumatra, Jamaica, Irlanda.

Lejeunea stevensiana (Steph.) Mizut. J. Hattori Bot. Lab. 34: 452. 1971.

Habitat: na casca, ramos e folhas de plantas superiores em florestas sempre verdes e vegetações de shola.

Espécimes examinados: Meguru, Kotegudda, Kalasa e perto de Kudremukh.

Distribuição: Índia: Bhuthan, Kudremukh, Sikkim; Nepal.

***Lejeunea* sp.**

Plantas pequenas, flácidas; células corticais do caule grandes, com 7 filas e 3 filas de pequenas células medulares; folhas muito espalhadas a oblíquas, ovadas, de ápice obtuso, raramente rotundas, margem ondulada; ocelos 4-8, com um único corpo oleífero grande; corpos oleíferos 2-4 por célula; nas células corticais corpos oleíferos 2-6; lóbulo grande com cerca de 2/3 do comprimento do lóbulo; subfolhas 3-4 vezes mais largas do que o caule, orbiculares ou oblongas, bilobadas N do comprimento, lóbulos estreitos; brácteas masculinas em 2-10 pares; perianto obovado, 5 quilhas, quilhas lisas, bico proeminente; ápices das brácteas femininas obtusos, agudos; brácteas masculinas em 2-10 pares, bilobadas (Prato-10: Fig. h).

Habitat: nas folhas e ramos de plantas superiores em florestas de folha caduca e húmidas e em vegetações de shola.

Espécimes examinados: Kemmannugundi, Kallathigiri, Bababudan giri, Mutthodi, Kalasa, Balehonnuru, Meguru, Babhruvahana kote.

Género: *Lopholejeunea* (Spruce) Schiffn. Hepat. (Engl.-Prantl) 129. 1893.

Neste género, encontram-se na área de estudo duas espécies, *Lopholejeunea subfusca* e uma espécie não identificada.

Chave para as espécies

1 a.Plantas com até 3 cm de comprimento, muito ramificadas, amplamente disseminadas, lóbulo da folha arredondado, margem inteira.... .... ***L. subfusca***

1 b.Plantas grandes, irregulares, ramificadas do tipo *Lejeunea*, lobo foliar ovado, margem inteira ou ligeiramente ondulada .... ***Lopholejeunea* sp.**

Lopholejeunea subfusca (Nees) Schiffner. Bot. Jahrb. Syst. 23:593. 1897. (Placa-11: Fig. a).

Habitat: Corticícola, foliícola e terriícola; na base do tronco principal em florestas sempre verdes e semi sempre verdes. Encontra-se em árvores como *Hopea canarensis, Hopea ponga, Syzygium caryophyllatum, S.cumini, Terminaliapaniculata, T. bellerica.*

Espécimes examinados: Kigga, Narasimha parvata, Kotegudda, Meguru, Balehonnuru, Kottigehara, Bababudan giri, Kemmannugundi, Kallathigiri.

Distribuição: Chennai, Kodaikanal, distrito de Kanyakumari, W. Ghats, Muthukuzhivayal, Himalaia Oriental, Kerala, Vale silencioso de Wayanad, Tamil Nadu, Thiruvananthapuram, Karnataka, Ilhas Andaman, W. Bengal, Meghalaya, Sikkim, Sri Lanka, China, Taiwan, Japão, Madagáscar, Nova Guiné, Filipinas, Sumatra e Tailândia.

***Lopholejeunea* sp.**

Plantas grandes, irregulares, ramificadas do tipo *Lejeunea*, células corticais do caule 12-13 com pigmento castanho escuro; lóbulo da folha ovado, ápice rotundado, margem inteira ou ligeiramente ondulada; corpos oleíferos 6-10 por célula, lóbulo ovado, brácteas femininas ovadas-oblongas com ápice rotundado e margem inteira ondulada, lóbulo quase retangular, muitas vezes inteiramente aderente ao lóbulo; perianto obovado, de 4 quinas, quinas agudas, lisas ou onduladas na margem e sem lacínias (Prato-11: Fig. b).

Habitat: Corticícola e rupícola; em troncos e cascas de árvores e em pequenas rochas em vegetações de shola.

Espécimes examinados: Babhruvahana kote, Narasimha parvata.

Género: *Spruceanthus* Verd. Ann. Bryol., Suppl. 4: 151. 1934.

Apenas uma espécie, nomeadamente *Spruceanthus semirepandus*, é encontrada na área de estudo.

Spruceanthus semirepandus (Nees) Verd. Ann. Bryol., Suppl. 4:153. 1934.

Habitat: Corticícola em vegetações de shola; rupícola, sobre rochas associadas a outras hepáticas folhosas em florestas sempre verdes e semi sempre verdes.

Espécimes examinados: Narasimha parvata, Kotegudda, Sujigudda, Magundi, Kalasa.

Distribuição: Kodaikanal, distrito de Kanyakumari, Muthukuzhivayal, Kerala, Karnataka, Malabar, Tamil Nadu, colinas de Nilgiri, Tamil Nadu, Himalaias ocidentais, Sikkim, colinas de Khasia, Meghalaya, Darjeeling, Ghats ocidentais, Himalaias orientais, Sri Lanka, China, Filipinas e Taiwan.

Família: Marchantiaceae Lindl.

Nesta família, três géneros, *nomeadamente Dumortiera, Marchanda e Preissia*, estão registados na Índia. Dos quais, apenas um género *Dumortiera* ocorre na área de estudo.

Género: *Dumortiera* Nees. Nova Ata Phys.-Med. Acad. Caes. Leop.-Carol. Nat. Cur. 12: 410. 1824.

Neste género, apenas uma espécie, *Dumortiera hirsuta*, é encontrada na área de estudo. ***Dumortiera hirsuta*** (Sw.) Nees. Fl. Bras. Enum. Pl. 1:307. 1833. (Placa-10: Fig. a).

Habitat: Corticícola, terriícola, rupícola; encontra-se habitualmente em zonas húmidas e sombrias de nascentes de água, em rochas submersas, em raízes expostas de nascentes de água, em zonas húmidas de florestas de folha perene, semiperene e vegetações de shola.

Espécimes examinados: Cascatas de Sirimane e Maghebailu, Bababudan giri, Kallathigiri, Kemmannugundi.

Distribuição: Colinas de Nilgiri, colinas de Palni, Chennai, W. Ghats, distrito de Kanyakumari, Tamil Nadu, Kerala, Shimla, Mussoorie, Assam, Pachmarhi, Madhya Pradesh, Himachal Pradesh, Kumaon e Himalaias exteriores, vale do Ravi, Parque Nacional de Eravikulam em Kerala, zonas de grande altitude de Wayanad, Kakkayam, Vellarimala em Kozhikode e Aralam no estado de Kannur, Nagaland, Nepal, Japão, Brasil, México, Europa, Nova Zelândia, África, América do Norte e do Sul.

Família: Metzgeriaceae H. Klinggr.

Dois géneros *Apometzgeria* e *Metzgeria* estão representados na Índia. Apenas *Metzgeria* ocorre na área de estudo.

Género: *Metzgeria* Raddi. Jungermanniogr. Etrusca 34. 1818.

Neste género, encontram-se na área de estudo duas espécies, *Metzgeria decipiens* e uma espécie não identificada.

1 a. Margem do talo decurvada, ápices largos ou raramente estreitos .... ***M. decipiens***

1 b. Margem do talo não decurvada, ápices largos e obtusos .... ***Metzgeria* sp.**

Metzgeria decipiens (C. Massal.) Schiffn. Forschungsr. Gazelle. 4: 43. 1890. (Prato-11: Fig. c).

Habitat: Crescem em ramos como epífitas em associação com *Lejeunea* spp. e outras hepáticas epífilas.

Espécimes examinados: Bababudan giri, Kemmannugundi, Kallathigiri.

Distribuição: Índia: Nainital, Kudremukh (Sul da Índia), Himalaias Orientais, kurseong Darjeeling, Tongloo, Sandakphu, Assam, Chirrapungi, Walunchung Gola Zongi, Butão; Nepal, Nova Zelândia, Austrália, Tasmânia, Índias Ocidentais, América (Central, ***Metzgeria* sp.**

Talos verde-amarelados claros, com 15-20 mm de comprimento e 1,15-1,25 mm de largura, dicotomicamente ramificados, ligeiramente convexos na parte superior, ápices largos e obtusos, com rebentos ventrais perto da margem. Gemmae não vista. Asas com 11-13 células de largura de cada lado da nervura mediana, células poligonais, de paredes ligeiramente espessas, com trígonos algo distintos; pêlos médios, direitos a ligeiramente curvos, dispostos isoladamente na margem da asa e na superfície ventral da nervura mediana. Nervura mediana distinta, células interiores mais pequenas, de paredes espessas, trigonais.

Habitat: Cresce epifiticamente em associação com *Plagiochilla* spp. e *Cololejeunea* spp.

Espécimes examinados: Mullaiyyana giri, Bababudan giri, Kemmannugundi, Kallathigiri.

Família: Pallaviciniaceae Mig.

Esta família inclui dez géneros no mundo. No entanto, apenas um género, *Pallavicinia*, está representado na Índia e está presente na área de estudo.

Género: *Pallavicinia* Gray. Nat. Arr. Brit. Pl. 1: 775. 1821.

Neste género, encontram-se na área de estudo duas espécies, *nomeadamente Pallavicinia lyellii* e uma espécie não identificada.

1 a. Talo verde pálido, margem da lâmina inteira a ondulada sem dente, ápice obtuso, largo ou muito ligeiramente estreitado no ápice .... ***Pallavicinia lyellii***

1 b. Talo verde pálido - verde preto, margem da lâmina ondulada com dente, ápice lanceolado, linear, estreito em direção ao ápice .... ***Pallavicinia* sp.**

Pallavicinia lyellii (Hook.) Gray. Nat. Arr. Brit. Pl.1:685, 775. 1821. (Placa-11: Fig. d).

Habitat: Terrícola, rupícola; em estacas de solo e em rochas húmidas em florestas sempre verdes e semi sempre verdes e também em paredes de lama em plantações e bermas de estradas.

Espécimes examinados: Sirimane, Kotegudda, Sujigudda.

Distribuição: Assam, Gauhati, Shillong, Pachmarhi, Kerala, Karnataka, Sri Lanka, Europa, Cuba, Brasil, Java, Singapura, Filipinas, Japão, Nova Zelândia, África e América.

***Pallavicinia* sp.**

Plantas verde-pálido-preto-esverdeadas, pequenas, flácidas, procumbentes, verde-acastanhadas; em manchas densas. Talo com até 2 cm de comprimento e 5 mm de largura, simples ou com ramificações que surgem do lado posterior; nervura mediana forte ventralmente, estreita; asa ondulada, ápice crispado, inteiro, células marginais mais estreitas, ápice lanceolado, linear, estreitado em direção ao ápice. Involucro espesso, curto, cilíndrico, 4-5 lóbulos ao meio, lóbulos longos laciniados. Perianto oblongo cilíndrico, boca pouco incisa, lobos laciniados. Dioico; Caliptra mais curta do que o perianto, anterídios linearmente dispostos ao longo da nervura central, bisseriados (Prato-11: Fig. e).

Habitat: Cresce em rochas cobertas de terra em associação com *Riccardia* sp. e *Heteroscyphus* spp.

Espécimes examinados: Balehonnuru, Kaimara, Kalasa, perto de Kudremukh, Bababudan giri, Mutthodi.

Família: Plagiochilaceae Müll. Frib. & Herzog

Esta família inclui oito géneros no mundo, dos quais cerca de quatro estão presentes na Índia. Entre eles, apenas um género *Plagiochila* ocorre na área de estudo.

Género: *Plagiochila* (Dumort.) Dumort. Recueil Observ. Jungerm. 14. 1835.

Neste género, encontram-se na área de estudo três espécies, nomeadamente *Plagiochila elegans, P. flexuosa* e uma espécie não identificada.

1 a. folhas imbricadas, ovado-oblongas ou ovadas, margem ventral fortemente ampliada ....
P. elegans

1 b. Folhas liguladas ou oblongas liguladas, frequentemente ligeiramente bilobadas
......................................***P. flexuosa***

1 c. folhas distantes, ovado-rectangulares, margem ventral arqueada .... ***Plagiochila* sp.**

Plagiochila elegans Mitt. J. Proc. Linn. Soc., Bot. 5: 97. 1861 (1860).

Habitat: Epífita e sobre ramos e galhos em shola, floresta perene e decídua húmida.

Espécimes examinados: Bababudan giri, Kemmannugundi.

Distribuição: Índia: Butão, Sikkim, Singalelah, Kurseog, Darjeeling, Ghoom, Tonglu, Bengala; Nepal, China, Taiwan.

Plagiochila flexuosa Mitt. J. Proc. Linn. Soc., Bot. 5: 94. 1861 (1860).

Habitat: Em troncos e ramos de árvores em florestas de folha caduca e húmidas.

Espécimes examinados: Bababudan giri, Mullaiyyana giri, Kemmannugundi.

Distribuição: Índia: Butão, Sikkim, Ghum, Senchal, Kurseong, Kudremukh, Bengala; Nepal, Sril Lanka, Japão, Tailândia, Taiwan.

***Plagiochila* sp.**

Plantas robustas, com 5-10 cm de comprimento, de cor verde escura a acastanhada, com muitos ramos laterais; folhas distantes, ovado-rectangulares, ligeiramente mais compridas do que largas, margem dorsal longa e decurrente, inteiras, raramente 1-3 dentadas, margem ventral arqueada; paredes celulares espessadas, trígonos pequenos; corpos oleosos 3-7 por célula; bráctea feminina semelhante a uma folha, mas maior do que as folhas, margem mais densamente dentada, ligeiramente inflada na base; perianto em forma de taça, boca bilabiada, lábios fortemente arqueados, densamente ciliados-dentados (Prato-11: Fig. g).

Habitat: Epífita e em pequenos ramos junto a musgos e hepáticas epífilas.

Espécimes examinados: Sirimane, Narasimha parvata, Meguru, Kalasa, Bababudan giri, Kemmannugundi.

Família: Porellaceae Cavers.

Esta família inclui três géneros, *nomeadamente, Asidiota, Macvicaria* e *Porella*. Dos quais apenas um género *Porella* está presente na Índia e também ocorre na área de estudo.

Género: *Porella* L. Sp. Pl. 2: 1106. 1753.

Neste género, encontram-se na área de estudo três espécies, nomeadamente *Porella acutifolia, P. campylophylla* e uma espécie não identificada.

Chave para as espécies

1 a. Folhas oblongo-ovadas ou oblongas, ápice da folha atenuado .... ***P. acutifolia***

1 b. Folhas ovadas a oblongo-ovadas, ápice da folha truncado .... ***P. campylophylla***

1 c. Folhas oblíquas, oblongas, ápice da folha largo e redondo .... ***Porella sp.***

Porella acutifolia (Lehm. & Lindenb.) Trevis. Mem. Reale I. Lombardo Sci., Ser. 3, Cl. Sci. Mat. 4: 408. 1877. (Placa-11: Fig. h).

Habitat: Corticícola; epífita em florestas sempre verdes.

Espécimes examinados: Kemmannugundi, Sujigudda, Sirimane.

Distribuição: Índia: Madras, Nilgiris, Anaimalai Hills; Sri Lanka, Indochina, Sumatra, Java, Celebes, Bornéu, Filipinas, Nova Guiné, Havai, Ryukyu, Japão.

Porella campylophylla (Lehm. & Lindenb.) Trevis. Mem. Reale 1. Lombardo Sci., Ser. 3, Cl. Sci. Mat. 4:408. 1877.

Habitat: Corticícola, rupícola; nos troncos das árvores e nas rochas em florestas de folha perene, florestas caducifólias húmidas e vegetações de shola. Encontra-se em árvores como *Hopea canarensis, H. ponga, Syzygium caryophyllatum, S.cumini*, etc.

Espécimes examinados: Kotegudda, Sujigudda, Babhruvahana kote, Kottigehara, Mutthodi.

Distribuição: Mussoorie, Mosy falls; Dalhousie, Kuseong, Shillong, Noroeste dos Himalaias, Butão, Uttarakhand, Arunachal Pradesh, Meghalaya, Darjeeling, Kumaon, Assam, Sikkim, Kerala, Tamil Nadu, Madurai, Shembaganur.

***Porella* sp.**

Plantas grandes, caule pinnadamente ramificado, 8-10 cm de comprimento; rizóides esparsos, em tufos perto das bases das folhas inferiores. Folhas não decurrentes, arredondadas, sem um dente, um pouco acima da base; base póstica não decurrente, folhas oblíquas, oblongas, com 1,5 mm de comprimento, cerca de 10 mm de largura, margem fina e irregularmente dentada, ápice largo e redondo, lóbulos foliares ligulados, base de ambos os lados com numerosos dentes longos e curtos, margens inteiras, muitas vezes obtusas. Ramos femininos curtos, laterais, com ou sem folhas (Prato-12: Fig. a).

Habitat: Corticícola e sobre rochas em florestas húmidas de folha caduca, florestas sempre verdes e vegetações de shola.

Espécimes examinados: Kotegudda, Meguru, Kalasa, Narasimha parvata, Sujigudda.

Nota: As caraterísticas morfológicas desta planta são semelhantes às de *Porella kashyapii* (R.Chopra) Kachroo, com exceção de algumas caraterísticas principais, *nomeadamente*, as folhas não são plano-dísticas e não existe qualquer apêndice minúsculo na base antical.

Família: Ricciaceae Rchb.

A família Ricciaceae inclui dois géneros, *Riccia* e *Ricciocarpos*, na Índia. Dos quais apenas um género, *Riccia*, ocorre na área de estudo.

Género: *Riccia* L. Sp. Pl. 2: 1138. 1753.

Neste género, encontram-se na área de estudo cinco espécies, nomeadamente *Riccia fluitans, R. frostii, R. gangetica, R. plana* e espécies não identificadas.

1 a. Talo robusto, sobreposto **2**

1 b. Talo flutuante .... ***R. fluitans***

2a. Talo geralmente cinzento-esverdeado, amontoado; várias vezes ramificado dicotomicamente, lóbulos obcuneados .... ***R. plana***

2b. Talo verde azulado, 1-3 vezes dicotomicamente ramificado, lóbulos lineares ou ovados .... ***R. gangetica***

2c. Talo verde a verde escuro ou verde azulado, 1-2 vezes ramificado dicotomicamente, lóbulos ovados-oblongos .... ***Riccia* sp.**

2d. Talo masculino rosado, rosetas femininas verde-escuras, rosetas perfeitas .... ***R. frostii***

Ricciafluitans L. Sp. Pl. 1139. 1753. (Placa-12: Fig. d).

Habitat: Esta espécie ocorre em duas formas, a forma flutuante com talo estreito e delicado e a forma terrestre com talo mais espesso e mais largo. Terrícola; em terrenos húmidos, perto de lagoas e riachos, no solo de florestas semiperenes. É comummente distribuída durante a estação das chuvas.

Espécimes examinados: Sirimane, Bababudan giri, Kemmannugundi.

Distribuição: Garhwal, Caxemira, Bombaim, Assam, Himalaias, Kumaon, Pachmarhi, Tamil

Nadu, Nilgiri, Chennai, Monte Abu, Himachal Pradesh, W. Ghats, Tirunelveli dist., Malásia, Taiwan, Coreia, Java, Nova Zelândia, Europa, Nepal, Japão, China e América do Sul e do Norte. *Riccia frostii* Austin. Bull. Torrey Bot. Club. 6:17. 1875. (Placa-12: Fig. e).

Habitat: Terrícola; é comummente encontrada durante a estação das chuvas em locais pantanosos, tijolos de pedras em locais húmidos e florestas semi-perenes.

Espécimes examinados: Kigga, Sujigudda, Bababudan giri, Mullaiyyana giri.

Distribuição: Cordilheira de Tholpetty, florestas de Kakkayam do distrito de Kozhikode, Tamil Nadu, Coimbatore, Caxemira, Guwahati, Lucknow, Gujarat, Allahabad, Bihar, Manipur, W. Bengal, margens do rio Godawari, Bangladesh, Paquistão, América do Norte e do Sul, Turquia, África e Europa. *Riccia gangetica* Ahmad. Curr. Sci.11: 433. 1942.

Habitat: Cresce em solos húmidos, sombrios ou expostos, sobre rochas e rochas submersas, geralmente associada a outras hepáticas e *Anthoceros* spp.

Espécimes examinados: Sujigudda, Bababudan giri, Mullaiyyana giri.

Distribuição: Índia: Uttar Pradesh, Aligarh, Unao, Spiti, Garhwal, Shilong, Pachmarhi, Saugar, Rajasthan, Lonavala, Khandala, Nilgiri; Java. *Ricciaplana* Taylor. London J. Bot. 5: 414. 1846.

Habitat: Cresce no solo com outros musgos *(Bryum* spp.) e hepáticas em prados e florestas sempre verdes.

Espécimes examinados: Bababudan giri, Narasimha parvata.

Distribuição: Índia: Abu, Rajasthan, Bhopal, Mangalore; África, Egito, Austrália, Ilhas Canárias.

Riccia sp.

Talo verde, geralmente em rosetas com 12-20 mm de diâmetro, até 8 mm de comprimento e 2-3 mm de largura, dicotomicamente ramificado, ápice emarginado ou truncado, células epidérmicas 5-7 anguladas, rotundas e puriformes; talo 2-5 vezes mais largo que alto; espaços aéreos em filas longitudinais, paredes separadoras geralmente com uma célula de espessura, espaços aéreos pequenos, oblíquos; escamas hialinas, evanescentes; rizóides lisos e tuberculados; esporos esféricos, castanhos (Prato-12: Fig. f).

Habitat: terrestres; em solo húmido e zonas sombrias de prados, florestas sempre verdes e em locais húmidos de plantações de Areca e Café.

Espécimes examinados: Sirimane, Sujigudda, Narasimha parvata, Kottigehara, Perto de Kudremukh, Bababudan giri, Kemmannugundi.

Família: Targioniaceae Dumort.

A família Targioniaceae inclui *Cyathodium* e *Targionia*, ambos os géneros ocorrem na área de estudo.

Chave para os géneros

1 a.Talo verde fluorescente, fino, não carnudo; câmaras de ar numa só camada .... *Cyathodium*

1 b.Talo esverdeado, espesso, carnudo; câmaras de ar distintas .... *Targionia*

Género: *Cyathodium* Kunze ex Lehm. Nov. Stirp. Pug. 6: 17. 1834.

Neste género, apenas uma espécie, nomeadamente *Cyathodium cavernarum*, é encontrada na área de estudo. ***Cyathodium cavernarum*** Kunze. Nov. Stirp. Pug.6:18. 1834. (Prato-9: Fig. h).

Habitat: Corticícola, rupícola, lenhícola, terricícola; é comum encontrar-se em zonas húmidas; na base de troncos de árvores, no solo, em rochas húmidas, em paredes de betão e lama, surpreendentemente em locais húmidos em florestas sempre verdes e semi sempre verdes. É comum encontrar-se em plantações de acaia e em ambientes domésticos durante a estação das chuvas.

Espécimes examinados: Kigga, Narasimha parvata, Kotegudda, Sujigudda, perto das cascatas de Sirimane, Kallathigiri, Kemmannugundi, Mutthodi, Bababudan giri, perto de Kudremukh, Kalasa, Kaimara, Balehonnuru, Kudregundi.

Distribuição: Kerala, Gujarat, Maharashtra, Madhya Pradesh, Rajasthan, Uttaranchal, Sikkim, Assam, Uttar Pradesh, West Bengal, Arunachal Pradesh, Meghalaya, Myanmar, Cuba, Java, México, África e América.

Género: *Targionia* L. Sp. Pl. 1136. 1753.

Neste género, apenas uma espécie, nomeadamente *Targionia hypophylla*, é encontrada na área de estudo.

Targionia hypophylla L. Sp. Pl. 1136. 1753. (Prato-12: Fig. h).

Habitat: Terrícola, rupícola; em estacas de solo e regiões húmidas e sombrias perto de bermas de estradas em florestas sempre verdes e semi sempre verdes. Associada a *Philonotis* spp., *Reboulia hemisphaerica, Fissidens* spp. etc.

Espécimes examinados: Kigga, Narasimha parvata, Nemmar, Sujigudda, Mutthodi, Mullaiyyana giri, Magundi, perto de Kudremukh.

Distribuição: Chennai, Kerala, Tamil Nadu, Karnataka, Mount Abu, West Himalaya, Mussoorie, Darjeeling, Meghalaya, Pachmarhi, Punjab, Rajasthan, Madhya Pradesh, Shimla, Sikkim, Chirapunji, Khasi hills, Himachal Pradesh. Japão, Coreia, China, Taiwan, Europa, Austrália e América do Norte e do Sul.

4.1.3. Classe 3: Anthocerotae (Hornworts)

Plantas talosas, dorsiventrais, lobadas, sem diferenciação interna dos tecidos, corpos oleosos presentes, rizóides lisos, esporogónio sem seta, com pé bulboso e meristema intercalar, cápsula cilíndrica a alongada.

De acordo com as hipóteses filogenéticas de classificação para anthocerotae (Hassel de Menendez, 1988; Hyvonen e Pippo, 1993; Hasegawa, 1994) reconhecem cinco a nove géneros. No total, foram nomeados 11 géneros de hornworts, dos quais apenas seis obtiveram amplo reconhecimento, *nomeadamente Anthoceros, Phaeoceros, Folioceros, Notothylas, Megaceros e Dendroceros* (Nair et al., 2005). *Anthoceros, Phaeoceros e Notothylas* foram recolhidos na área de estudo. O sistema de classificação de Hyvonen e Pippo (1993) foi seguido aqui.

Chave para as famílias

1a.Talo esponjoso com cavidades esquizógenas, células-jacaré do anterídio dispostas em 4 camadas; cápsula em posição dorsal, erecta, quase totalmente projectada para fora do involucro na maturidade; esporo de cor escura .... **Anthocerotaceae**.

1b.Talo compacto sem cavidades esquizógenas, células-jacaré do anterídio irregularmente dispostas; cápsula em posição marginal, horizontal, quase inteiramente encerrada no involucro até à maturidade; esporo de cor clara .... **Notothyladaceae**.

Família: Anthocerotaceae Dumort.

Dois géneros, *Anthoceros* e *Phaeoceros*, são encontrados na área de estudo.

Chave para os géneros

1a.Talo por vezes ramificado, esporos castanhos a castanho-escuros .... *Anthoceros*

1b.Talo frequentemente ramificado, esporos verde-amarelados .... *Phaeoceros*

Género: *Anthoceros* L. Sp. Pl. 1139. 1753.

Neste género, encontram-se duas espécies, *A. bharadwajii* e *A. crispulus*, na área de estudo.

Chave para as espécies

1a.Talo com lóbulos dissecados nas margens; esporos castanho-claro a castanho .... *A. bharadwajii*

1b.Talo com superfície dorsal crispada a lamelar; esporos castanho-escuros a pretos .... *A. crispulus*

Anthoceros bharadwajii Udar & A. K. Asthana. Proc. Indian Natl. Sci. Acad., B. Biological Sciences 51: 484. pl. 1: f 1-19; pl. 2: f 1-2. 1985. (Prato-13: Fig. a).

Habitat: Terrícola; no solo em florestas semi-verdes, estacas de terra em prados.

Espécimes examinados: Kigga, Kotegudda, Suji gudda, Kalasa, Magundi, Mutthodi, Khandya.

Distribuição: Endémica da Índia: Himalaias ocidentais (Nainital, Pauri), Himalaias orientais (Mao, Darjeeling, pico de Shillong) Sul da Índia (Trichur, Munnar, Devicolam e Murukkady) e Gujarat.

Anthoceros crispulus (Mont.) Douin. Rev. Bryol.32: 27. 1905. (Placa-13: Fig. b).

Habitat: Terrícola; no solo de florestas semi-verdes, em cortes de terra perto de plantações de café e em prados.

Espécimes examinados: Kigga, Suji gudda, Mutthodi, Bababudan giri, Kottigehara, Balehonnuru, Kaimara, Narasimha parvata.

Distribuição: Kodaikanal, Dodabetta, Ootacamund, Shembaganur, Himalaias ocidentais, Himalaias orientais, Kerala, Tamil Nadu, Khandala, Kodaikanal, Perumalmalai, Ooty, Naduvattam. Sri Lanka, Japão, Malásia, Coreia, Europa e Estados Unidos da América.

Género: *Phaeoceros* Prosk. Bull. Torrey Bot. Club 78: 346. 1951.

Neste género, encontram-se na área de estudo duas espécies, *Phaeoceros laevis* e uma espécie não identificada.

Chave para as espécies

1 a.Talo caduco, verde-amarelado; esporos verde-amarelados, pseudoelatérios amarelo-claro .... *P. laevis*

1 b.Talo monoico, verde pálido; esporos verde ....pálido   a amarelado, elatérios castanho claro ....*Phaeoceros* sp.

Phaeoceros laevis (L.) Prosk. Bull. Torrey Bot. Club 78: 347. 1951. (Prato-13: Fig. d).

Habitat: Terrícola; em zonas de solo e de estacas de solo, em rochas submersas em florestas semi-perenes e prados.

Espécimes examinados: Kigga, Narasimha parvata, Kotegudda, Bababudan giri, Meguru, Uluve, Kallathigiri.

Distribuição: Darjeeling, Sikkim oriental, Arunachal Pradesh, Meghalaya, Punjab, Rajasthan, Mahrashtra, Soojippara e Chembra hills, Tamil Nadu, Kerala, Karnataka, Himalaias orientais e ocidentais, Nilgiris, Ootacamund, Kodaikanal, W. Ghats, Shembaganur, Kanyakumari dist., Himachal Pradesh.

***Phaeoceros* sp.**

Talo monoico. Talo em forma de leque, geralmente com até 6 mm de comprimento e 4 mm de largura, no ápice com margem lisa e ondulada. Androceu disperso, pequeno, grosseiramente arredondado, geralmente 2-8 anteríadios por câmara androecial, expostos na maturidade. Camada epidérmica da parede da cápsula estomática com 3-4 estomas/mm2 com duas células-guarda rodeadas. Esporos de cor verde pálido a amarelado. Elatérios castanhos claros, de paredes finas, delgados, elatérios completos de 4 células, por vezes ramificados (Prato-13: Fig. e).

Habitat: Terrícola; em solo húmido ao longo de margens de riachos, ribeiros e áreas de cortes de solo em florestas semi-perenes, plantações de café e prados.

Espécimes examinados: Kigga, Narasimha parvata, Kotegudda, Kemmannugundi, Mudigere, Bababudangiri.

Família: Notothyladaceae Müll. Frib.

Esta é uma família monotípica com o género *Notothylas*.

Género: *Notothylas* Sull. Amer. J. Sci. Arts 51: 74. 1846.

Apenas uma espécie não identificada é encontrada na área de estudo.

***Notothylas* sp.**

Plantas verde-escuras, prostradas com margens ligeiramente ascendentes, formando rosetas orbiculares-suborbiculares, repetidamente lobadas, lóbulos estreito-laciniados, de 10-3 x 7-10 mm de dimensão, compactos, ecostados, lisos na face dorsal ou raramente lamelados. O esporófito nasce nos seios entre os lóbulos. Monoico e estritamente protândrico. Esporogónios com 4 - 4,5 mm de comprimento, de cor negra e com o ápice obtuso. Columela bem desenvolvida (Prato-13: Fig. c).

Habitat: Os talos crescem em solo húmido, bem como em leitos de chão nos jardins associados às espécies de musgo.

Espécimes examinados: Mudigere, Kigga, Bababudangiri e Kemmannugundi.

Quadro 4.1. Documentação e distribuição de briófitas em sete taluks do distrito de Chikkamagaluru, Karnataka 2012 a 2014

SI. Não.	Nome da espécie	Abbr.	Família	Taluques						
				(KM	KDR	KPA	ODM	NRP	SRG	TRK
Hornworts										
1	*Anthoceros bharadwajii*	ANBH	Anthocerotaceae	+			++		+	
2	*Anthoceros crispidus*	ANCR	Anthocerotaceae	+			+	++	+	
3	*Notothylas* sp.	NOSP	Notothyladaceae	+					+	+
4	*Phaeoceros laevis*	PHLA	Anthocerotaceae	++		++			++	++
5	*Phaeoceros* sp.	PHSP	Anthocerotaceae	+			++		+	++
Hepáticas										
6	*Asterella khasiana*	ASKH	Aytoniaceae	++	++	++	++	++	++	++
7	*Asterella wallichiana*	ASWA	Aytoniaceae	++	++	++	+++	+++	+++	++
8	*Chiloscyphus* sp.	CHSP	Lophocoleaceae	+		++	++		++	

9	*Cololejeunea oppressa*	COAP	Lejeuneaceae	+++		++	+++	++	+++	+++
10	*Cololejeunea mizutaniana*	COMI	Lejeuneaceae			++	++	++	++	+
11	*Cololejeunea* sp.	COSP	Lejeuneaceae	+					+	+
12	*Cyathodium cavernarum*	CYCA	Targioniaceae	+++		++	++	+++	+++	++
13	*Dumortiera hirsuta*	DUHI	Marchantiaceae	+					++	+
14	*Fossombronia indica*	FOIN	Fossombroniaceae	++		+++	++	++	+++	+++
15	*Heteroscyphus argutus*	OUVIR	Lophocoleaceae	+			+		++	++
16	*Heteroscyphus coalitus*	HECO	Lophocoleaceae	+			+		+	
17	*Heteroscyphus* sp.	HESP	Lophocoleaceae	+			+		+	
18	*Jungermannia macrocarpa*	JUMA	Jungermanniaceae	++	++		++	++	++	
19	*Jungermannia* sp.	JUSP	Jungermanniaceae	++		+++	++		++	
20	*Lejeunea flava*	LEFL	Lejeuneaceae	++					++	+++
21	*Lejeunea sp.*	LESP	Lejeuneaceae	++		++	+++	++	+++	+++
22	*Lejeunea stevensiana*	LESTE	Lejeuneaceae			++	+++			
23	*Lopholejeunea* sp.	LOSP	Lejeuneaceae						+++	
24	*Lopholejeunea subfusca*	LOSU	Lejeuneaceae	++	++	+++	++	++	+++	++
25	*Metzgeria decipiens*	MEDE	Metzgeriaceae	+						+
26	*Metzgeria sp.*	MESP	Metzgeriaceae	++						+
27	*Pallavicinia lyellii*	PALHA	Pallaviciniaceae	++		++		+	++	
28	*Pallavicinia sp.*	PASP	Pallaviciniaceae	++			++	++		
29	*Plagiochasma appendiculatum*	PLAP	Aytoniaceae	+			+			+
30	*Plagiochila elegans*	SOLICITAR	Plagiochilaceae	+						+
31	*Plagiochila flexuosa*	PLFL	Plagiochilaceae	+						+
32	*Plagiochila sp.*	PGSP	Plagiochilaceae	++		++	++		++	++
33	*Porella acutifolia*	POAC	Porellaceae						+	+

Nº		Código	Família							
34	*Porella campylophylla*	POCA	Porellaceae	+			++		++	
35	*Porella sp.*	DERP	Porellaceae			++	++		++	
36	*Rebonlia hemisphaerica*	REHE	Aytoniaceae	++	++	+++	++	++	++	
37	*Riccardia levieri*	RILE	Aneuraceae	+			+		+	+
38	*Riccardia multifida*	RIMU	Aneuraceae				++		++	
39	*Riccia fluitans*	RIFE	Ricciaceae	+					+	+
40	*Riccia frostii*	RIFR	Ricciaceae	+					+	
41	*Riccia gangetica*	RIGA	Ricciaceae	+					+	
42	*Riccia plana*	RIPE	Ricciaceae	+					+	
43	*Riccia sp.*	RISP	Ricciaceae	++			++		++	+
44	*Solenostoma sp.*	SOSP	Jungermanniaceae				++	++	++	
45	*Abeto e, portanto, semirepandus*	SPSE	Lejeuneaceae			+ +	++		++	
46	*Targionia hypophylla*	TAHY	Targioniaceae	+			++		+	
Musgos										
47	*Aerobryidium filamentosum*	AEFI	Meteoriaceae	+					+	
48	*Aerobryopsis longissima*	AELO	Meteoriaceae	++		+++	+		+++	+
49	*Aerobryopsis wallichii*	AEWA	Meteoriaceae	++	++	++	+++	++	+++	++
50	*Barbilla indica*	BAIN	Pottiaceae	++		+	+		+	
51	*Brachythecium buchananii*	BRBU	Brachytheciaceae	++			+		++	+
52	*Brynm argenteum*	BRAR	Bryaceae	++		+++	++	++	+++	++
53	*Brynm capillare*	BRCA	Briáceas	++			+		+	
54	*Bílis celular*	BRCE	Briáceas	++		++	++		++	++
55	*Coroação de Brynm*	BRCO	Bryaceae	++	+	++	++	++	++	+
56	*Brynm plumosum*	BRPL	Briáceas	++	++	+++	++	+++	+++	+++
57	*Brynm pseudotriquetrum*	BRPS	Bryaceae	++	+	++	++	++	+++	++
58	*Brynm wightii*	BRWI	Briáceas	++	+	+++	++	++	+++	++
59	*Calymperes*	CAAF	Calymperaceae	+			++	++	+	

	afzelii									
60	*Calymperes erosum*	CAER	Calymperaceae				++	++	++	
61	*Calyptothecium recurvulum*	CUIDADO	Pterobryaceae	+		++	++	++	++	+
62	*Calyptothecium sp.*	CASP	Pterobryaceae	++++	++	+++	+++	+++	++++	+++
63	*Calyptothecium wightii*	CAWI	Pterobryaceae	+			+		+	
64	*Campylopus ericoides*	CMER	Dicranaceae	+			++		+	+
65	*Campylopus flexuosus*	CMFL	Dicranaceae	+++		+++	+++	++	+++	+++
66	*Campylopus schmidii*	CMSC	Dicranaceae	+++		++			++	+
67	*Entodon flavescens*	ENFL	Entodontáceas	+			+		++	++
68	*Entodon plicatus*	ENPL	Entodontáceas	+		+++			++	++
69	*Entodontopsis wightii*	ENWI	Stereophyllaceae				+			
70	*Erythrodontium julaceum*	ERJU	Entodontáceas	+					++	+
71	*Fissidens asperisetus*	FIAS	Fissidentáceas	++		++	++		++	
72	*Fissidens bryoides*	FIBR	Fissidentáceas	++		++	++		++	
73	*Fissidens ceylonensis*	FICE	Fissidentáceas	+++	++	+++	++	++	+++	++
74	*Fissidens crenulatus*	FICR	Fissidentáceas	+			++		+++	+
75	*Fissidens crispulus*	FICS	Fissidentáceas	++		++	+++	++		
76	*Fissidens sp.*	FISP	Fissidentáceas	+++	++	++	+++	+++	+++	+++
77	*Fissidens zollingeri*	FIZO	Fissidentáceas				++	++		
78	*Floribundaria floribunda*	FLFL	Meteoriaceae				++		++	
79	*Floribundaria walkeri*	FLWA	Meteoriaceae	++	++	+++	++	++	+++	+++
80	*Funaria hygrometrica*	FUHY	Funariaceae	++		++	++		++	++
81	*Garckea abbreviata*	GAAB	Ditrichaceae	+			++		+	+
82	*Garckea flexuosa*	GAFL	Ditrichaceae	+++	++	++	++	++	+++	+++

No	Species	Code	Family							
83	*Himantocladium plumilla*	HIPL	Neckeraceae	+					+	+
84	*Hymenostomum edentulum*	HYED	Pottiaceae	+					+	+
85	*Hyophila involuta*	HYIN	Pottiaceae	++		+++	++	+++	++	++
86	*Hyophila nymaniana*	HYNY	Pottiaceae	+					+	
87	*Hyophila sp.*	HYSP	Pottiaceae	++					+	
88	*Isopterygium albescens*	ISAL	Hypnaceae			+++	++	++	++	
89	*Isopterygium sp.*	ISSP	Hypnaceae	+++	++	+++	+++	++	+++	+++
90	*Macromitrhim moorcroftii*	MAMO	Orthotrichaceae	+++	+++	++++	++	++	+++	++
91	*Macromitrium sulcatum*	MASU	Orthotrichaceae	+++	+++	++++	+++	+++	++++	+++
92	*Macrothamniiim macrocarptim*	MAMA	Hylocomiaceae				++		++	
93	*Meteoriopsis reclinata*	MERE	Meteoriaceae	++	++	+++	+++	++	+++	++
94	*Meteoriopsis squarrosa*	MESQ	Meteoriaceae	+++	+++	++++	+++	+++	++++	+++
95	*Mninm sp.*	MNSP	Mniaceae			+++	+++		++	
96	*Neckeropsis lepineana*	NELE	Neckeraceae	+					+	+
97	*Octoblefanim albidum*	OCAL	Octoblepharaceae	++		++			+	+
98	*Papillaria crocea*	PACR	Meteoriaceae	+			+		++	
99	*Papillaria sp.*	PPSP	Meteoriaceae	+					+	
100	*Philonotis fontana*	PHFO	Bartramiaceae	+		++	++		++	
101	*Philonotis hastata*	PHHA	Bartramiaceae	++	++	+++	++	+++	++	++
102	*Ila sp. pinada*	PISP	Neckeraceae	+					+	+
103	*Pogonatum microstormim*	POMI	Polytrichaceae	++		++	++		+++	++
104	*Pogonatum sp.*	POSP	Polytrichaceae	++		+++	++		++	++
105	*Pierobryopsis orientalis*	PTOR	Pterobryaceae	+		+++			+++	
106	*Pierobryopsis sp.*	PTSP	Pterobryaceae	+					+	
107	*Rhynchostegium herbacetim*	RHHE	Brachytheciaceae	++++	++	+++	++	+++	++++	+++

108	*Taxiphyllum taxirameum*	TATA	Hypnaceae				++			
109	*Thiiidhim pristocalyx*	THPR	Thuidiaceae	+					+	
110	*Thiiidhim* sp.	THSP	Thuidiaceae			+++	+++			
111	*Thiiidhim tamariscellum*	THUT	Thuidiaceae	+		++				+
112	*Trachypodopsis serrulata*	TRSE	Trachypodaceae	++		++	++	++	++	++
113	*Trachypus bicolor*	TRBI	Trachypodaceae						+	
114	*Trichosteleum monostictum*	TRMO	Sematophyllaceae	++		++			++	
115	*Vesicularia reticulata*	VERE	Hypnaceae			+++	+++		++	

Nota: "+" - Presente (< 20 colónias), "++" - Moderado (21 - 100 colónias), "+++" - Elevado (101 - 250 colónias), "++++" - Muito elevado (251 colónias e <).

Tabela 4.2. Distribuição de briófitas em dez tipos de vegetação do distrito de Chikkamagaluru

Abbr.	ACP	ARP	PCP	EVG	GRL	SCR	DDF	MDF	SLH	TKP
AELO	-	-	-	++	-	-	++	-	-	-
AEWA	-	-	-	+++	-	-	+	+++	-	-
ANBH	-	-	-	-	+	-	-	-	-	-
ANCR	-	-	+	-	+	-	-	-	-	-
ASKH	+	+	+	-	-	+++	-	++	-	-
ASWA	+	++	+	-	-	+	+	+++	-	+
BAIN	-	-	-	-	+	-	-	-	-	-
BRAR	-	+	+	-	+++	+	-	-	-	-
BRBU	-	-	-	++	-	-	-	-	-	-
BRCA	-	-	-	-	+	-	-	-	-	-
BRCE	-	-	-	-	++	-	-	-	-	-
BRCO	++	+	+	-	-	-	-	+	-	-
BRPL	++	++	+	+++	+	-	++	+++	-	-
BRPS	-	++	+	-	+++	-	-	-	-	-
BRWI	++	++	-	-	++	++	-	-	++	-
CAAF	-	-	+	-	-	-	-	-	-	-
CAEI	-	-	-	-	++	-	-	-	-	-
CAER	-	+	+	-	-	-	-	-	-	-
CAFL	-	-	-	+++	+++	-	-	++	++	-
CUIDADO	-	-	-	+++	-	-	-	+++	-	-
CASC	-	-	-	++	-	++	-	-	-	-

CASP	+++	++	-	+++	+	+++	-	+++	+++	-
CAWI	-	-	-	-	-	-	+	++	-	-
CHSP	-	-	-	++	-	-	-	-	-	-
COAP	-	-	-	++	-	-	-	++	-	-
COMI	-	-	-	+++	-	-	-	-	-	-
COSP	-	-	-	++	-	-	-	+++	-	-
CYCA	++	++	+	+++	-	-	-	-	-	++
DUHI	-	+	-	-	-	-	-	-	-	-
ENFL	-	-	-	++	-	-	-	-	-	-
ENPL	-	-	-	++	-	-	++	-	-	-
ERSP	-	-	-	-	-	-	-	-	+	-
FIAS	+	-	-	++	-	+	++	-	-	+
FIBR	+	+	-	++	+	-	-	-	-	++
FICE	+	+	-	++	+	+++	+	+++	-	-
FICR	-	-	-	++	+	-	-	-	-	-
FICS	++	+	+	+++	-	-	-	-	-	++
FISP	++	+	++	+++	+	+++	++	-	-	++
FIZO	-	-	+	-	+	-	-	-	-	-
FLFL	-	-	-	-	+	-	-	-	++	-
FLWA	++	+	-	++	+	+++	-	++	-	+
FOIN	-	+	++	-	+++	+	-	-	-	-
FUHY	-	-	-	-	+++	-	-	-	-	-
GAAB	-	-	-	-	+	-	-	-	-	-
GAFL	-	-	-	++	+++	-	+	+++	++	-
HESP	-	-	-	++	-	-	-	-	-	-
HYIN	++	++	-	-	++	-	-	-	-	-
HYSP	-	-	-	-	+	-	-	-	-	-
ISAL	++	+	-	++	-	-	+	-	-	-
ISSP	-	-	-	+++	-	-	++	+++	-	-
JUMA	-	+	+	-	-	-	+	+++	-	-
JUSP	-	-	-	-	+	++	++	-	-	-
LEFL	-	-	-	+++	-	-	-	++	+	-
LESP	-	-	-	+++	-	-	-	++	++	-
LOSP	-	-	-	-	-	-	-	-	++	-
LOSU	++	++	+	+	+	+++	-	-	-	-
MAMA	-	-	-	-	+	-	-	-	++	-
MAMO	++	+	-	+++	+	+++	+++	-	++	-
MASU	++	+	-	+++	++	+++	++	+++	-	-

MERE	-	-	+	+++	-	-	+	+++	-	-
MESP	-	-	-	-	+	-	-	-	-	-
MESQ	++	++	++	+++	-	+++	+++	+++	++	-
MNSP	-	-	-	+++	-	-	++	-	-	-
OCAL	-	-	-	-	-	-	++	+	-	-
PACR	-	-	-	+	-	-	-	-	-	-
PALHA	-	+	-	-	+	-	++	++	-	-
PASP	-	-	+	-	++	-	-	+	-	-
PHFO	-	+	-	-	+	-	+	-	-	-
PHHA	++	+	+	-	+	+++	++	++	-	+
PHLA	-	+	-	-	++	-	-	-	-	-
PHSP	-	-	+	-	++	-	-	-	-	-
PLSP	-	-	-	-	++	-	-	-	-	-
POAC	-	-	-	++	-	-	-	-	-	-
POAL	-	-	-	-	++	-	-	-	-	-
POCA	-	-	-	++	-	-	-	+	-	-
POMI	-	-	-	-	+++	+	-	++	-	-
POSP	-	-	-	++	-	-	-	-	-	-
PTOR	-	-	-	++	-	-	++	-	++	-
REHE	++	+	-	-	-	++	+	++	-	-
RHHE	-	-	-	+++	-	-	+++	+++	-	-
RIMU	-	+	-	-	-	-	-	++	-	-
RISP	-	+	+	-	+	-	-	-	-	+
SOSP	-	+	+	-	-	-	-	-	-	-
SPSE	-	-	-	++	+	-	-	-	-	-
TAHY	-	-	-	-	+	-	-	-	-	-
TATA	-	-	-	-	+	-	-	-	-	-
THPR	-	-	-	+++	-	-	-	-	-	-
THSP	-	-	-	++	-	-	-	-	-	-
THTA	-	-	-	++	-	-	-	-	-	-
TRMO	-	-	-	-	-	++	-	-	++	-
TRSE	-	-	-	+	-	-	-	+++	-	-
VERE	-	-	-	+++	-	-	-	-	-	-

Nota: "+" - Presente (1-20 colónias), "++" - Moderado (21-100 colónias), "+++" - Elevado (101 e < colónias), "-"- Ausente.

Abreviatura	Madeira morta	Folha	Pedra	Solo	Madeira
AELO	+	-	+	-	++
AEWA	+	-	-	-	+++
ANBH	-	-	-	+	-
ANCR	-	-	-	+	-
ASKH	-	-	-	+++	-
ASWA	-	-	-	+++	-
BAIN	-	-	-	+	-
BRAR	-	-	+	+++	-
BRBU	+	-	-	-	+
BRCA	-	-	-	+	-
BRCE	-	-	-	++	-
BRCO	-	-	++	+	-
BRPL	-	-	-	+++	+++
BRPS	-	-	-	-	+++
BRWI	-	-	-	-	+++
CAAF	-	-	-	-	+
CAEI	-	-	-	-	+
CAER	-	-	-	-	+
CAFL	+	-	+++	-	+++
CUIDADO	+	-	+	-	+++
CASC	+	-	-	-	++
CASP	++	-	++	-	+++
CAWI	+	-	-	-	++
CHSP	-	++	-	-	-
COAP	-	++	-	-	-
COMI	-	+++	-	-	-
COSP	-	+++	-	-	-
CYCA	-	-	+++	+++	+
DUHI	-	-	-	+	-
ENFL	-	-	-	-	+
ENPL	-	-	-	-	++
ERSP	-	-	-	-	+
FIAS	-	-	+	+++	+
FIBR	+	-	+	++	+
FICE	-	-	++	+++	+
FICR	-	-	+	+	+

FICS	++	-	+	+	++
FISP	-	-	+	+++	+++
FIZO	-	-	-	+	-
FLFL	-	-	-	-	+
FLWA	-	-	-	+	+++
FOIN	-	-	+	+++	-
FUHY	-	-	-	+++	-
GAAB	-	-	-	+	+
GAFL	+	-	+++	++	+++
HESP	-	+	-	-	-
HYIN	-	-	+++	++	-
HYSP	-	-	+	-	-
ISAL	-	-	+	-	+++
ISSP	+	-	+	-	+++
JUMA	-	-	-	+++	-
JUSP	-	-	-	+++	-
LEFL	-	+++	-	-	+
LESP	-	+++	-	-	+
LOSP	-	-	+	-	+
LOSU	-	+	-	+++	+
MAMA	-	-	-	-	++
MAMO	++	-	+	-	+++
MASU	+++	-	+	-	+++
MERE	+	-	-	-	+++
MESP	-	-	-	-	+
MESQ	+++	-	++	+	+++
MNSP	+	-	-	-	+++
OCAL	-	-	-	-	+
PACR	-	-	-	-	+
PALHA	-	-	-	++	-
PASP	-	-	-	++	-
PHFO	-	-	-	+	-
PHHA	-	-	-	+++	++
PHLA	-	-	-	++	-
PHSP	-	-	-	+	-
PLSP	-	-	-	++	-
POAC	-	-	-	-	+
POAL	-	-	-	+++	-

POCA	-	-	-	-	+
POMI	-	-	-	+++	-
POSP	-	-	-	-	++
PTOR	+	-	+	-	+++
REHE	-	-	-	+++	-
RHHE	+++	-	-	-	+++
RIMU	-	-	-	+	-
RISP	-	-	-	+	-
SOSP	-	-	-	+	-
SPSE	-	-	-	+	+
TAHY	-	-	-	+	-
TATA	-	-	+	-	-
THPR	+++	-	-	-	+
THSP	+	-	-	-	-
THTA	-	-	-	-	+
TRMO	+	-	-	-	++
TRSE	-	-	-	-	+++
VERE	-	-	-	-	+++

Nota: "+" - presente (1-50 colónias), "++" - moderado (51- 100), "+++" - elevado (101 e <), "-"- ausente.

Plate - 3

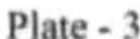

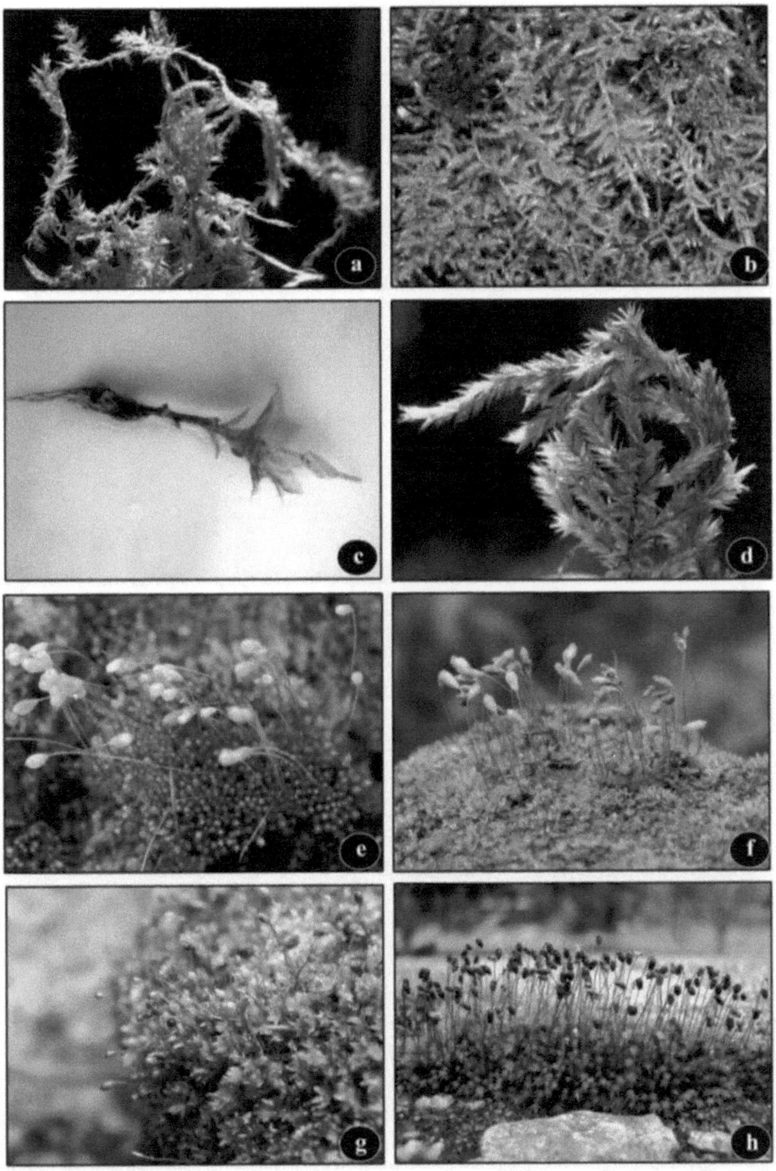

Fig. a. *Aerobryopsis longissima*; b. *Aerobryopsis wallichii*; c. *Barbula indica*; d. *Brachythecium buchananii*; e. *Bryum argenteum*; f. *Bryum capillare*; g. *Bryum cellulare*; h. *Bryum coronatum*.

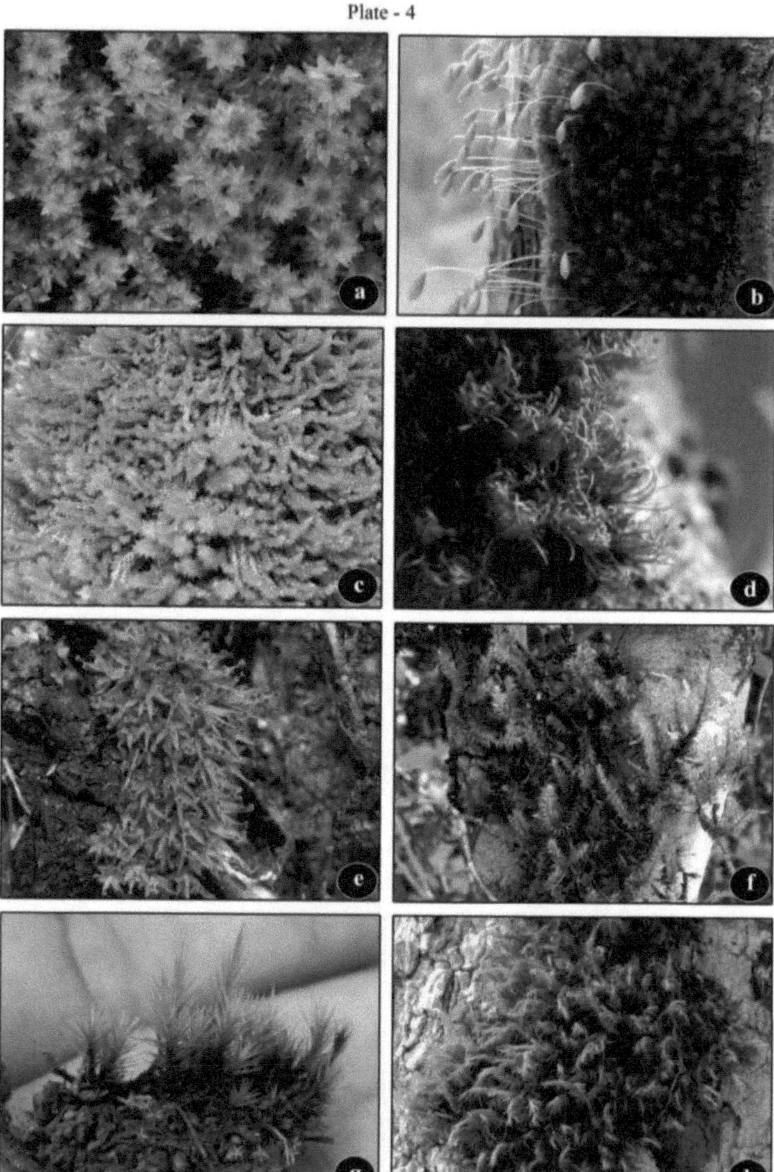

Plate - 4

Fig. a. *Bryum plumosum*; b. *Bryum pseudotriquetrum*; c. *Bryum wightii*; d. *Calymperes afzelii*; e. *Calymperes erosum*; f. *Calyptothecium recurvulum*; g. *Campylopus ericoides*; h. *Campylopus flexuosus*.

Plate - 5

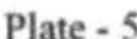

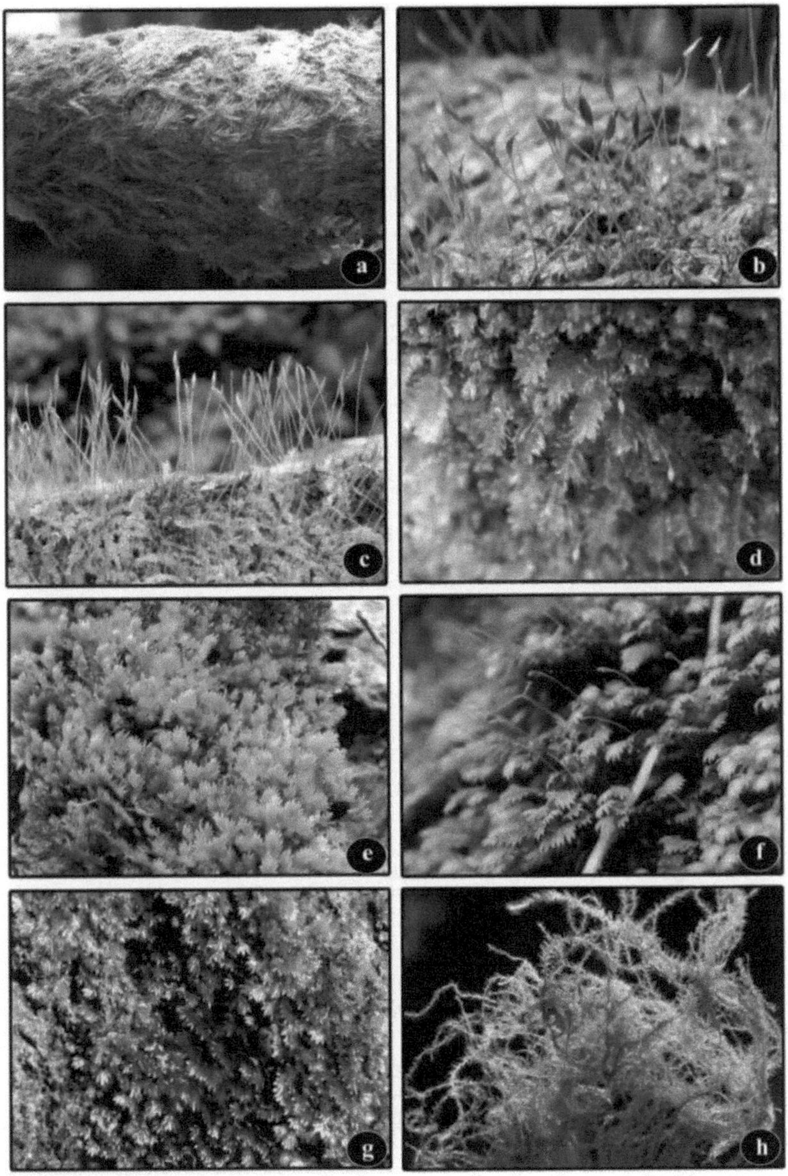

Fig. a. *Campylopus schmidii*; b. *Entodon flavescens*; c. *Entodon plicatus*; d. *Fissidens asperisetus*; e. *Fissidens ceylonensis*; f. *Fissidens crenulatus*; g. *Fissidens zollingeri*; h. *Floribundaria floribunda*.

Plate - 6

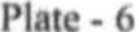

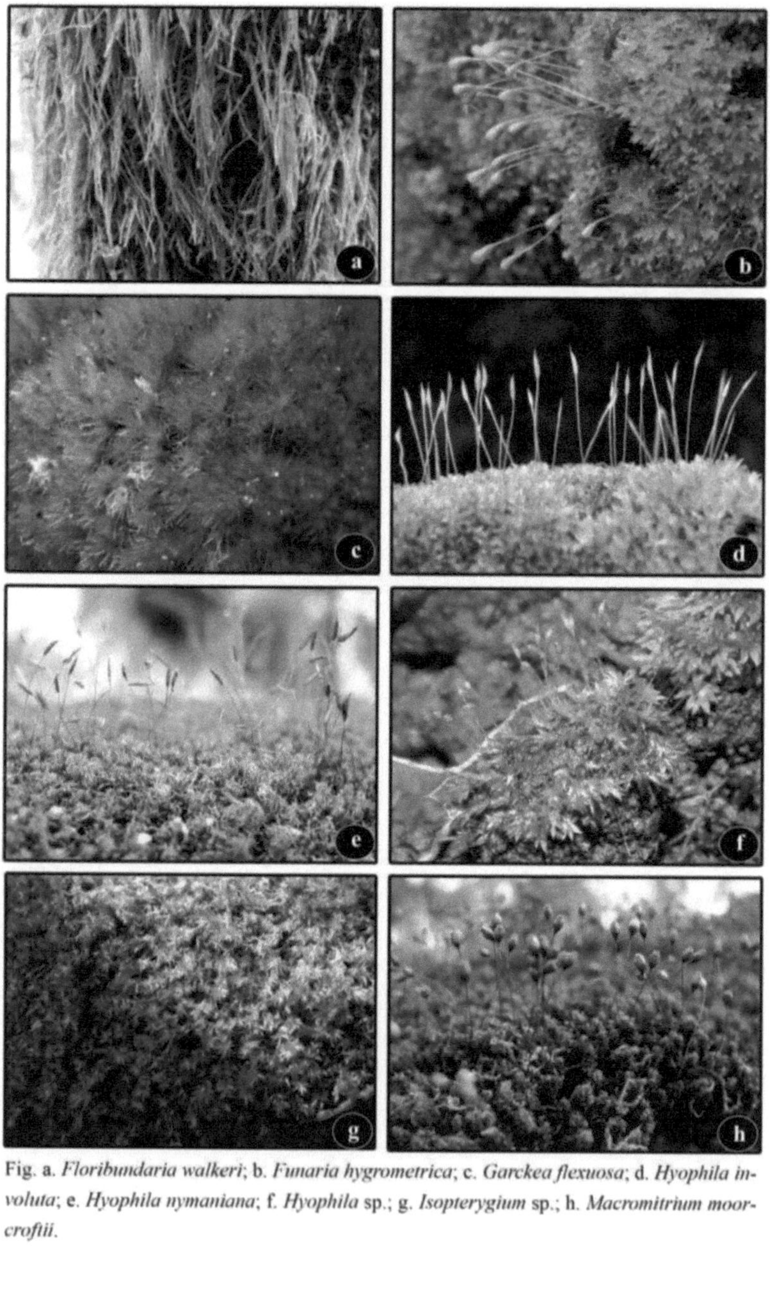

Fig. a. *Floribundaria walkeri*; b. *Funaria hygrometrica*; c. *Garckea flexuosa*; d. *Hyophila involuta*; e. *Hyophila nymaniana*; f. *Hyophila* sp.; g. *Isopterygium* sp.; h. *Macromitrium moorcroftii*.

Plate - 7

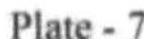

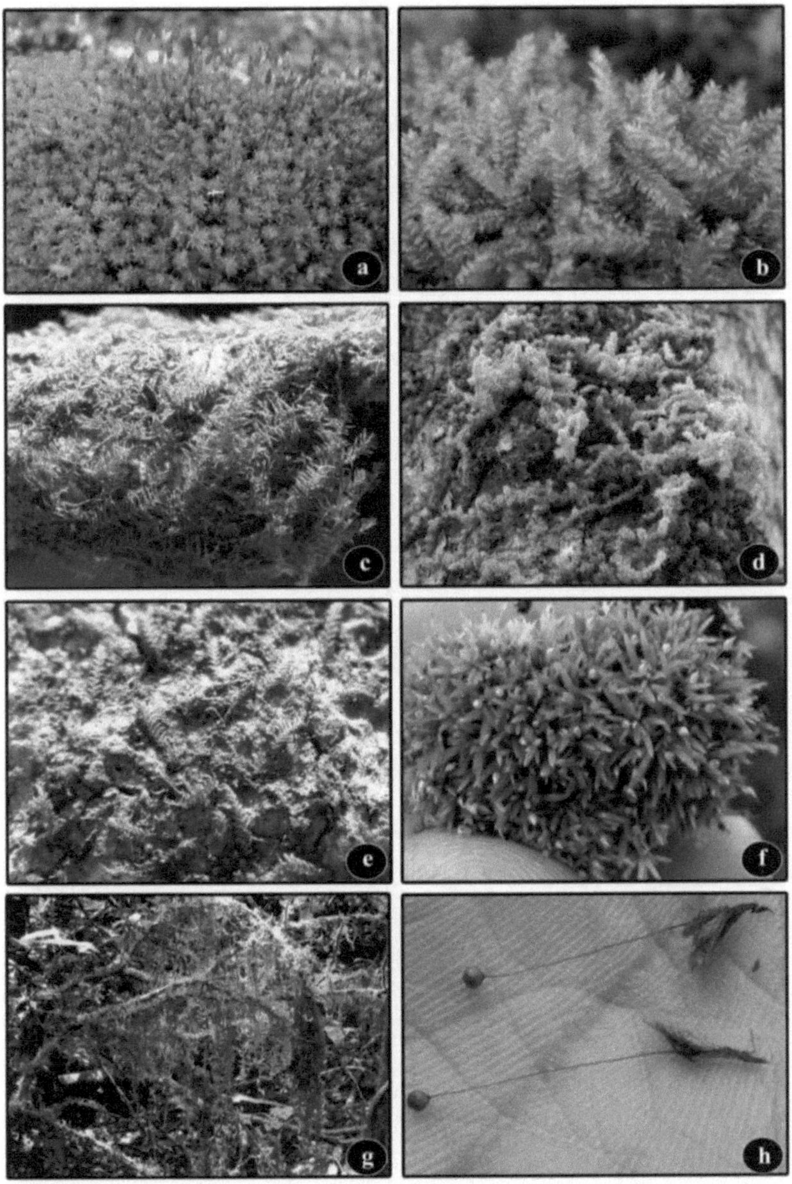

Fig. a. *Macromitrium sulcatum*; b. *Macrothamnium macrocarpum*; c. *Meteoriopsis reclinata*; d. *Meteoriopsis squarrosa*; e. *Mnium* sp.; f. *Octoblepharum albidum*; g. *Papillaria* sp.; h. *Philonotis fontana*.

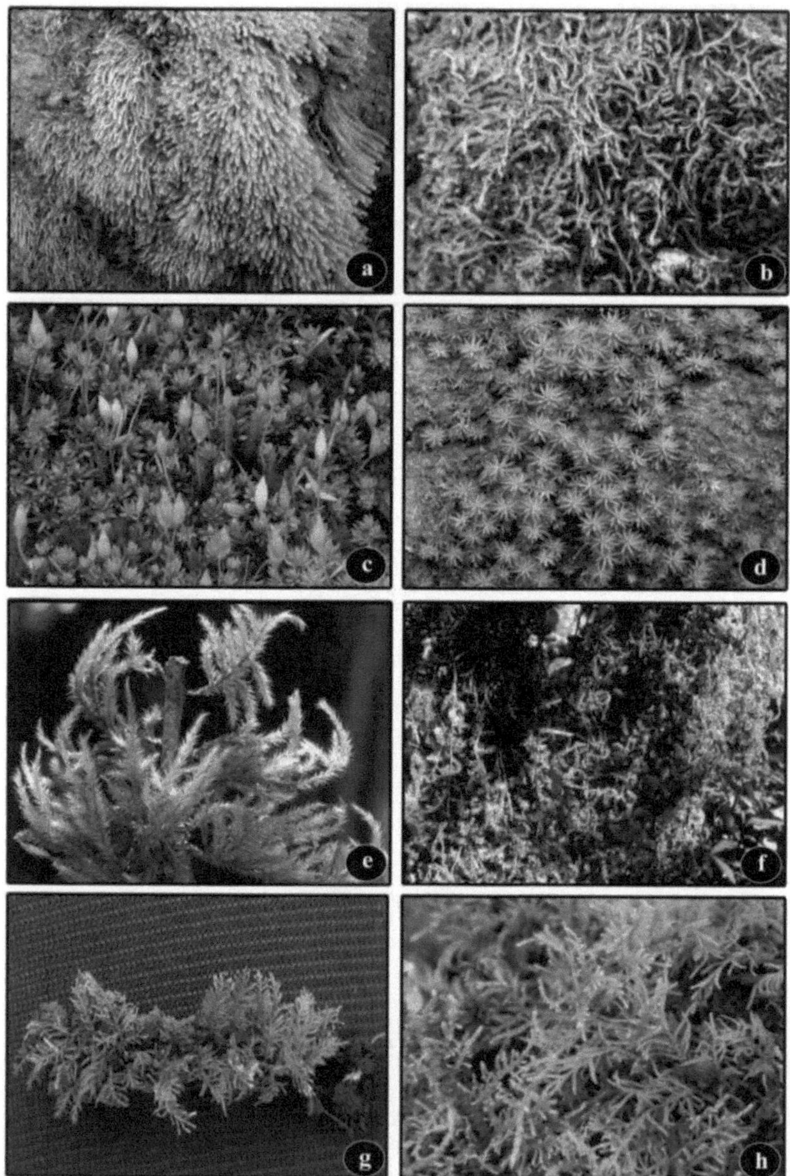

Fig. a. *Philonotis hastata*; b. *Pinnatella* sp.; c. *Pogonatum microstomum;* d. *Pogonatum* sp.; e. *Pterobryopsis* sp.; f. *Rhynchostegium herbaceum*; g. *Thuidium pristocalyx*; h. *Thuidium* sp.

Plate - 9

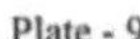

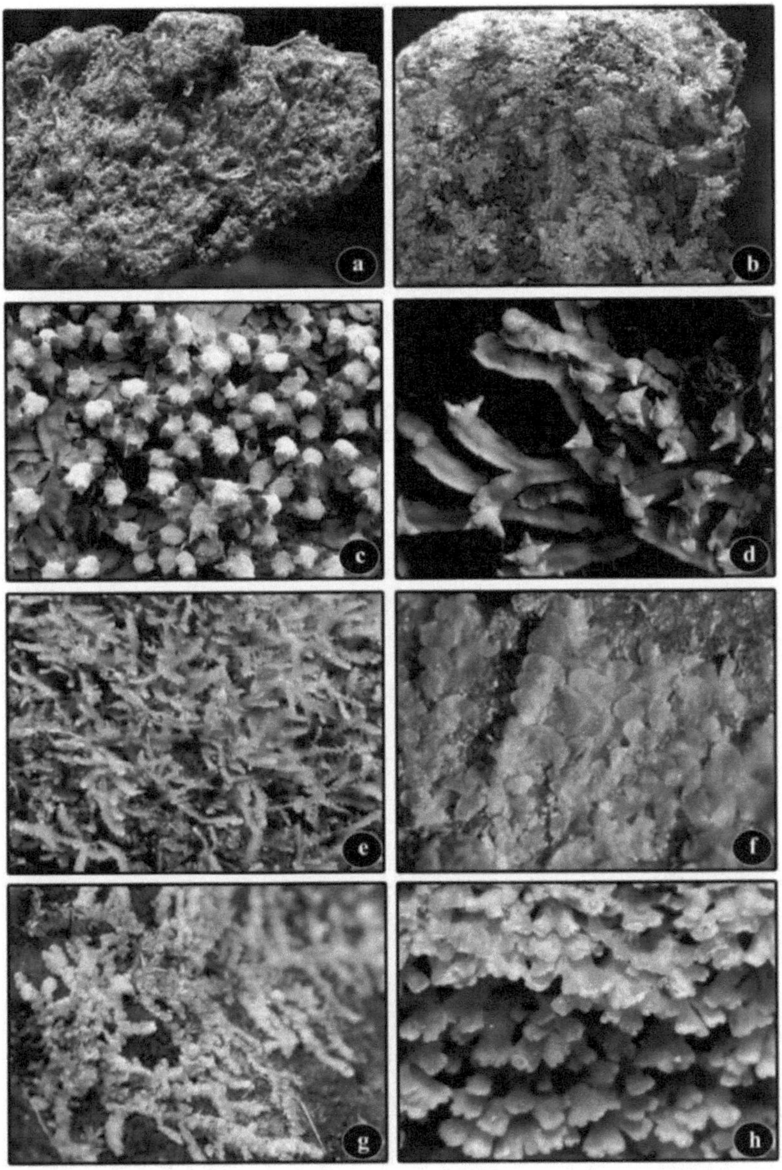

Fig. a. *Trichosteleum monostictum*; b. *Vesicularia reticulata*; c. *Asterella khasiana*; d. *Asterella wallichiana*; e. *Chiloscyphus* sp.; f. *Cololejeunea appressa*; g. *Cololejeunea* sp.; h. *Cyathodium cavernarum*.

Plate - 10

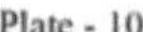

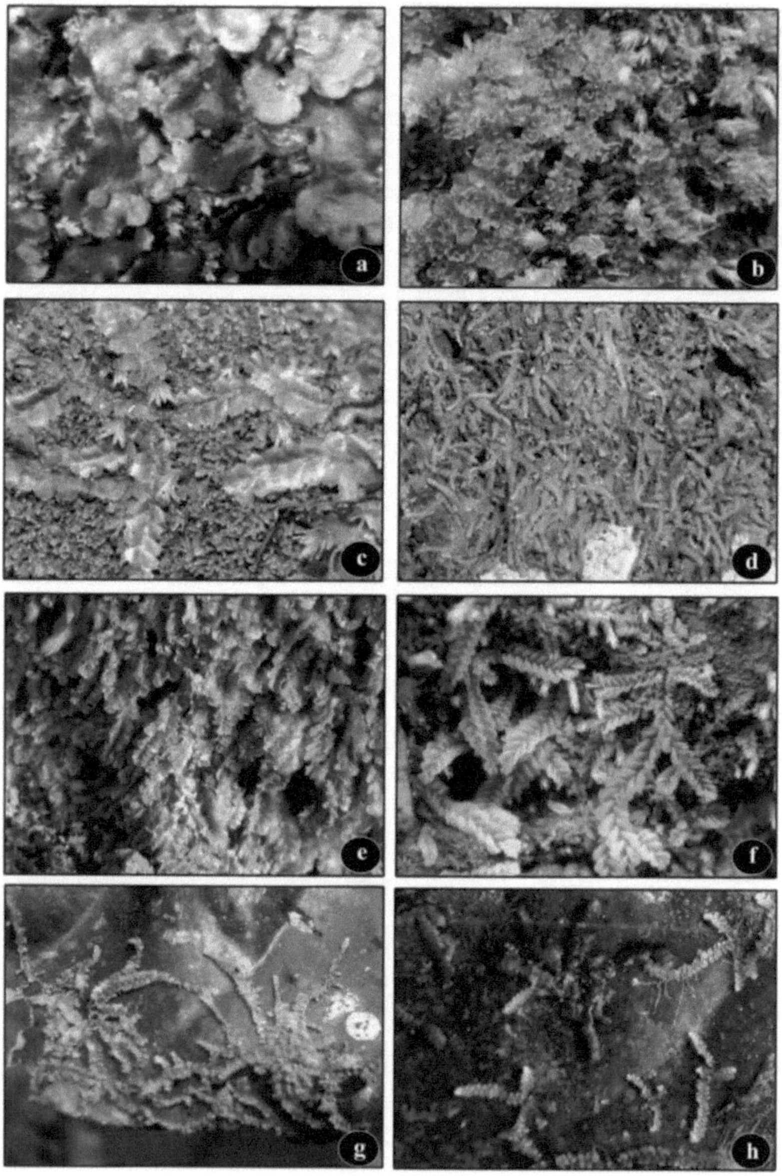

Fig. a. *Dumortiera hirsuta*; b. *Fossombronia indica*; c. *Heteroscyphus coalitus*; d. *Heteroscyphus* sp.; e. *Jungermannia macrocarpa*; f. *Jungermannia* sp.; g. *Lejeunea flava*; h. *Lejeunea* sp.

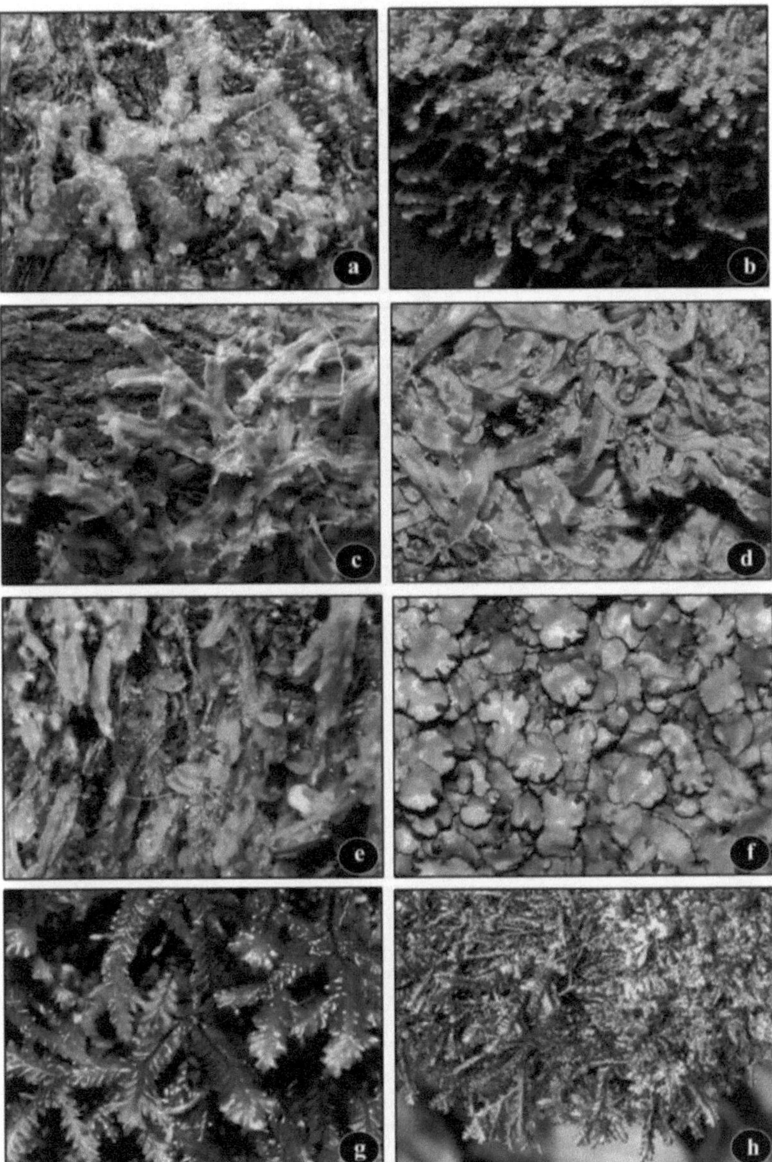

Fig. a. *Lopholejeunea subfusca*; b. *Lopholejeunea* sp.; c. *Metzgeria decipiens*; d. *Pallavicinia lyellii*; e. *Pallavicinia* sp.; f. *Plagiochasma appendiculatum*; g. *Plagiochila* sp.; h. *Porella acutifolia*.

Plate - 12

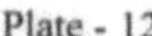

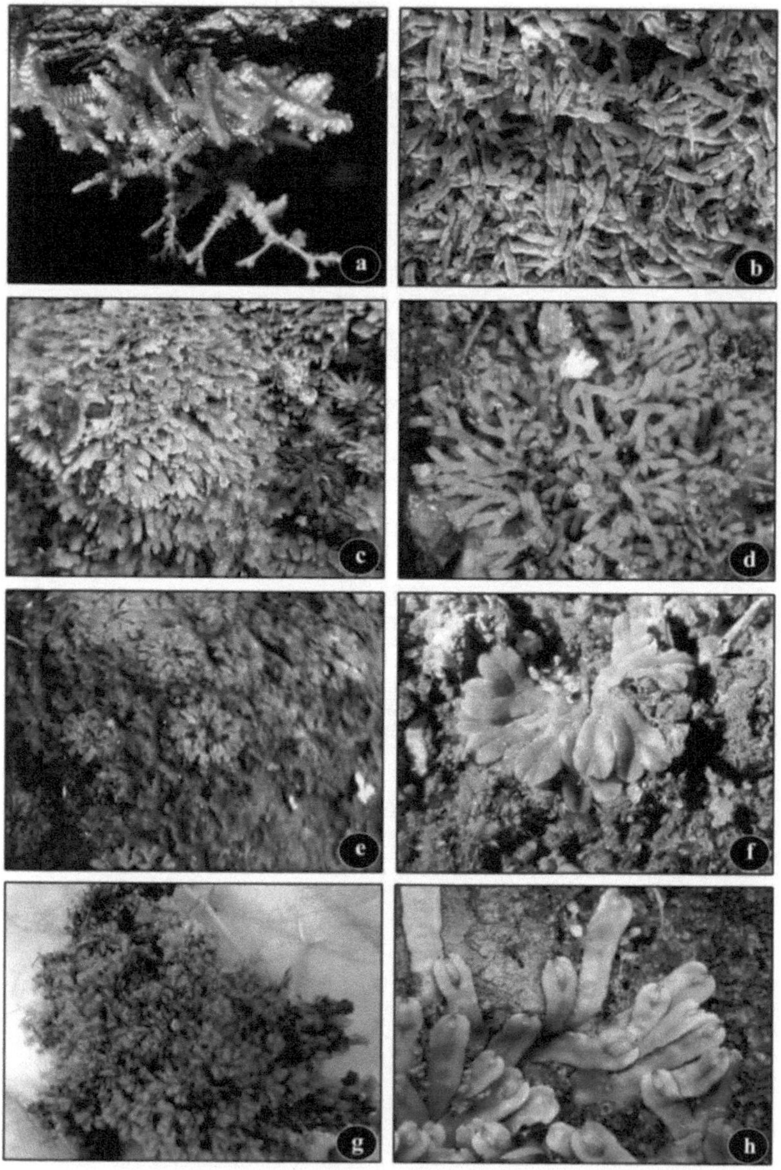

Fig. a. *Porella* sp.; b. *Reboulia hemisphaerica*; c. *Riccardia multifida*; d. *Riccia fluitans*; e. *Riccia frostii*; f. *Riccia* sp.; g. *Solenostoma* sp.; h. *Targionia hypophylla*.

Fig. a. *Anthoceros bharadwajii*; b. *Anthoceros crispulus*; c. *Notothylas* sp.; d. *Phaeoceros laevis*; e. *Phaeoceros* sp.; f. Bryophytes on ferns; g. Bryophytes on *Microporus* sp. ; h. Bryophytes on *Ganoderma* sp.

4.2. Análise estatística dos padrões de diversidade e distribuição de briófitas

Um total de 115 espécies de briófitas pertencentes a 61 géneros e 38 famílias, destas, os musgos compreendem 69 espécies pertencentes a 37 géneros e 23 famílias, as hepáticas compreendem 41 espécies pertencentes a 21 géneros e 13 famílias e as hornworts compreendem cinco espécies pertencentes a três géneros e duas famílias foram documentadas no presente estudo (Fig. 4.1. e Quadro 4.1).

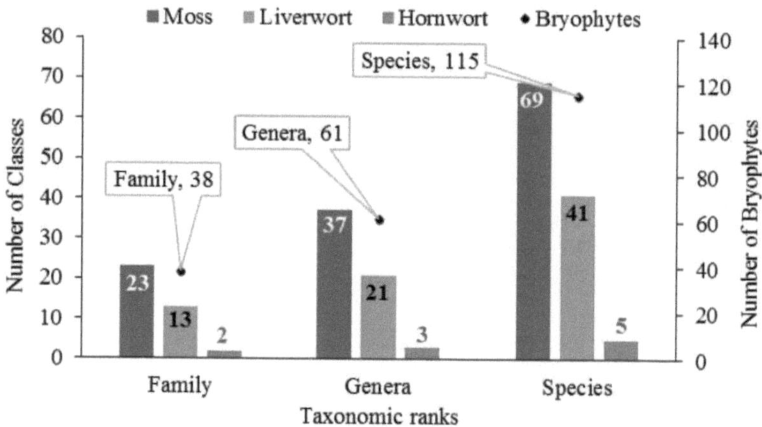

Fig. 4.1. Número de briófitos em diferentes categorias taxonómicas.

O maior número de espécies foi registado (incluindo tanto dentro como fora do transecto) no taluk de Sringeri (98), seguido do taluk de Chikkamagaluru (95), Mudigere (81), Tarikere (65), Koppa (59), N.R.Pura (41) e Kadur (22), no distrito de Chikkamagaluru de Karnataka (quadro 4.1).

Para a análise da diversidade e do padrão de distribuição dos briófitos, foram estabelecidos transectos em macro e microhabitats. Os macro-habitats foram estudados como taluks e zonas de vegetação. Foi documentado um total de 92 espécies de briófitos nos transectos dos sete taluks. Entre estas, o maior número de espécies foi documentado no taluk de Sringeri (69) e também o maior número de colónias (5085), seguido de Mudigere (68 espécies, 2322 colónias), Koppa (58 espécies, 3640 colónias), Chikkamagaluru (53 espécies, 2396 colónias), Tarikere (41 espécies, 2055 colónias), N.R.Pura (40 espécies, 1420 colónias) e Kadur (20 espécies, 484 colónias) (Fig. 4.2).

No presente estudo, foram estudadas dez vegetações diferentes. Entre 92 espécies (Tabela 4.2), 46 espécies foram documentadas em florestas sempre verdes com 5467 colónias, seguidas de prados (44 espécies e 1967 colónias), plantações de Areca (32 espécies, 674 colónias), florestas caducifólias húmidas (31 espécies, 3908 colónias), florestas caducifólias secas (26 espécies, 1134 colónias), plantações de café (23 espécies, 351 colónias), plantações de acácia (21 espécies, 898 colónias), matagal (20 espécies, 2227 colónias), sholas (14 espécies, 617 colónias) e plantações de teca (9 espécies, 159 colónias) (Fig. 4.3).

124

Utilizando o método de transectos, a análise quantitativa da densidade global, da abundância e da frequência no distrito de Chikkamagaluru foi de 280,68, 1463,43 e 15,61, respetivamente (Fig. 4.4).

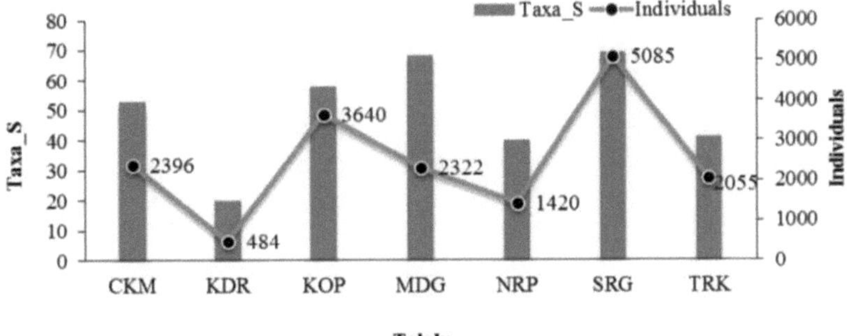

Fig. 4.2. Número de taxa e de indivíduos em sete taluks do distrito de Chikkamagaluru.

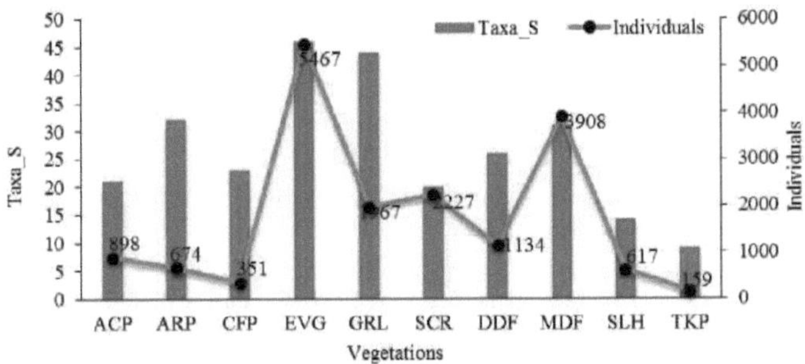

Fig 4.3. Número de taxa e indivíduos em diferentes vegetações do distrito de Chikkamagaluru.

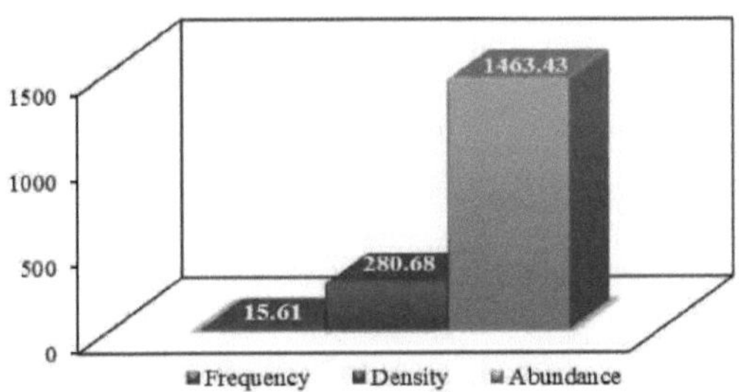

Fig. 4.4. Frequência total, densidade e abundância de briófitas no distrito de Chikkamagaluru, Karnataka.

4.2.1. Composição de espécies de briófitas em diferentes vegetações do distrito de Chikkamagaluru

Durante o estudo, foram analisados diferentes tipos de vegetação disponíveis em cada um dos taluks do distrito de Chikkamagaluru. A lista dos tipos de vegetação estudados é mencionada no quadro 3 .1.

A densidade, abundância e frequência mais elevadas de briófitos em diferentes vegetações do distrito de Chikkamagaluru foram encontradas em florestas sempre verdes (497, 1077,56 e 20,09, respetivamente). Seguiram-se as florestas caducifólias húmidas (D=355,37, Ab=607,55 e F=16,73), as florestas caducifólias secas (Ab=503,33, D=283,5, F=13,75), os prados (Ab=441,16, D=196,7, F=15,3), os matagais (Ab=362,79, D=222,7, F=10.8), sholas (Ab=D=310.5, F= 13.5), plantações de Areca (Ab=293.5, D= 168.5, F= 17.00), plantações de Acácia (Ab=207.45, D=149.67, F=15.67), plantações de Café (Ab=198.5, D=175.5, F=20.00) e plantações de Teca (D=Ab=79.5, F= 9) (Fig. 4.5).

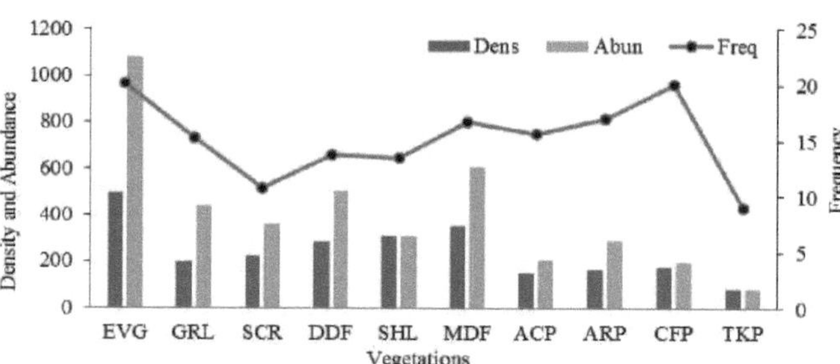

Fig. 4.5. Densidade, abundância e frequência de briófitos em diferentes vegetações do distrito de Chikkamagaluru, Karnataka.

4.2.1.1. Florestas de folha perene

O estudo de transectos nas florestas sempre verdes selecionadas revelou que foram documentadas 46 espécies com 5467 colónias. Entre as 46 espécies, *Rhynchostegium herbaceum* teve a maior densidade (58,82) e a espécie mais abundante (80,88) e foi seguida por *Meteoriopsis squarrosa* (D=Ab=46,63), *Macromitrium sulcatum* (D= 31,91, Ab=35,10) *Isopterygium* sp. (D=23,09, Ab=36,29). *Meteoriopsis squarrosa* foi a espécie mais frequentemente distribuída (1,00) seguida de *Macromitrium sulcatum, Lejeunea flava, Macromitrium moorcroftii* (0,91) (Fig. 4.6).

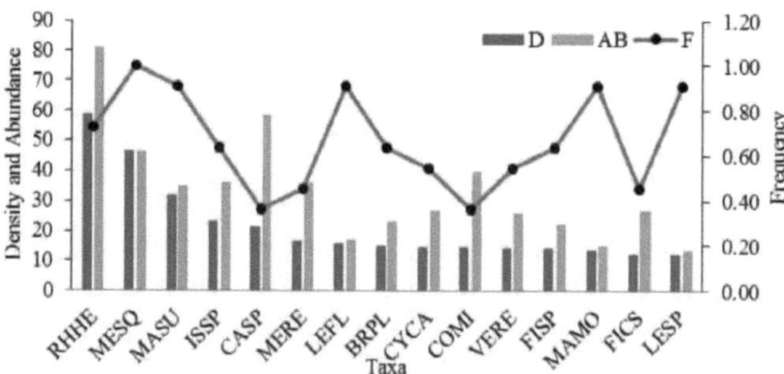

Fig 4.6. Densidade, abundância e frequência de briófitos (Top 15) em florestas sempre verdes do distrito de Chikkamagaluru, Karnataka.

126

4.2.I.2. Florestas húmidas de folha caduca

Trinta e uma espécies com 3908 colónias foram documentadas em florestas decíduas húmidas do distrito de Chikkamagaluru, *Meteoriopsis squarrosa* teve a maior densidade (37,55) e a espécie mais frequente (1,00), seguida por *Rhynchostegium herbaceum* (D= 28,55), *Isopterygium* sp. (D= 27,63). *Calyptothecium recurvulum* foi a espécie mais abundante (59,00), seguida de *Meteoriopsis squarrosa* (37,55), *Asterella khasiana* (29,34) (Fig. 4.7).

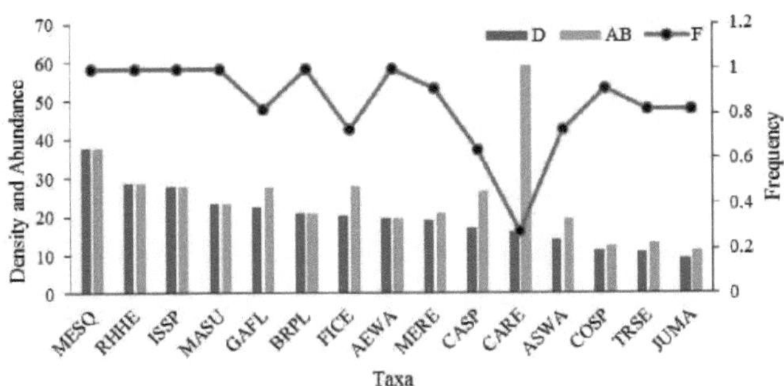

Fig 4.7. Densidade, abundância e frequência de briófitos (Top 15) na floresta húmida decídua do distrito de Chikkamagaluru, Karnataka.

4 .2.1.3. Florestas decíduas secas

Entre 92 espécies, foram documentadas 26 espécies e 1134 colónias em florestas decíduas secas do distrito de Chikkamagaluru. *Macromitrium moorcroftii* teve a maior densidade (37,25) e a espécie mais abundante (74,50), seguida por *Meteoriopsis squarrosa* (D=Ab=35,00), *Rhynchostegium herbaceum* (D=Ab=28,55). *Bryum plumosum, Fissidens* sp., *Meteoriopsis squarrosa* e *Rhynchostegium herbaceum* foram as espécies mais frequentes (1,00) (Fig. 4.8).

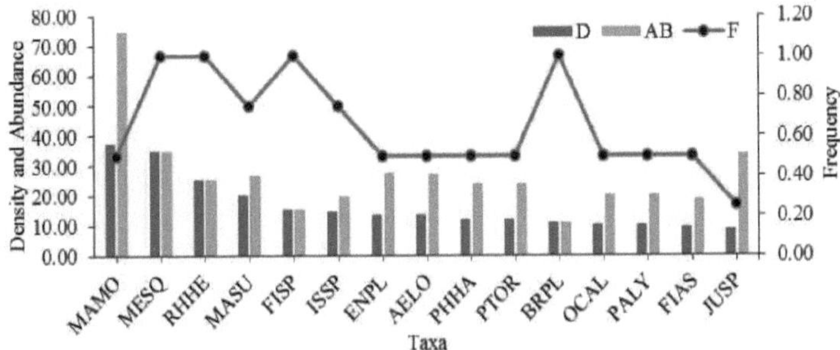

Fig 4.8. Densidade, abundância e frequência de briófitos (Top 15) na floresta decídua seca do distrito de Chikkamagaluru, Karnataka.

4.2.I.4. Prados

Entre 92 espécies, 44 espécies foram documentadas em prados do distrito de Chikkamagaluru com 1967 colónias. Destas, *Garckea flexuosa* teve a densidade mais elevada (25,4) e a espécie mais abundante (28,22), seguida de *Fossombronia indica* (D=Ab=22,9), *Bryum argenteum* (D=15,1, Ab=16,78). *Fossombronia indica* foi a espécie mais frequente (1,00) e foi seguida por *Garckea flexuosa*, *Bryum argenteum* e *Campylopus flexuosus* foram as espécies mais frequentes (0,90) (Fig. 4.9).

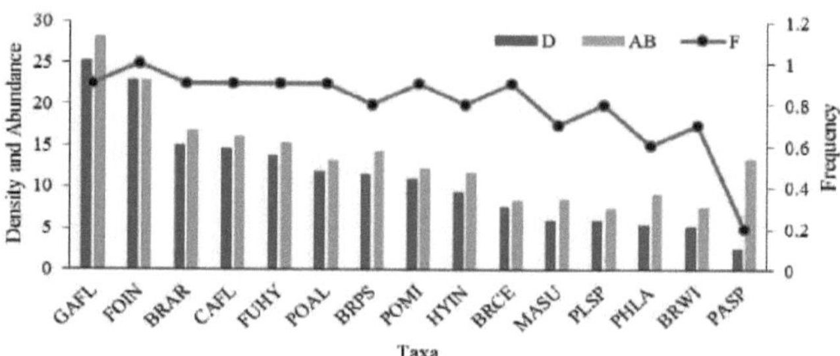

Fig 4.9. Densidade, abundância e frequência de briófitas (Top 15) em prados do distrito de Chikkamagaluru, Karnataka.

4.2.I.5. Sholas

Entre 92 espécies, foram documentadas 14 espécies com 617 colónias nas vegetações de Shola do distrito de Chikkamagaluru. Das 14 espécies, *Calyptothecium* sp. teve a maior densidade (58.00), a espécie mais abundante (58.00) e a espécie mais frequente (1.00), seguida por *Meteoriopsis squarrosa* (D=Ab=36.50, F= 1.00), *Macromitrium moorcroftii* (D= Ab=36.00, F=1.00), *Lejeunea* sp, Lopholejeunea (D=Ab=26.00, F=1.00), Macrothamnium macrocarpum (D=Ab=23.00, F=1.00) (Fig. 4.10).

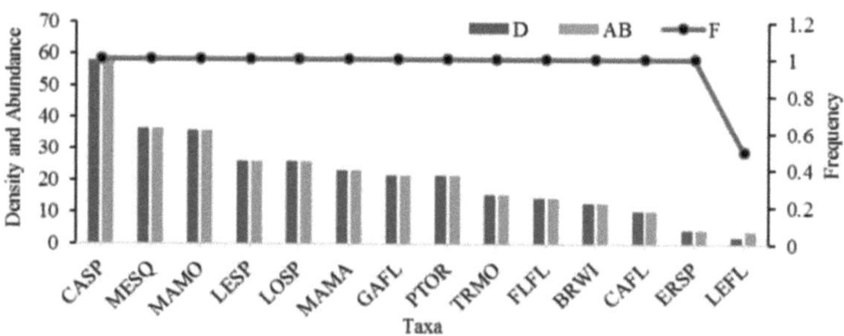

Fig 4.10. Densidade, abundância e frequência de briófitas (Top 15) em sholas do distrito de Chikkamagaluru, Karnataka.

4.2.1.6. Selvas de arbustos

Nas matas do distrito de Chikkamagaluru, foram documentadas 20 espécies com 2227 colónias. Destas 20 espécies, *Macromitrium moorcroftii* e *M. sulcatum* tiveram a maior densidade (26,40) e foram as espécies mais frequentes (1,00), seguidas por *Calyptothecium* sp. (D= 21,90, F=1,00), *Floribundaria walkeri* (19,50). *Fissidens* sp. foi a espécie mais abundante (48,75), seguida de *F. ceylonensis* (32,00),*Macromitrium moorcroftii* e *M. sulcatum* (26,40) (Fig. 4.11).

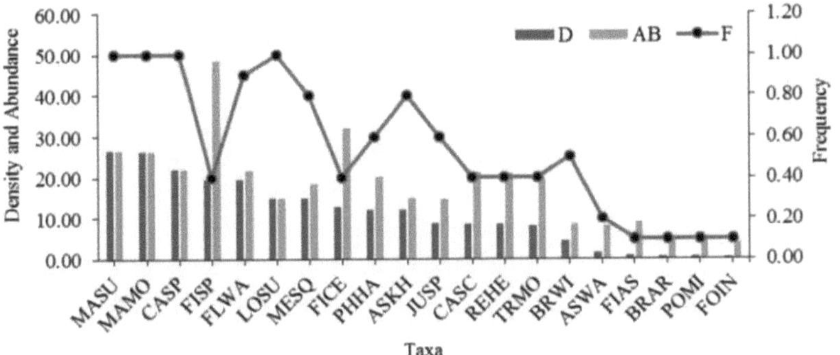

Fig. 4.11. Densidade, abundância e frequência de briófitas em matagais do distrito de Chikkamagaluru, Karnataka.

4.2.1.7. Plantações de areca

Dos dez tipos de vegetação, quatro foram classificados como plantações de monocultura. Trata-se de plantações de Areca, Acácia, Café e Teca. Nas plantações de Areca do distrito de Chikkamagaluru, foram documentadas 32 espécies com 674 colónias. *Meteoriopsis squarrosa* apresentou a maior densidade (21,50), a espécie mais abundante (21,50) e a mais frequente (1,00), seguida por *Cyathodium* cavernarum (D=15,75, F= 1,00), Bryum plumosum (D= 10,50, F= 1,00). Calyptothecium sp. teve a segunda maior abundância (Ab= 21,90) seguida de *Hyophila involuta* (19,00) (Fig. 4.12).

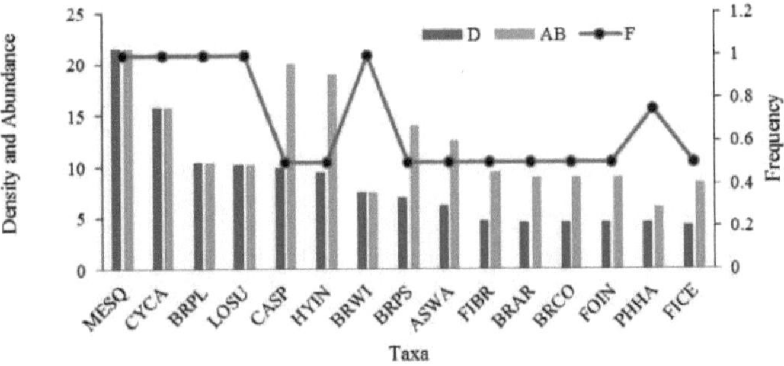

Fig. 4.12. Densidade, abundância e frequência de briófitas em plantações de areca no distrito de Chikkamagaluru, Karnataka.

4.2.1.8. Plantações de acácias

Nas plantações de Acacia do distrito de Chikkamagaluru, foram documentadas 21 espécies com 898 colónias. Entre as 21 espécies, *Calyptothecium* sp. teve a maior densidade (17,67), a mais abundante (17,67) e a mais frequente (1,00), seguida de *Meteoriopsis squarrosa* (D=Ab=16,17, F=1,00), *Hyophila involuta* (D=Ab=14,50, F=1,00). *Fissidens ceylonensis* (16.00) teve a terceira maior abundância (Fig. 4.13).

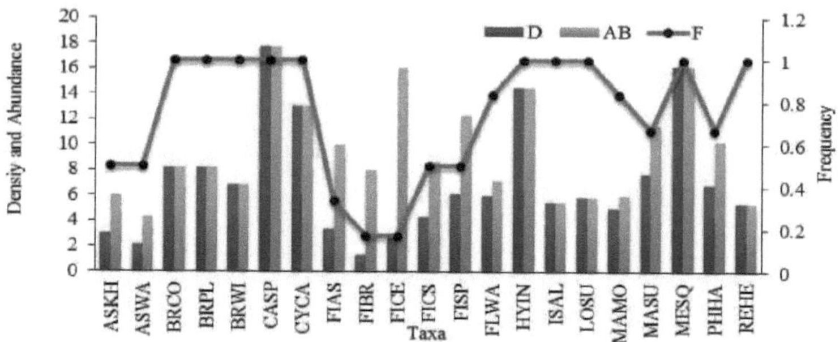

Fig. 4.13. Densidade, abundância e frequência de briófitas em plantações de acácias no distrito de Chikkamagaluru, Karnataka.

4.2.1.9. Plantações de café

O distrito de Chikkamagaluru é o principal habitat do café. Nas plantações de café do distrito de Chikkamagaluru, foram registadas 23 espécies com 351 colónias. Entre as 23 espécies, *Meteoriopsis squarrosa* apresentou a maior densidade (24,50), a mais abundante (24,50) e a mais frequente (1,00), seguida de *Fossombronia indica* (D=Ab=15,50, F=1,00), *Fissidens* sp. (D=Ab=12,00, F=1,00) (Fig. 4.14).

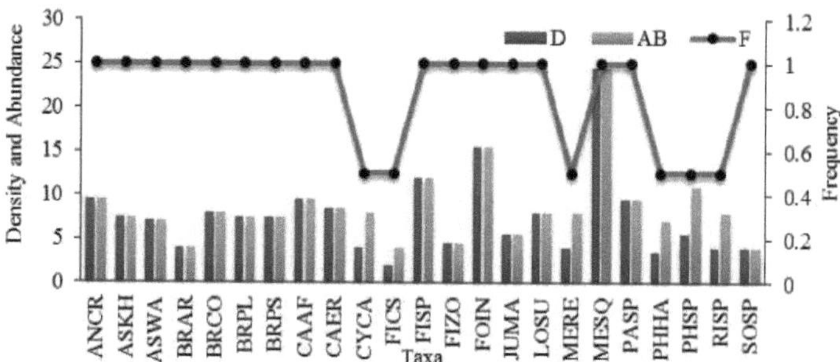

Fig. 4.14. Densidade, abundância e frequência de briófitas em plantações de café no distrito de Chikkamagaluru, Karnataka.

4.2.1.10. Plantações de teca

No presente estudo, apenas nove espécies (159 colónias) foram documentadas em plantações de teca no distrito de Chikkamagaluru. Destas, *Cyathodium cavernarum* teve a maior densidade (15,00), a mais abundante (15,00) e a espécie mais frequente (1,00). Seguiram-se-lhe *Fissidens bryoides* (D=Ab=12, F=1.00), *F. crispulus* (D=Ab=11.5, F=1.00) (Fig. 4.15).

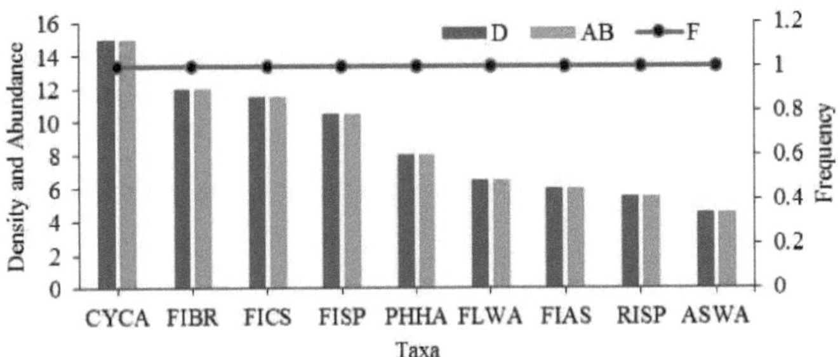

Fig. 4.15. Densidade, abundância e frequência de briófitas em plantações de teca no distrito de Chikkamagaluru, Karnataka.

4.2.2. Composição de espécies de briófitas em sete taluks do distrito de Chikkamagaluru

No presente estudo, a composição, a diversidade e a distribuição das espécies foram analisadas em sete taluks, uma vez que dependem dos diferentes tipos de vegetação que fazem parte da topografia dos taluks do distrito de Chikkamagaluru. A lista dos taluks e dos seus tipos de vegetação é mencionada no Quadro 3.1.

A análise estatística do estudo de transecto em sete taluks revelou que a maior densidade de briófitas foi encontrada em Koppa taluk (364,00) e foi seguida por Sringeri (339,00), Chikkamagaluru (266,22), Mudigere (258,00), Tarikere (256,87), N.R.Pura (202,86) e Kadur (121,00). A maior abundância de briófitas registou-se no taluk de Sringeri (1176,79), seguido de Koppa (1160,58), Mudigere (943,27), Chikkamagaluru (776,97), Tarikere (750,02), N.R.Pura (462,11) e Kadur (263,25). A frequência mais elevada de briófitos foi registada em Mudigere (17,44), seguida de Koppa (16,80), N.R.Pura (16,57), Sringeri (16,46), Chikkamagaluru (15,00), Tarikere (13,50) e Kadur (9,25) (Fig. 4.16).

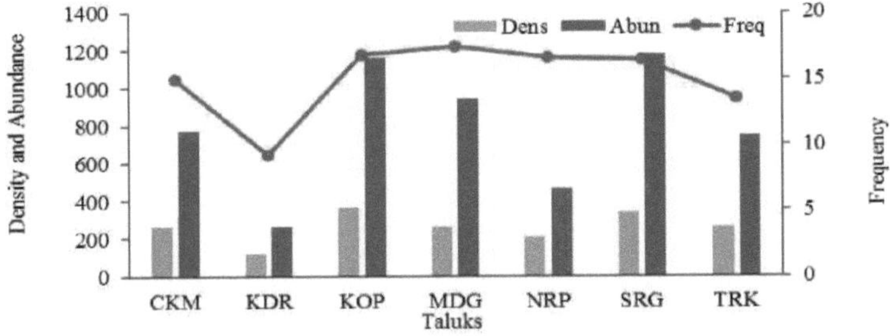

Fig. 4.16. Densidade, abundância e frequência de briófitas em sete taluks do distrito de Chikkamagaluru, Karnataka.

4.2.2.1. Taluk de Chikkamagaluru

O estudo de transectos nas florestas selecionadas de Chikkamagaluru taluk do distrito de Chikkamagaluru revelou que foram documentadas 53 espécies com 2396 colónias. Entre as 53 espécies, *Rhynchostegium herbaceum* registou a densidade mais elevada (27,78) e a mais abundante (62,50). Em termos de densidade, foi seguida por *Calyptothecium* sp. (D=23,11), *Meteoriopsis squarrosa* (19,44). As segundas espécies mais abundantes foram *Isopterygium* sp. (38,25), *Calyptothecium* sp. (34,67), *Cololejeunea mizutaniana* (32,50). *Macromitrium sulcatum* foi a espécie mais frequente (0,89), seguida por *Calyptothecium* sp. e*Meteoriopsis squarrosa* (0,67) (Fig. 4.17).

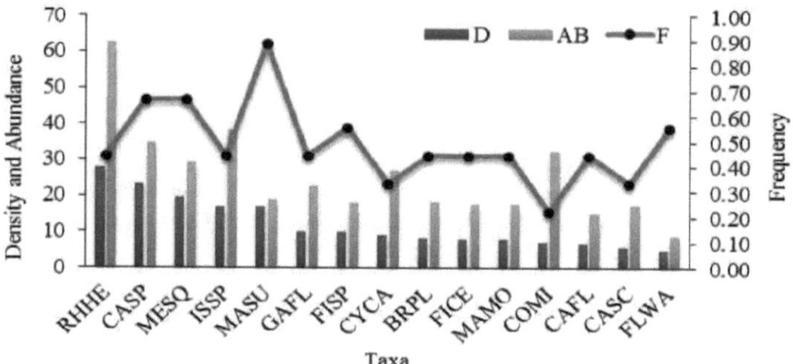

Fig 4.17. Densidade, abundância e frequência de briófitas (Top 15) em Chikkamagaluru taluk do distrito de Chikkamagaluru, Karnataka.

4.2.2.2. Taluk de Kadur

Entre 92 espécies, 20 espécies (484 colónias) foram documentadas em Kadur taluk do distrito de Chikkamagaluru. Entre as 20 espécies, *Macromitrium sulcatum* apresentou a densidade mais elevada (17,75), seguida de*Meteoriopsis squarrosa* (17,50), *Macromitrium moorcroftii* (15,00). *Floribundaria walkeri* foi a espécie mais abundante (40,00), *Macromitrium moorcroftii* (30,00), *Asterella khasiana* (24,00), *Macromitrium sulcatum* (23,67). *Asterella khasiana* foi a espécie mais frequente (1,00), seguida por *Macromitrium sulcatum* e*Meteoriopsis squarrosa* (0,75) (Fig. 4.18).

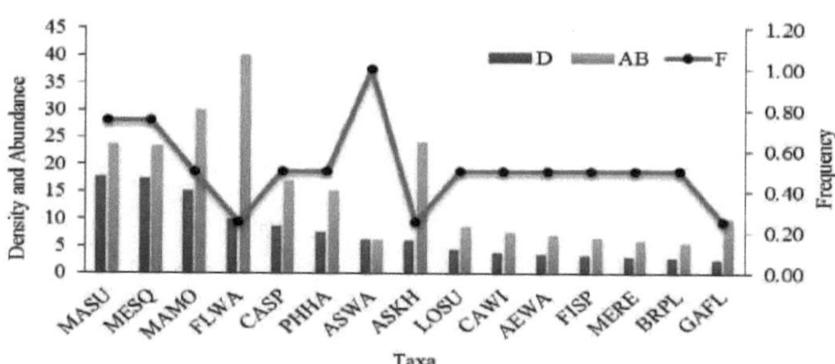

Fig 4.18. Densidade, abundância e frequência de briófitas (Top 15) em Kadur taluk do distrito de Chikkamagaluru, Karnataka.

4.2.2.3. Taluk de Koppa

Cinquenta e oito espécies (3640 colónias) foram documentadas em Koppa taluk do distrito de Chikkamagaluru, *Macromitrium moorcroftii* teve a densidade mais elevada (30,2), seguido de *Meteoriopsis squarrosa* (28,5), *Fissidens* sp. (23,9) e *Macromitrium sulcatum* (23,7). *Rhynchostegium herbaceum* foi a espécie mais abundante (53.00), seguida de *Meteoriopsis reclinate* (46.00), Macromitrium moorcroftii (37.75), Vesicularia reticulata (37.00). Macromitrium moorcroftii, Meteoriopsis squarrosa, Fissidens sp. e Macromitrium sulcatum foram as espécies mais frequentes (1,00) (Fig. 4.19).

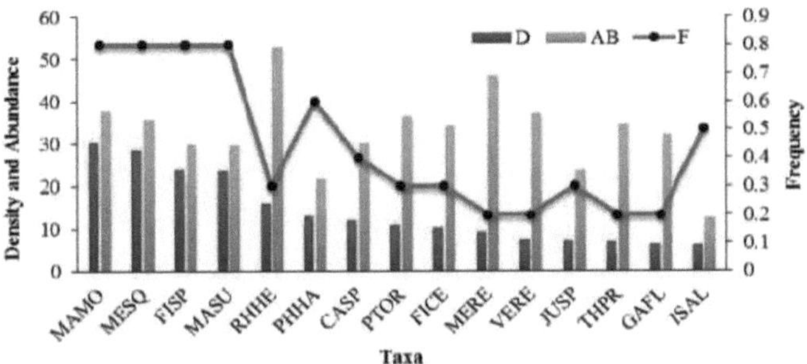

Fig 4.19. Densidade, abundância e frequência de briófitas (Top 15) em Koppa taluk do distrito de Chikkamagaluru, Karnataka.

4.2.2.4. Taluk de Mudigere

Entre 92 espécies, 68 espécies (2322 colónias) foram documentadas em Mudigere taluk do distrito de Chikkamagaluru. Entre as 68 espécies, *Meteoriopsis squarrosa* apresentou a densidade mais elevada (17,00), seguida de *Macromitrium sulcatum* (14,67) e *Meteoriopsis reclinata* (13,67). *Thuidium pristocalyx* foi a espécie mais abundante (56,00), *Vesicularia reticulata* (33,50), *Mnium* sp. (30,00), *Isopterygium* sp. (29,50). *Macromitrium sulcatum* foi a espécie mais frequente (0,78), seguida de *Meteoriopsis squarrosa* (0,67), *M. reclinata, Asterella wallichiana, Campylopus flexuosus* (0,56) (Fig. 4.20).

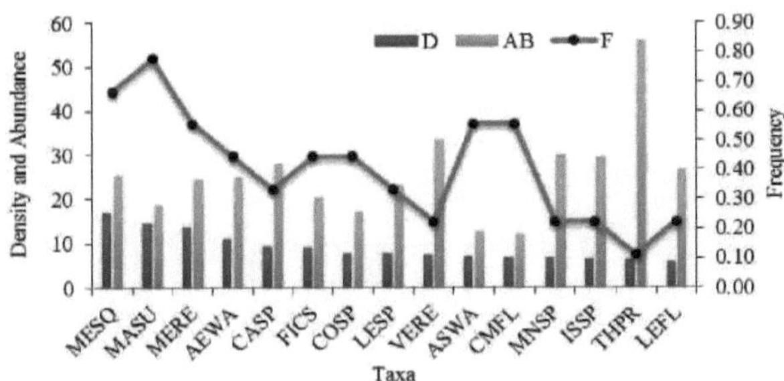

Fig. 4.20. Densidade, abundância e frequência de briófitas (Top 15) em Mudigere taluk do distrito de Chikkamagaluru, Karnataka.

4.2.2.5. Taluk de Narasimharaja Pura

Quarenta espécies (1420 colónias) foram documentadas em N.R.Pura taluk do distrito de Chikkamagaluru, *Meteoriopsis squarrosa* teve a maior densidade (21,86), seguida por *Calyptothecium* sp. (20,86), *Bryumplumosum* (15,43), *Hyophila involuta* (10,29). *Rhynchostegium herbaceum* foi a espécie mais abundante (26,50), seguida por *Calyptothecium* sp. (24,33), *Fissidens ceylonensis* (23,50), *Fossombronia indica* (22,00). *Meteoriopsis squarrosa, Bryum plumosum, Asterella wallichiana* foram as espécies mais frequentes (1,00) (Fig. 4.21).

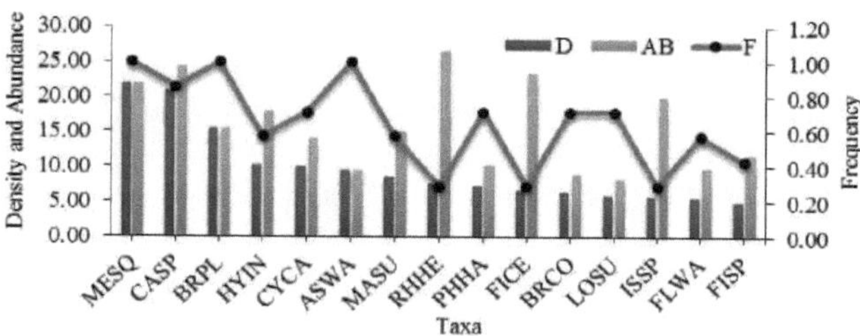

Fig 4.21. Densidade, abundância e frequência de briófitas (Top 15) em N.R.Pura taluk do distrito de Chikkamagaluru, Karnataka.

4.2.2.6. Taluk de Sringeri

Entre 92 espécies, 69 espécies (5085 colónias) foram documentadas em Sringeri taluk do distrito de Chikkamagaluru. Entre 69 espécies, *Meteoriopsis squarrosa* teve a maior densidade (17,75), seguida por *Rhynchostegium herbaceum* (24,20), *Calyptothecium recurvulum* (20,67), *Macromitrium sulcatum* (18,00). *Rhynchostegium herbaceum* foi a espécie mais abundante (60,50), seguida de *Calyptothecium recurvulum* (51,67), *Meteoriopsis squarrosa* (48,17), *Garckea flexuosa* (32,29). *Meteoriopsis squarrosa* é a espécie mais frequente (0,80), seguida de *Macromitrium sulcatum* e *Bryum plumosum* (0,60) (Fig. 4.22).

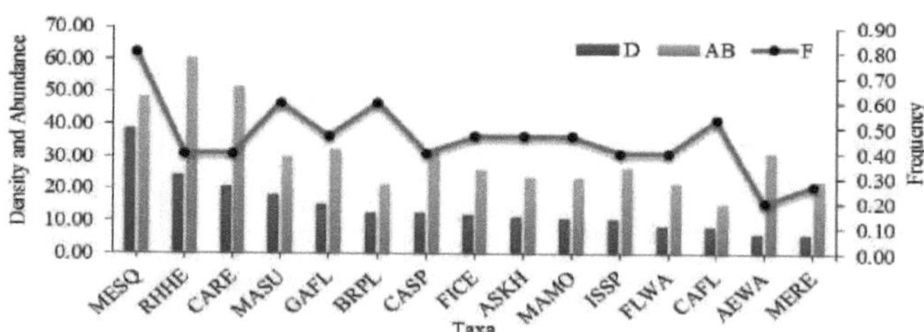

Fig. 4.22. Densidade, abundância e frequência de briófitas (Top 15) em Sringeri taluk do distrito de Chikkamagaluru, Karnataka.

4.2.2.7. Taluk de Tarikere

Em Tarikere taluk, no distrito de Chikkamagaluru, entre 92 espécies, foram documentadas 41 espécies (2055 colónias). Das 41 espécies, *Rhynchostegium herbaceum* teve a maior densidade (24,00) e também a espécie mais abundante, seguida por *Isopterygium* sp. (D=18,25),

Macromitrium sulcatum (D=17,38), *Garckea flexuosa* (D=16,38). *Cololejeunea mizutaniana* foi a segunda espécie mais abundante (47,00), seguida por *Cyathodium cavernarum* e *Fissidens* sp. (38,50) e *Isopterygium* sp. (36,50). *Macromitrium sulcatum* foi a espécie mais frequente (0,88), seguida de *Meteoriopsis squarrosa* (0,75) e *Campylopus flexuosus* e *Floribundaria walkeri* (0,63) (Fig. 4.23).

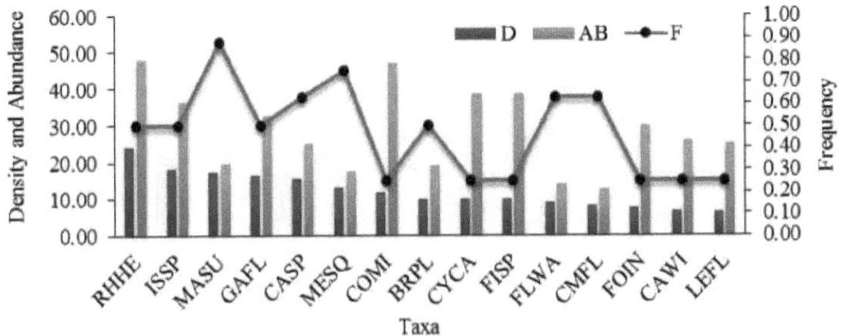

Fig. 4.23. Densidade, abundância e frequência de briófitas (Top 15) em Tarikere taluk do distrito de Chikkamagaluru, Karnataka.

4.2.3. Composição de espécies de briófitos em diferentes microhabitats (substratos) do distrito de Chikkamagaluru

No presente estudo, os diferentes tipos de vegetação foram ainda classificados em cinco substratos diferentes (microhabitats), tais como madeira (corticícola), madeira morta (lenhícola), folha (foliícola), solo (terrícola) e rocha (rupícola). O estudo quantitativo revelou que a densidade, abundância e frequência mais elevadas de briófitos em microhabitats do distrito de Chikkamagaluru foram encontradas na madeira 144,98, 882,55 e 7,79, respetivamente. Seguiram-se o solo (D=82,25, Ab=464,62 e F=6,70), a madeira morta (D=69,63, Ab=338,02, F= 13,75), a folha (D=43,67, Ab=117,24, F=3,13) e a rocha (D=35,23, Ab=269,50, F=2,74) (Fig. 4.24).

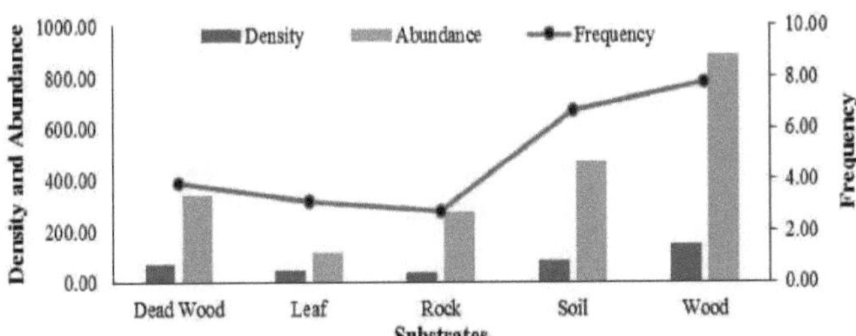

Fig. 4.24. Densidade, abundância e frequência de briófitos em diferentes micro-habitats (substratos) do distrito de Chikkamagaluru, Karnataka.

4.2.3.1. Madeira (Corticola)

O estudo de transectos nas diferentes florestas de sete taluks do distrito de Chikkamagaluru revelou que entre 92 espécies de briófitas, 55 espécies preferiam o substrato de madeira com 8844 colónias. Entre estas, *Meteoriopsis squarrosa* teve a densidade mais elevada (19,02), seguida de *Macromitrium sulcatum* (13,62), *Calyptothecium* sp. (12,06), *Isopterygium* sp. (9,96). *Calyptothecium recurvulum* (44,34) foi a espécie mais abundante (60,50), seguida por *Rhynchostegium herbaceum* (29,12), *Isopterygium* sp. (28,90), *Meteoriopsis squarrosa* (26,36). *Macromitrium sulcatum* foi a espécie mais frequente (0,73), seguida de *Meteoriopsis squarrosa* (0,72), *Macromitrium moorcroftii* (0,52), *Calyptothecium* sp. (0,50) (Fig. 4.25).

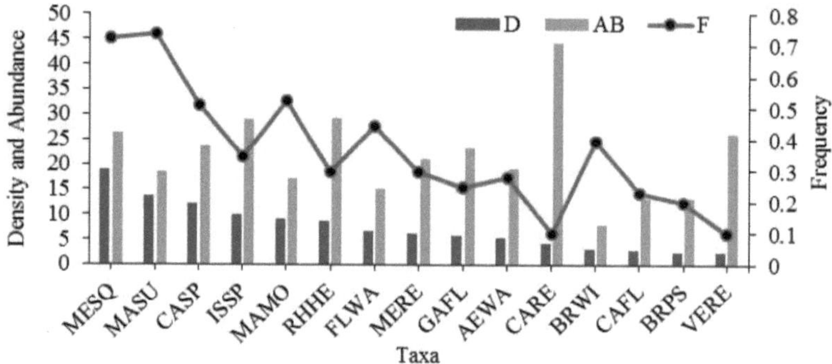

Fig. 4.25. Densidade, abundância e frequência de briófitos corticícolas (Top 15) do distrito de Chikkamagaluru, Karnataka.

4.2.3.2. Folha (Foliícola)

Apenas oito espécies preferiram folhas como substrato, com 1048 colónias. *Lejeunea* sp. teve a maior densidade (10,96) e a espécie mais frequente (0,79), seguida por *Cololejeunea* sp. (9,17) e a segunda espécie mais frequente (0,71), *Lejeunea flava* (8,21) e a segunda espécie mais abundante, *Cololejeunea mizutaniana* (6,63) e a espécie mais abundante (39,75) (Fig. 4.26).

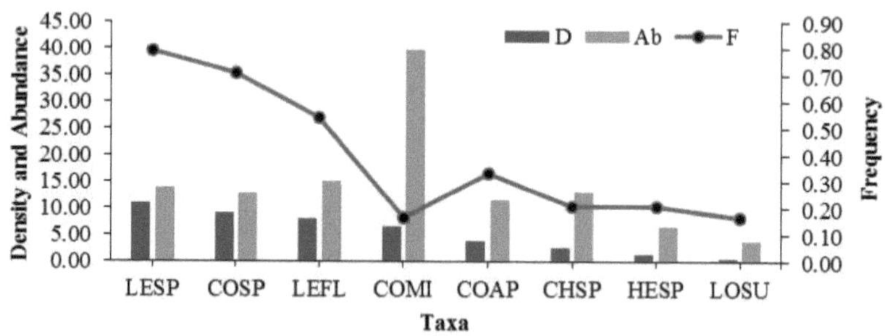

Fig. 4.26. Densidade, abundância e frequência de briófitos foliícolas do distrito de Chikkamagaluru, Karnataka.

4.2.3.3. Solo (Terricolous)

Entre 92 espécies de briófitos, 44 espécies preferiram o substrato do solo com 4606 colónias.

Destas, *Bryum plumosum* teve a maior densidade (7,80) e a espécie mais frequente (0,55), seguida por *Fissidens* sp. (6,57), *Fissidens ceylonensis* (6,42) e a espécie mais abundante (20,00), *Fossombronia indica* (D=4,2). A segunda espécie mais abundante foi *Fissidens* sp. (18,4), seguida de *Fossombronia indica* (18,13), *Jungermannia* sp. (15,75). *Lopholejeunea subfusca* foi a segunda espécie mais frequentemente distribuída (0,41), seguida de *Philonotis hastata* (0,39), *Asterella wallichiana* (0,37) (Fig. 4.27).

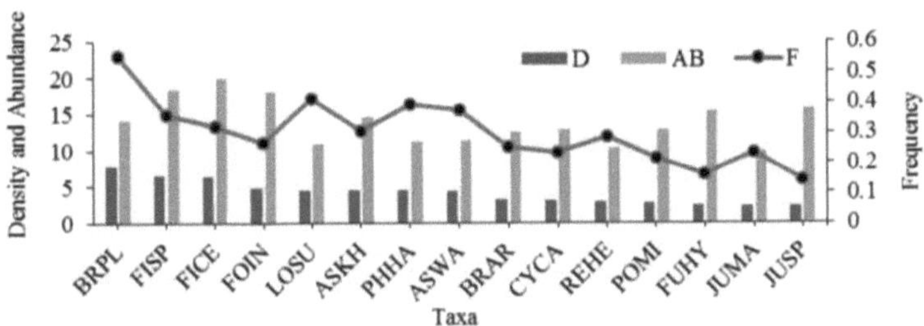

Fig. 4.27. Densidade, abundância e frequência de briófitos terrestres (Top 15) do distrito de Chikkamagaluru, Karnataka.

4.2.3.4. Rocha (Rupícola)

Das 92 espécies de briófitas, 25 espécies preferiram o substrato rochoso com 1233 colónias. Entre as 25 espécies, *Garckea flexuosa* teve a maior densidade (5,23), seguida por *Cyathodium cavernarum* (4,83), *Hyophila involuta* (4,78), *Campylopus flexuosus* (4,48). *Calyptothecium* sp. foi a espécie mais abundante (23,67), seguida por *Garckea flexuosa* (22,87), *Fissidens* sp. (22,00), *Cyathodium cavernarum* (21,13), *Fissidens crispulus* (18,00). *Hyophila involuta* foi a espécie mais frequente (0,42) no substrato rochoso e foi seguida por *Campylopus flexuosus* e *Bryum coronatum* (0,31) (Fig. 4.28).

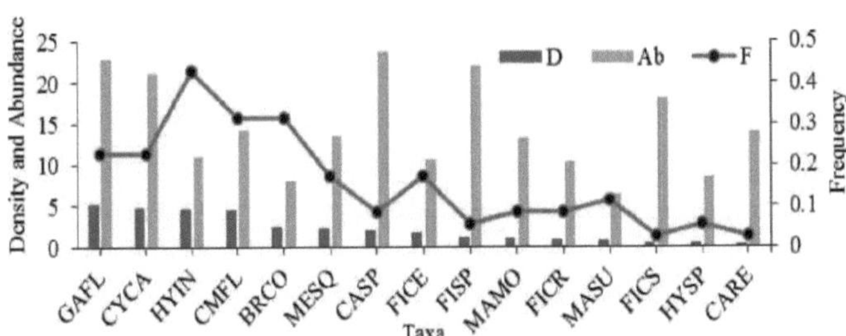

Fig. 4.28. Densidade, abundância e frequência de briófitos rupícolas (Top 15) do distrito de Chikkamagaluru, Karnataka.

4.2.3.5. Madeira morta (Lignicolous)

Entre 92 espécies de briófitos, 22 espécies preferiram substrato de madeira morta com 1671 colónias. Destas, *Rhynchostegium herbaceum* teve a maior densidade (22,42) e também foi a segunda espécie mais abundante (44,83), seguida por *Meteoriopsis squarrosa* (D=9,92) e foi a espécie mais frequente (0,58), *Macromitrium sulcatum* (D=8,5, F=0,58), *Thuidium pristocalyx* (D=4,2) e foi a espécie mais abundante (51,5) em madeira morta (Fig. 4.29).

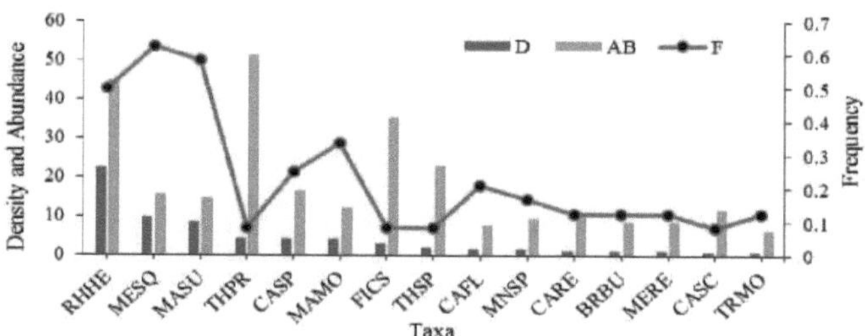

Fig. 4.29. Densidade, abundância e frequência de briófitas lenhosas (Top 15) do distrito de Chikkamagaluru, Karnataka.

4.2.4. Diversidade de briófitos do distrito de Chikkamagaluru, Karnataka

4.2.4.1. Diversidade de briófitas em diferentes tipos de vegetação do distrito de Chikkamagaluru

Através de uma análise quantitativa por estudo de transecto durante 2012-2014, foram recolhidas diferentes espécies de briófitas (Quadro 4.2), identificadas, documentadas e os dados foram avaliados pelos índices de Simpson e de Shannon wiener para conhecer a diversidade de briófitas em diferentes micro e macro habitats. Os resultados revelaram que a floresta de folha perene tem a maior riqueza de espécies (46 espécies) com o maior número de indivíduos (5467) em comparação com outros tipos de vegetação. Seguiram-se os prados (44), a plantação de Areca (32), a floresta caducifólia húmida (31), a floresta caducifólia seca (26), a plantação de café (23), a plantação de Acácia (21), a selva arbustiva (20), as sholas (14) e a plantação de teca (9) (Quadro 4.4 e Fig. 4.3).

A diversidade global de briófitas é, Simpson, D=0,969 e Shannon-Wiener, H' = 3,891. Entre as diferentes vegetações, os índices de diversidade analisados revelaram que os índices de Simpson e Shannon Wiener mais elevados foram observados na floresta sempre verde (D=0,956 e H' = 3,454), seguindo-se as plantações de Areca (D=0,947 e H' = 3,180), a floresta decídua húmida (D=0,945 e H' = 3.069), pastagens (D=0.935 e H' = 3.063), plantação de café (D=0.940 e H' = 2.978), floresta decídua seca (D=0.933 e H' = 2.923), plantação de acácia (D=0.934 e H' = 2.864), matagal (D=0.922 e H' = 2.673), sholas (D=0.900 e H' = 2.436) e plantação de teca (D=0.873 e H' = 2.125) (Tabela 4.4 e Fig. 4.30).

Tabela 4.4. Diversidade de briófitas em diferentes vegetações do distrito de Chikkamagaluru

	ACP	ARP	PCP	EVG	GRL	SCR	DDF	MDF	SLH	TKP	Total
Taxa	21	32	23	46	44	20	26	31	14	9	92

Indivíduos	898	674	351	5467	1967	2227	1134	3908	617	159	17402
Domínio	0.066	0.053	0.060	0.044	0.065	0.078	0.067	0.055	0.100	0.127	0.031
Simpson	0.934	0.947	0.940	0.956	0.935	0.922	0.933	0.945	0.900	0.873	0.969
Shannon	2.864	3.180	2.978	3.454	3.063	2.673	2.923	3.069	2.436	2.125	3.891
Equilíbrio	0.835	0.752	0.854	0.688	0.486	0.724	0.716	0.694	0.816	0.931	0.532

4.2.4.2. Diversidade de briófitas em sete taluks do distrito de Chikkamagaluru

Entre os sete taluks do distrito de Chikkamagaluru, os índices de diversidade analisados revelaram que a maior riqueza foi encontrada no taluk de Sringeri (69 espécies) com o maior número de indivíduos (5085). Seguiram-se Mudigere (68), Koppa (58), Chikkamagaluru (53), Tarikere (41), N.R.Pura (40) e Kadur (20) (quadro 4.5). Os índices de diversidade revelaram que os índices de Simpson e de Shannon-Wiener mais elevados foram observados em Mudigere (D=0,973 e H' = 3,848), Koppa (D=0,965 e H' = 3,686), Sringeri (D=0.961 e H' = 3.671), Chikkamagaluru (D=0.956 e H' = 3.468), Tarikere (D=0.956 e H' = 3.363), N.R.Pura (D=0.951 e H' = 3.313) e Kadur (D=0.915 e H'= 2.694) (Tabela 4.5, Fig 4.31).

Tabela 4.5. Diversidade de briófitas em sete taluks do distrito de Chikkamagaluru

	CKM	KDR	KOP	ODM	NRP	SRG	TRK	Total
Taxa	53	20	58	68	40	69	41	92
Indivíduos	2396	484	3640	2322	1420	5085	2055	17402
Domínio	0.044	0.085	0.035	0.027	0.049	0.039	0.044	0.031
Simpson	0.956	0.915	0.965	0.973	0.951	0.961	0.956	0.969
Shannon	3.468	2.694	3.686	3.848	3.313	3.671	3.363	3.891
Equilíbrio	0.605	0.739	0.688	0.690	0.687	0.569	0.704	0.532

4.2.4.3. Diversidade de briófitas em cinco microhabitats do distrito de Chikkamagaluru

No presente estudo, foram considerados cinco microhabitats e os índices de diversidade analisados revelaram que a maior riqueza foi encontrada na madeira (55 espécies) com o maior número de indivíduos (8844). Seguiram-se o solo (44), a rocha (25), a madeira morta (53) e a folha (08) (Tabela 4.3). Os índices de diversidade revelaram que os índices de Simpson e Shannon-Wiener mais elevados foram observados no solo (D=0,953 e H' = 3,298), madeira (D=0,944 e H' = 3,269), rocha (D=0,905 e H' = 2,612), madeira morta (D=0,845 e H' = 2,337), e folha (D=0,821 e H' = 1,838) (Quadro 4.6 e Fig. 4.32).

Tabela 4.6. Diversidade de briófitos em diferentes microhabitats do distrito de Chikkamagaluru

	Madeira morta	Folha	Pedra	Solo	Madeira
Taxa	22	8	25	44	55
Indivíduos	1671	1048	1233	4606	8844
Domínio	0.155	0.179	0.095	0.047	0.056
Simpson	0.845	0.821	0.905	0.953	0.944

| Shannon | 2.337 | 1.838 | 2.612 | 3.298 | 3.269 |
| Equilíbrio | 0.471 | 0.786 | 0.545 | 0.615 | 0.478 |

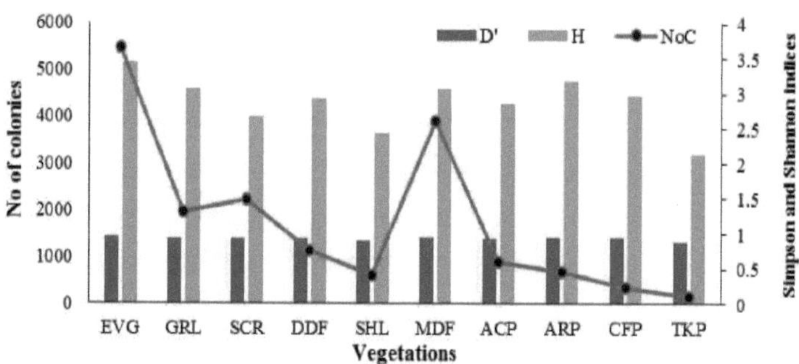

Fig 4.30. Índices de diversidade de briófitas em diferentes vegetações do distrito de Chikkamagaluru.

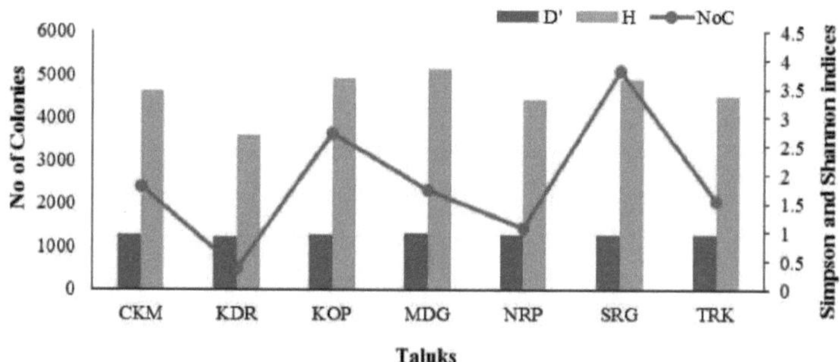

Fig. 4.31. Índices de diversidade de briófitas em sete taluks do distrito de Chikkamagaluru.

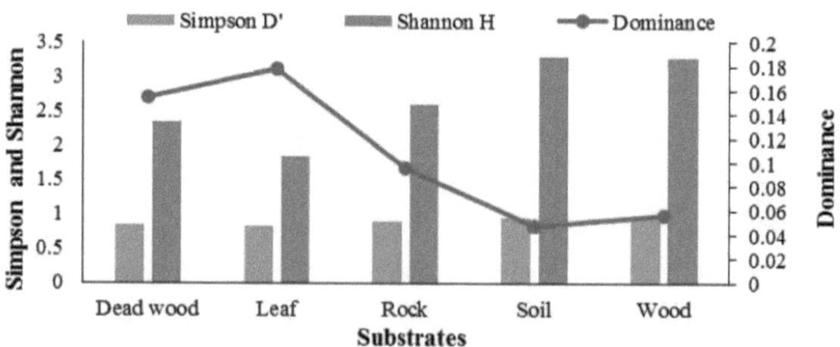

140

Fig. 4.32. Índices de diversidade de briófitas em cinco microhabitats do distrito de Chikkamagaluru.

4.2.4.4. Diversidade beta

No presente estudo, para investigar a semelhança qualitativa e quantitativa entre dois conjuntos diferentes de vegetações, taluks e microhabitats, utilizando a diversidade beta do índice de semelhança de Jaccard e o índice de Whittaker.

4.2.4.4.1. Índice de Jaccard

O índice de Jaccard ou coeficiente de semelhança de Jaccard é utilizado para analisar a semelhança qualitativa em dois conjuntos de dados diferentes e também a semelhança na diversidade. De acordo com o coeficiente de semelhança de Jaccard, o valor de semelhança situa-se entre 0 e 1. Aqui, os valores de semelhança foram descritos em percentagem. Entre os dez tipos de vegetação, as plantações de Areca e Acácia apresentaram a maior semelhança na sua diversidade, quase 62% de semelhança. Ambas tinham 45% de semelhança com a diversidade da floresta arbustiva. Estas eram 32% semelhantes à plantação de café e 25% semelhantes à plantação de teca. Todas estas eram 21% semelhantes às pastagens. As árvores de folha caduca seca e as árvores de folha caduca húmida têm 35% de semelhança em termos de diversidade. Este valor é 29% semelhante à diversidade das florestas de folha perene e 20% semelhante aos prados e ao seu grupo de vegetações. Acima de tudo, os grupos de vegetação tinham 10% de semelhança com a diversidade das sholas (Fig. 4.33).

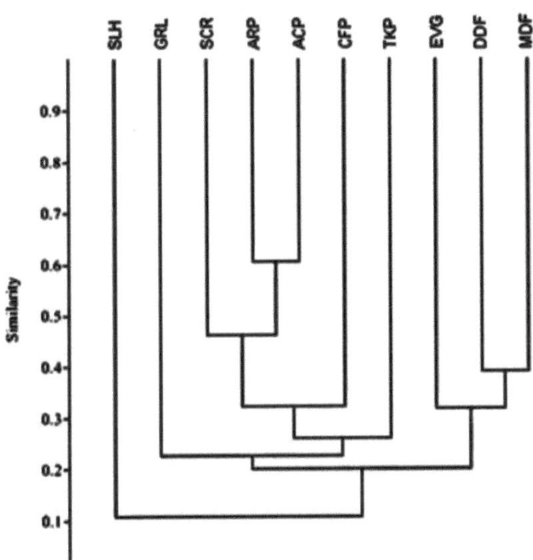

No que respeita aos taluk, os taluks de Koppa e Sringeri apresentaram 70% de semelhança na sua diversidade, 62% dos quais são semelhantes aos de Mudigere. Os taluks de Tarikeri e Chikkamagaluru apresentam 62% de semelhança. A semelhança entre estes dois foi de 53% com Mudigere e os grupos. Mais uma vez, o conjunto deste grupo era 50 por cento semelhante ao taluk de N.R.Pura. A semelhança do conjunto de cinco taluk era de 33% com o taluk de Kadur (Fig. 4.34).

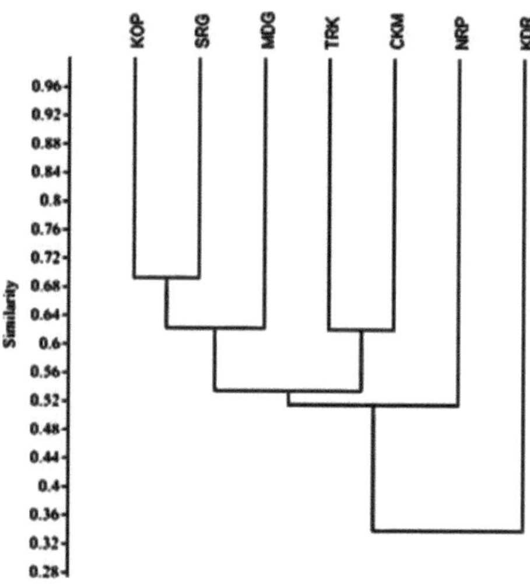

Fig 4.34. Coeficiente de semelhança de Jaccard de sete taluks.

Tal como nos micro-habitats, a diversidade da madeira e da madeira morta apresentou uma semelhança de 35 por cento. Esta semelhança foi de 12 por cento em relação ao substrato rochoso. Este conjunto de micro-habitats era muito menos semelhante ao solo (3 por cento) e à folha (< 1 por cento) (Fig. 4.35).

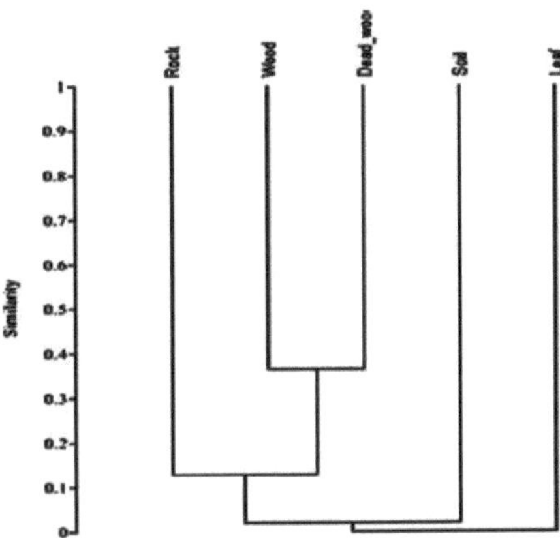

Fig. 4.35. Coeficiente de semelhança de Jaccard de cinco microhabitats.

4.2.4.4.2. Índice de Whittaker

O índice de Whittaker mede a rotação de espécies entre dois sítios em termos de ganho ou perda de espécies. Os valores de Whittaker vão de "0" a "1", indicando que "0" significa maior semelhança entre duas vegetações ou taluks ou microhabitats, e "1" significa menor semelhança.

No presente estudo, a percentagem de semelhança avaliada entre dez tipos de vegetação foi de 25 por cento, o que indica uma maior semelhança na diversidade. Seguiram-se as plantações de mato e acácia (32%), as plantações de café e areca (38%), as plantações de mato e areca (42%), as plantações de folha caduca húmida e folha caduca seca (44%), as plantações de teca e acácia (47%), como se mostra no Quadro 4.7.

Tabela 4.7. Diversidade beta de Whittaker de dez tipos de vegetação

	ACP	ARP	PCP	EVG	GRL	SCR	DDF	MDF	SLH	TKP
ACP	0									
ARP	0.25	0								
PCP	0.55	0.38	0							
EVG	0.58	0.67	0.80	0						
GRL	0.63	0.50	0.64	0.71	0					
SCR	0.32	0.42	0.63	0.70	0.59	0				
DDF	0.53	0.55	0.71	0.53	0.71	0.57	0			
MDF	0.58	0.56	0.67	0.51	0.71	0.61	0.44	0		
SLH	0.77	0.83	0.95	0.73	0.76	0.71	0.80	0.73	0	
TKP	0.47	0.61	0.63	0.78	0.81	0.66	0.77	0.85	1.00	0

Entre os sete taluks, os taluks de Sringeri e Koppa apresentaram um valor mais baixo (18%) e indicaram uma maior semelhança em comparação com outros conjuntos de taluks. Seguiram-se os taluks de Sringeri e Mudigere (23%), Koppa e Tarikere com o taluk de Chikkamagaluru apresentaram o mesmo valor de semelhança (23), os taluks de Koppa e Mudigere (24) e a semelhança em termos de diversidade entre os diferentes taluks, como se mostra no Quadro 4.8.

Tabela 4.8. Diversidade beta de Whittaker de sete taluks

	CKM	KDR	KOP	ODM	NRP	SRG	TRK
CKM	0						
KDR	0.48	0					
KOP	0.23	0.56	0				
ODM	0.32	0.57	0.24	0			
NRP	0.31	0.37	0.35	0.26	0		
SRG	0.28	0.60	0.18	0.23	0.38	0	
TRK	0.23	0.41	0.29	0.36	0.31	0.35	0

O resultado da diversidade beta de Whittaker de cinco micro-habitats, madeira e madeira morta, mostrou maior semelhança em comparação com outros conjuntos de micro-habitats. A madeira morta e a folha apresentaram a menor semelhança em comparação com outros conjuntos de micro-habitats (Quadro 4.9).

Tabela 4.9. Diversidade beta de Whittaker em cinco microhabitats

	Madeira morta	Folha	Pedra	Solo	Madeira
Madeira morta	0				
Folha	1.00	0			
Pedra	0.49	1.00	0		
Solo	0.88	0.96	0.62	0	
Madeira	0.45	0.90	0.53	0.70	0

4.2.5. Padrão de distribuição dos briófitos em diferentes estações do ano em áreas de estudo selecionadas

No presente estudo, foram selecionadas duas parcelas permanentes para a investigação do padrão de distribuição de briófitos em diferentes estações (chuvosa, inverno e verão). As parcelas foram selecionadas com base na taxa de perturbação, na espessura da floresta, na cobertura do dossel e na conveniência da visita de campo. Por conseguinte, foram estudadas duas parcelas, uma floresta sempre-verde perturbada e uma floresta sempre-verde não perturbada, sazonalmente durante dois anos (2011-12 a 2012-13). A ocorrência de espécies de briófitas em florestas sempre-verdes perturbadas e não perturbadas é apresentada no Quadro 4.10.

Tabela 4.10. Ocorrência de espécies de briófitos em florestas de folhosas perturbadas e não perturbadas

Sl. Não.	Nomes de espécies	Perturbado	Sem perturbações
1	*Aerobryopsis longissima*	-	+
2	*Aerobryopsis wallichi*	+	-
3	*Asterella khasiana*	+	-
4	*Bryum coronatum*	+	-
5	*Bryum plumosum*	+	+
6	*Calyptothecium recurvulum*	+	+
7	*Campylopus flexuosus*	+	-
8	*Chiloscyphus* sp.	-	+
9	*Cololejeunea appressa*	+	-
10	*Cololejeunea* sp.	+	+
11	*Cyathodium cavernarum*	-	+
12	*Entodon flavescens*	-	+
13	*Entodon plicatus*	-	+
14	*Fissidens ceylonensis*	+	-
15	*Fissidens crenulatus*	-	+
16	*Floribundaria walkeri*	-	+
17	*Garckea flexuosa*	-	+
18	*Heteroscyphus* sp.	-	+

19	*Isopterygium* sp.	+	+
20	*Jungermannia macrocarpa*	+	-
21	*Lejeunea flava*	-	+
22	*Lejeunea* sp.	+	+
23	*Lopholejeunea subfusca*	-	+
24	*Macromitrium sulcatum*	+	+
25	*Meteoriopsis reclinata*	+	+
26	*Meteoriopsis squarrosa*	+	+
27	*Mnium* sp.	-	+
28	*Papillaria crocea*	-	+
29	*Pogonatum microstomum*	+	-
30	*Porella acutifolia*	-	+
31	*Porella campylophylla*	-	+
32	*Reboulia hemisphaerica*	+	-
33	*Rhynchostegium herbaceum*	+	+
34	*Riccardia multifida*	+	-
35	*Spruceanthus semirepandus*	-	+
36	*Trachypodopsis serrulata*	-	+
37	*Vesicularia reticulata*	-	+

Nota: "+" - Presente; "-" - Ausente

4.2.5.I. Floresta perenifólia perturbada

No presente estudo, os resultados revelaram que o maior número de colónias foi registado na estação das chuvas (591) e na estação do inverno (352) do ano de 2013, em comparação com a estação das chuvas (403) e a estação do inverno (219) do ano de 2012. Mas a estação do verão do ano de 2012 teve o maior número de colónias em comparação com a estação do verão do ano de 2013 (Quadro 4.11).

Como observado nos microhabitats, o maior número de colónias (230) foi registado no substrato do solo em comparação com outros microhabitats na estação chuvosa do ano de 2013. Na estação das chuvas de 2012, o substrato do solo tinha 158 colónias e, em comparação com outros micro-habitats, tinha o maior número de colónias. Enquanto que, na estação de inverno de 2013, a madeira teve o maior número de colónias (142). Mas, no inverno de 2012, o solo teve o maior número de colónias (86), seguido da madeira (78), madeira morta (42), rocha (9) e folha (4). Em geral, as espécies de briófitas secaram no verão, pelo que se registou um número muito reduzido de colónias durante a investigação. No ano de 2012, a madeira suportou o maior número de colónias (67) de briófitos na estação do verão, em comparação com outros microhabitats e também com o substrato de madeira no ano de 2013 (Quadro 4.11).

Tabela 4.11. Número de colónias de briófitos em diferentes micro-habitats de floresta sempre-verde perturbada durante 2012 e 2013

Microhabitats	verão		Chuvoso		inverno	
	2012	2013	2012	2013	2012	2013
Madeira morta	20	27	66	90	42	63
Folha	0	0	24	48	4	12
Pedra	4	4	13	17	9	9
Solo	41	38	158	230	86	126
Madeira	67	56	142	206	78	142
Total	132	125	403	591	219	352

Foram calculados os índices de diversidade e a riqueza de espécies de briófitas em relação a diferentes estações. Os índices mais elevados de riqueza de espécies e de diversidade foram registados na estação chuvosa do ano de 2013 (S=19, D= 0,93 e H' =2,791) em comparação com a estação chuvosa do ano de 2012. Na estação de inverno do ano de 2013 foi registada a maior riqueza de espécies (18) e índices de diversidade (D=0,92, H' = 2,692) em comparação com o ano de 2012. Contrariamente a estes dois, a estação do verão do ano de 2012 registou a maior riqueza de espécies (14) e índices de diversidade (D=0,877, H' = 2,317) em comparação com o verão de 2013 (Tabela 4.12).

Tabela 4.12. Índices de diversidade de briófitos da floresta sempre-verde perturbada em diferentes estações de 2012 e 2013

Floresta perturbada	verão		Chuvoso		inverno	
	2012	2013	2012	2013	2012	2013
Taxa	14	13	19	19	17	18
Indivíduos	152	145	403	591	219	352
Domínio	0.1221	0.1254	0.0740	0.0700	0.0892	0.0795
Simpson	0.8779	0.8746	0.926	0.93	0.9108	0.9205
Shannon	2.317	2.269	2.752	2.791	2.575	2.692

4.2.5.2. Floresta perene não perturbada

Os resultados revelaram que o maior número de colónias foi registado em todas as estações do ano de 2013, com o maior número de colónias na estação das chuvas (1426), no inverno (475) e no verão (322), em comparação com o ano de 2012. O substrato de madeira teve o maior número de colónias em todas as estações de 2013 em comparação com todas as estações de 2012 (Tabela 4.13).

Tabela 4.13. Número de colónias de briófitos em diferentes micro-habitats de floresta sempre-verde não perturbada durante 2012 e 2013

Microhabitats	verão		Chuvoso		inverno	
	2012	2013	2012	2013	2012	2013
Madeira morta	22	31	169	124	44	42
Folha	3	1	90	128	12	2
Pedra	7	7	51	57	15	23
Solo	2	4	13	15	4	6
Madeira	198	279	808	1102	300	402
Total	**232**	**322**	**1131**	**1426**	**375**	**475**

Os índices de riqueza e diversidade de espécies mais elevados foram registados na estação das chuvas do ano de 2012 (S=27, D= 0,941 e H' =3,071) em comparação com a estação das chuvas do ano de 2013. Na estação de inverno do ano de 2012 foi registada a maior riqueza de espécies (26) e índices de diversidade (D=0,924, H' = 2,894) em comparação com o ano de 2013. Contrariamente a isto, a estação do verão de 2013 registou os índices de diversidade mais elevados (D=0,906, H' = 2,664) em comparação com o verão de 2012, mas a riqueza de espécies mais elevada (24) foi registada em 2012 (Quadro 4.14).

Tabela 4.14. Índices de diversidade de briófitas da floresta sempre-verde não perturbada em diferentes estações

Floresta não perturbada	verão		Chuvoso		inverno	
	2012	2013	2012	2013	2012	2013
Taxa	24	21	27	27	26	24
Indivíduos	232	322	1131	1426	375	475
Domínio	0.1004	0.0931	0.0586	0.0707	0.076	0.0778
Simpson	0.8996	0.9069	0.9414	0.9293	0.924	0.9222
Shannon	2.639	2.664	3.071	2.96	2.894	2.824

A partir dos nossos resultados, a diversidade e a equitabilidade no habitat não perturbado foram muito mais elevadas do que no habitat perturbado. A floresta não perturbada não só tinha um maior número de espécies presentes, como os indivíduos da comunidade estavam distribuídos de forma mais equitativa entre estas espécies.

4.3. Análise fitoquímica

O rastreio fitoquímico qualitativo preliminar de *Macromitrium moorcroftii* mostrou a presença de esteróis nos extractos de éter de petróleo, clorofórmio e metanólico. Os flavonóides, os fenóis e os glicosídeos estavam presentes no extrato metanólico. Os alcalóides estavam presentes apenas no extrato clorofórmico. Já a *Garckea flexuosa* mostrou a presença de fenóis e esteróis nos extractos de éter de petróleo, clorofórmio e metanólico. Os glicosídeos estavam presentes nos extractos de éter de petróleo e metanólico. Os alcalóides e os taninos estavam presentes nos extractos clorofórmico e metanólico. Os flavonóides estavam presentes no extrato de clorofórmio. As saponinas estavam presentes nos extractos metanólicos. Os triterpenóides estavam presentes no éter de petróleo. Em *Pogonatum microstomum*, os flavonóides, os glicosídeos, os triterpenóides, os fenóis e os esteróis estavam presentes nos três extractos. As saponinas estavam presentes apenas no extrato de clorofórmio (Quadro 4.15).

4.3.1. Atividade antibacteriana

Os extractos de solventes orgânicos (éter de petróleo, clorofórmio e metanol) de *Macromitrium moorcroftii*, *Garckea flexuosa* e *Pogonatum microstomum* foram submetidos à atividade antibacteriana contra bactérias patogénicas humanas e vegetais, tanto Gram-positivas como Gram-negativas.

A atividade antibacteriana do extrato *de Macromitrium moorcroftii* mostrou resultados variados em diferentes concentrações. Entre as bactérias testadas, *Pseudomonas aeruginosa* mostrou o maior grau de zona de inibição (12 mm) seguido por *Agrobacterium tumefaciens* (Placa-14: Fig. a), *Escherichia coli* (Placa-14: Fig. b), *Staphylococcus aureus* (Placa-14: Fig. e) e *Xanthomonas campestris* no extrato de clorofórmio. No extrato de metanol, *Staphylococcus aureus* e *Pseudomonas syringae* apresentaram a zona de inibição máxima (10 mm), seguidos por *Agrobacteirum tumefaciens*, *Pseudomonas aeruginosa* e *Klebsiella pneumonia*. No extrato de éter de petróleo, *Pseudomonas aeruginosa* mostrou a zona de inibição máxima (10 mm), seguida por *Klebsiella pneumonia*, *Escherichia coli*, *Agrobacterium tumefaciens* e *Staphylococcus aureus* (Tabela 4.16).

A atividade antibacteriana do extrato *de Garckea flexuosa* mostrou resultados variados em diferentes concentrações. Entre as bactérias testadas, *Escherichia coli* (Placa-15: Fig. b) e *Xanthomonas campestris* (Placa-15: Fig. d) mostraram o maior grau de zona de inibição (14 mm) seguido por *Agrobacterium tumefaciens* (Placa-15: Fig. a), *Staphylococcus aureus* e *Pseudomonas syringae* (Placa-15: Fig. e) no extrato de metanol. No extrato de clorofórmio, *Salmonella typhi* e *Pseudomonas syringae* apresentaram a zona de inibição máxima (14 mm), seguidas por *Agrobacterium tumefaciens*, *Escherichia coli*, *Staphylococcus aureus* e *Streptomyces pneumoniae*. No extrato de éter de petróleo, *Escherichia coli* apresentou a zona de inibição máxima (13 mm), seguida por *Salmonella typhi*, *Agrobacteirum tumefaciens*, *Klebsiella pneumonia*, *Pseudomonas syringae*, *Streptomyces pneumoniae* e *Xanthomonas campestris* (Quadro 4.17).

A atividade antibacteriana do extrato *de Pogonatum microstomum* mostrou resultados variados em diferentes concentrações. Entre as bactérias testadas, *Streptomyces pneumoniae* (Placa-16: Fig. g) e *Klebsiella pneumoniae* (Placa-16: Fig. c) mostraram o maior grau de zona de inibição (18 mm) seguido por *Escherichia coli* (17 mm) (Placa-16: Fig. b), *Pseudomonas aeruginosa* (16 mm) (Placa-16: Fig. d), *Staphylococcus aureus* (16 mm) (Placa-16: Fig. f) e *Agrobacteirum tumefaciens* (16 mm) (Placa-16: Fig. a) no extrato de clorofórmio. Enquanto que no extrato de metanol, *Pseudomonas aeruginosa* e *Agrobacteirum tumefaciens* (12 mm) mostraram a zona de inibição máxima seguida por *Escherichia coli, Staphylococcus aureus, Salmonella typhi* e *Pseudomonas syringae* (11 mm). No extrato de éter de petróleo, *Pseudomonas aeruginosa* e *Agrobacteirum tumefaciens* apresentaram a zona de inibição máxima (12 mm), seguidas por *Klebsiella pneumonia, Streptomyces pneumoniae, Xanthomonas campestris* (11 mm), *Escherichia coli* e *Staphylococcus aureus* (10 mm) (Quadro 4.18).

4.3.2. Atividade antifúngica

Os extractos de éter de petróleo, clorofórmio e metanol de *Macromitrium moorcroftii, Garckea flexuosa* e *Pogonatum microstomum* foram submetidos à atividade antifúngica contra quatro fungos dermatófitos.

A atividade antifúngica do extrato *de Pogonatum microstomum* mostrou resultados variados em diferentes concentrações. Entre os fungos testados, *Candida albicans* apresentou o maior grau de zona de inibição (13 mm) seguido por *Trichophyton rubrum* (8 mm) no extrato de éter de petróleo. Enquanto que no extrato de clorofórmio, contra *T. rubrum* (10 mm) mostrou a zona de inibição máxima seguida por *C. albicans* (8 mm). O extrato de metanol não mostrou zona de inibição contra os quatro fungos testados. As actividades antifúngicas do extrato etéreo de *Garckea flexuosa* mostraram uma atividade significativa contra *T. rubrum* (10 mm). Os extractos de clorofórmio e metanol de *G. flexuosa* não mostraram qualquer atividade contra os quatro fungos testados. Mas a atividade antifúngica *dos* extractos de *Macromitrium moorcroftii* mostrou uma zona de inibição mínima contra *C. albicans* e *T. rubrum* (6 mm) em extractos de éter de petróleo. Os extractos de clorofórmio e metanol não mostraram quaisquer actividades (Tabela 4.19).

Quadro 4.15. Triagem preliminar de metabolitos secundários de diferentes extractos de *Macromitrium moorcroftii, Garckea flexuosa Pogonatum microstomum* e

Pesquisa de metabolitos secundários		*Macromitrium moorcroftii*			*Garckea flexuosa*			*Pogonatum microstomum*		
		PE	CF	ME	PE	CF	ME	PE	CF	ME
Alcalóides	Teste de Mayer	-	-			+	+	-	-	-
	Teste de Wagner	-	+				+	-	-	-
	Ensaio de arrastamento	-					+			
Flavonóides	O teste de Shinoda	-					-	-	-	+
	Teste do ácido clorídrico de zinco	-					-	-	-	-
	Teste do reagente alcalino	+					-	+	+	-
	Ensaio com cloreto férrico			+			-	-	-	-
	Ensaio com solução de acetato de chumbo			+		+	-	+	-	-

150

Fenol	Ensaio com fenol			+	+	+	+	+	+	+
	Teste do ácido elágico			+	-	+	+	+	+	+
Saponinas	Ensaio de espuma			-	-	-	+	-	+	-
Taninos	Ensaio com cloreto férrico			-	-	-	+	-	-	-
	Ensaio de gelatina			-	-	-	-	+	-	-
Esteróides	Teste de Salkowaski			-	-	+	+	-	+	+
	Teste de Liebermann-Burchardt	+	+	+	+	+	+	+	+	+
Glicosídeos	Teste de Keller-Killiani	-	+	-	+	-	+	+	+	+
	Teste de legalidade	-	-	+	-	-	+	+	-	+
Triterpenóides	Teste de Salkowaski	-	-	-	+	-	-	+	+	+

Nota: PE- Éter de petróleo, CF- Clorofórmio. ME- Metanol; '+'- Presente, Ausente

Tabela 4.16. Atividade antibacteriana de *Macromitrium moorcroftii*

MO	Zona de inibição (mm)									Cont.	Std.
	Éter animal			Clorofórmio			Metanol				
	100%	50%	25%	100%	50%	25%	100%	50%	25%		
Ec	8 ±0.66	7±0.14	-	11 ±0.72	10 ±0.58	7 ±0.76	8 ±0.52	7 ±0.82	6±0.10	-	15 ±0.58
Kp	9 ±0.63	6 ±0.72	-	9 ±0.75	7 ±0.52	6 ±0.66	9±0.14	8 ±0.50	7 ±0.43	-	21 ±0.5
Pa	10 ±0.58	8 ±0.52	-	12 ±0.66	11 ±0.50	8 ±0.38	9 ±0.38	7 ±0.83	0	-	23 ± 0.76
Sa	8 ±0.52	7 ±0.29	-	10 ±0.90	9 ±0.66	7 ±0.52	10 ±0.66	8 ±0.85	7 ±0.38	-	17 ±0.58
Sp	8 ±0.66	7 ±0.43	-	10 ±0.58	9 ±0.52	7 ±0.29	9 ±0.25	8 ±0.96	7 ±0.43	-	23 ± 0.5
St	8 ± 0.29	7 ±0.38	-	9 ±0.88	8 ±0.88	7 ±0.50	8 ± 0.43	7 ±0.74	0	-	14 ±0.58
Em	9 ±0.38	7 ±0.58	-	12 ±0.52	11 ±0.66	8 ±0.58	10 ±0.29	8 ±0.55	7 ±0.29	-	21 ±0.5
Ps	8 ±0.75	7 ±0.87	-	9 ±0.25	8 ±0.76	7 ±0.38	10 ±0.58	9±0.14	7 ±0.66	-	22 ±0.96
Xc	7 ±0.38	6 ±0.58	-	10 ±0.66	8 ±0.76	6 ±0.58	7 ±0.58	0	0	-	19 ±0.76

Nota: **MO**= Microrganismos; **Std**= Padrão como Ciprofloxacina (lmg/ml) e Controlo como DMSO a 10% (O crescimento do organismo na placa é de 9cm), **Ec** - *Escherichia coli*, **Kp** - *Klebsiella pneumonia*. **Pa** - *Pseudomonas aeruginosa*, **Sa** - *Staphylococcus aureus*, **Sp**- *Streptomyces pneumoniae*, **St** - *Salmonella typhi*. **At**- *Agrobacteirum tumefaciens*, **Ps** - *Pseudomonas syringae*, **Xc**- *Xanthomonas campestris*.

Tabela 4.17. Atividade antibacteriana de *Garckea flexuosa*

MO	Zona de inibição (mm)									Cont.	Std.
	Éter animal			Clorofórmio			Metanol				
	100%	50%	25%	100%	50%	25%	100%	50%	25%		
Ec	13 ±0.52	12 ±0.19	10 ± 0.14	13 ± 1.01	11 ±0.58	9 ±0.52	14 ±0.58	12 ±0.58	10 ±0.52	-	15 ±0.58
Kp	11 ±0.58	9 ±0.38	-	12 ±0.29	9 ±0.63	7 ±0.48	11 ±0.52	10 ±0.88	9± 1.00	-	21 ±0.5
Pa	9 ±0.25	8 ± 0.22	7 ±0.58	12 ±0.66	9 ± 1.73	9± 1.15	11 ±0.38	10 ±0.58	7± 1.15	-	23 ±0.76
Sa	10 ±0.58	8 ±0.38	7± 1.15	13 ±0.66	11 ± 1.15	9 ±0.63	13 ±0.76	12 ±0.58	9± 1.15	-	17 ±0.58
Sp	11 ±0.52	8 ±0.21	7 ±0.90	13± 1.15	11 ±0.58	8± 1.15	12 ± 1.53	12 ±0.63	9 ±0.66	-	23 ±0.50
St	12 ±0.66	10±0	9 ±0.58	14 ±0.43	12 ±0.43	11±0,63	12 ±0.66	10± 1.15	10 ±0.58	-	14 ±0.58
Em	11 ±0.88	9±0.19	8 ±0.52	13 ± 1.05	11 ±0.63	8 ±0.90	13 ± 1.00	11 ±0.52	10 ±0.43	-	21 ±0.50
Ps	11 ±0.29	10 ±0.19	9 ±0.29	12 ± 1.73	11 ± 1.53	9± 1.73	13 ±0.58	11 ± 1.15	9 ±0.58	-	22 ±0.96
Xc	11 ± 1.15	8 ± 0.19	7±0.14	12 ± 1.53	10 ±0.58	9±0.14	14 ± 1.00	13 ±0.29	9± 1.00	-	19 ±0.76

Nota: **MO**= Microrganismos; **Std**= Padrão como Ciprofloxacina (lmg/ml) e Controlo como 10% DMSO (O crescimento do organismo na placa é de 9cm), **Ec** - *Escherichia coli*, **Kp** - *Klebsiella pneumonia*. **Pa** - *Pseudomonas aeruginosa*, **Sa** - *Staphylococcus aureus*, **Sp**- *Streptomyces pneumoniae*, **St** - *Salmonella typhi*, **At**- *Agrobacteirum tumefaciens*, **Ps** - *Pseudomonas syringae*, **Xc-Xanthomonas campestris*.

Tabela 4.18. Atividade antibacteriana de *Pogonatum microstomum*

MO	Zona de inibição (mm)									Cont.	Std.
	Éter animal			Clorofórmio			Metanol				
	100%	50%	25%	100%	50%	25%	100%	50%	25%		
Ec	10 ±0.43	9 ±0.58	7 ±0.25	17 ±0.20	15 ±0.14	13 ±0.09	11 ±0.20	9 ±0.63	8±0.10	-	15 ±0.58
Kp	11 ±0.58	7 ±0.29	-	18 ±0.29	15 ±0.43	12 ±0.09	10 ± 0.13	9 ±0.29	8 ±0.58	-	21 ±0.5
Pa	12 ±0.29	8 ± 0.64	-	16 ±0.77	13 ±0.43	11 ±0.14	12 ±0.50	10 ±0.72	8 ± 0.24	-	23 ±0.76
Sa	10 ±0.58	7 ±0.38	-	16 ± 0.14	14 ±0.49	12 ±0.29	11 ±0.30	9 ±0.52	-	-	17 ±0.58
Sp	11 ±0.29	7 ±0.25	-	18 ±0.29	16 ±0.66	14 ±0.72	10 ±0.63	8 ±0.06	7 ±0.09	-	23 ±0.50
St	9 ±0.58	7 ±0.25	-	14 ±0.29	12 ± 0.14	11 ±0.09	11 ±0.25	10 ±0.72	9 ±0.58	-	14 ±0.58
Em	12	7 ±0.58	6 ±	16 ±	14	12	12	10	8 ±	-	21

	±0.25		0.13	0.14	±0.25	±0.19	±0.28	±0.44	0.26		±0.50
Ps	9 ±0.29	-	-	14 ±0.25	12 ±0.43	11 ±0.29	11 ±0.77	9 ±0.20	-	-	22 ±0.96
Xc	11 ±0.50	8 ±0.58	6±0.14	14 ±0.25	12 ±0.72	11 ±0.06	10 ±0.49	9 ±0.43	8 ± 0.29	-	19 ±0.76

Nota: **MO=** Microrganismos; **Std=** Padrão como Ciprofloxacina (lmg/ml) e Controlo como 10% DMSO (O crescimento do organismo na placa é de 9cm), **Ec** - *Escherichia coli*, **Kp** - *Klebsiella pneumonia*. **Pa** - *Pseudomonas aeruginosa*, **Sa** - *Staphylococcus aureus*, **Sp**- *Streptomyces pneumoniae*, **St** - *Salmonella typhi*, **At**- *Agrobacteirum tumefaciens*, **Ps** - *Pseudomonas syringae*, **Xc-Xanthomonas campestris*.

Tabela 4.19. Actividades antifúngicas de *M. moorcroftii, G.flexuosa* e *P. microstomum*

Nome da espécie	Organismos	Éter animal			Clorofórmio			Metanol			Std.
		100%	50%	25%	100%	50%%	25%	100%	50%	25%	
M. moorcroftii	**CA**	6±0.43	-	-	-	-	-	-	-	-	24±0.58
	CK	-	-	-	-	-	-	-	-	-	18±0.38
	CM	-	-	-	-	-	-	-	-	-	17±0.96
	TR	6±0.38	-	-	-	-	-	-	-	-	20±0.25
G.flexuosa	**CA**	-	-	-	-	-	-	-	-	-	24±0.58
	CK	-	-	-	-	-	-	-	-	-	18±0.38
	CM	-	-	-	-	-	-	-	-	-	17±0.96
	TR	10±0.29	8±0.50	-	10±0.25	7±0.14	-	-	-	-	20±0.25
P. microstomum	**CA**	13±0.25	9±0.38	-	8±0.14	6±0.29	-	-	-	-	24±0.58
	CK	-	-	-	-	-	-	-	-	-	18±0.38
	CM	-	-	-	-	-	-	-	-	-	17±0.96
	TR	8±0.38	6±0.14	-	10±0.25	6±0.43	-	-	-	-	20±0.25

Nota: **Std=** Padrão como Fluconazol (Img/inl) e Controlo como 10% DMSO (O crescimento do organismo na placa é de 9cm), *CK-Candida albicans*, **CK-** *Chrysosporium keratinophilum*, **CM-** *Chrysosporium merdarium* e **TR-** *Trichophyton rubrum*.

Antibacterial activity of chloroform extracts of *Macromitrium moorcroftii*

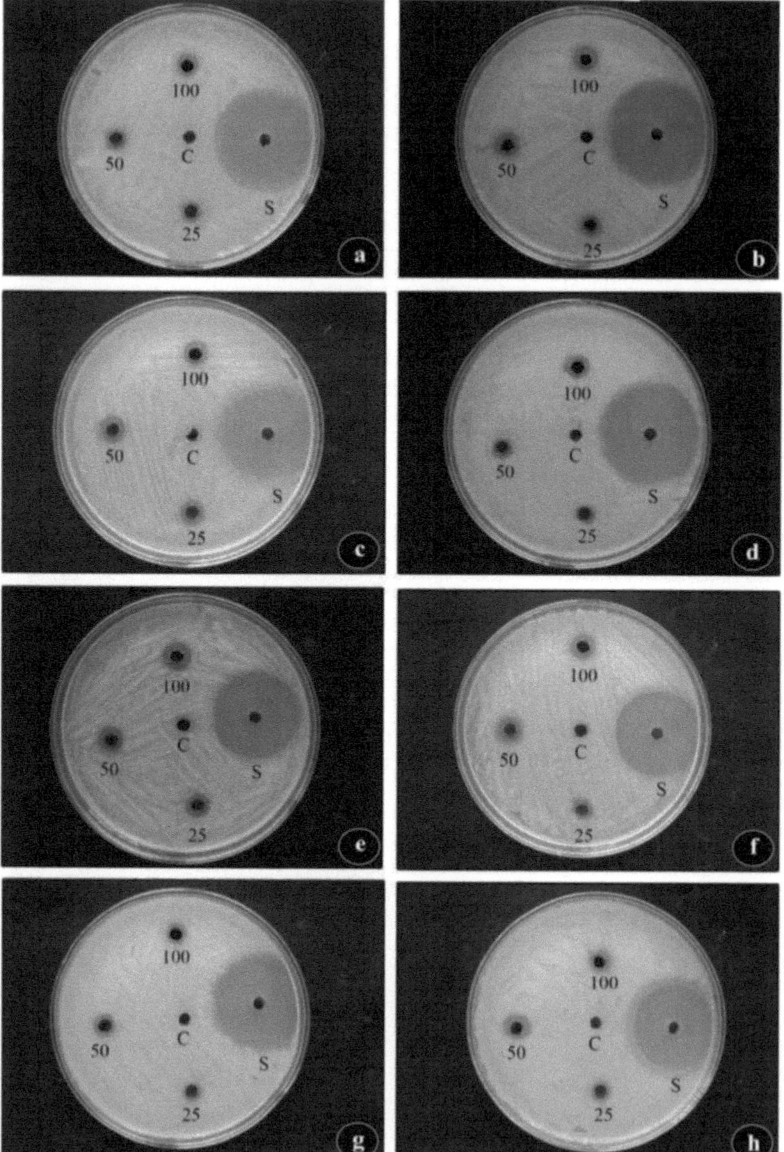

Fig. a. *Agrobacterium tumefaciens*; b. *Escherichia coli*; c. *Klebsiella pneumonia*; d. *Pseudomonas aeruginosa*; e. *Staphylococcus aureus*; f. *Streptomyces pneumoniae*; g. *Salmonella typhi* ; h. *Pseudomonas syringae*. (C- Control; S- Standard).

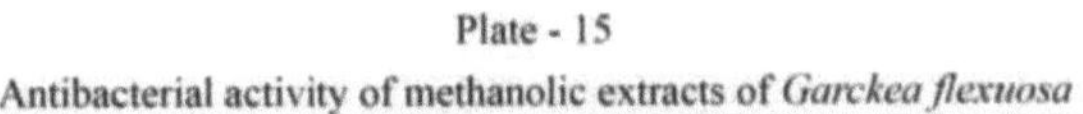

Plate - 15

Antibacterial activity of methanolic extracts of *Garckea flexuosa*

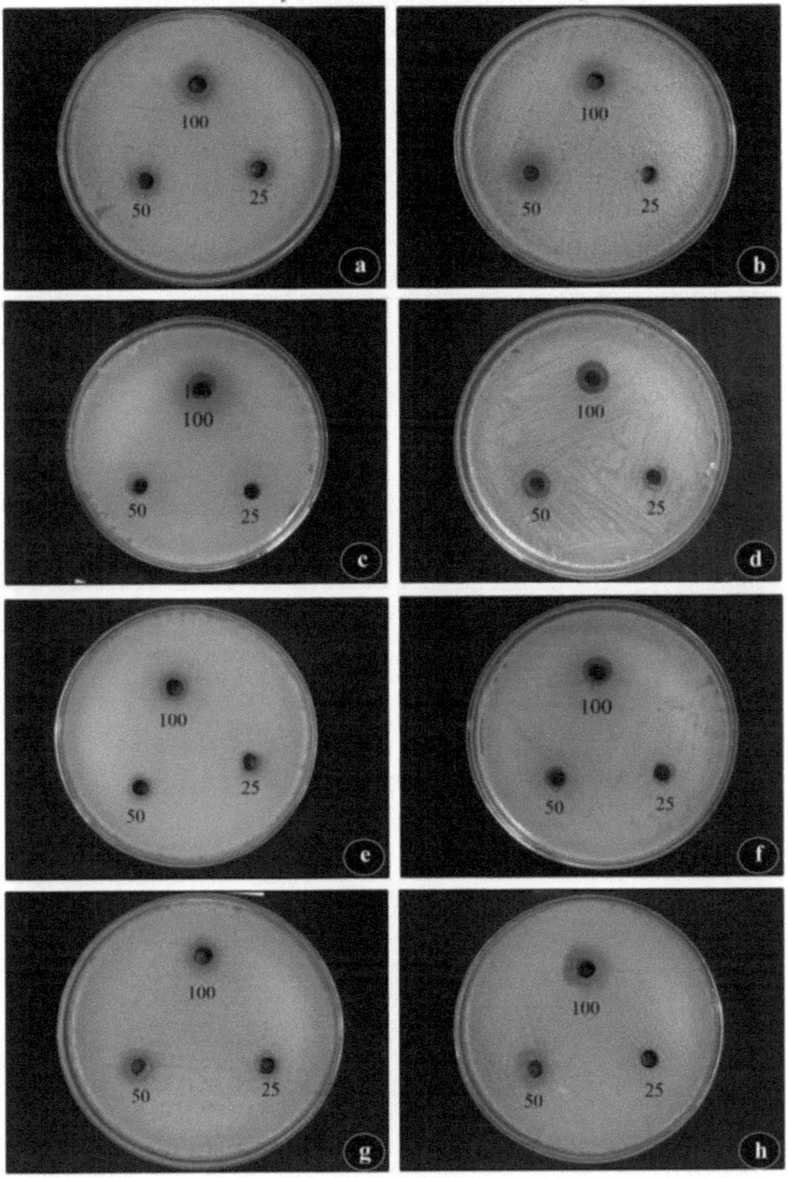

Fig. a. *Agrobacterium tumefaciens*; b. *Escherichia coli*; c. *Klebsiella pneumonia*; d. *Xanthomonas campestris*; e. *Pseudomonas syringae*; f. *Streptomyces pneumoniae*; g. *Salmonella typhi*; h. *Salmonella typhi* (C- Control; S- Standard).

Antibacterial activity of chloroform extracts of *Pogonatum microstomum*

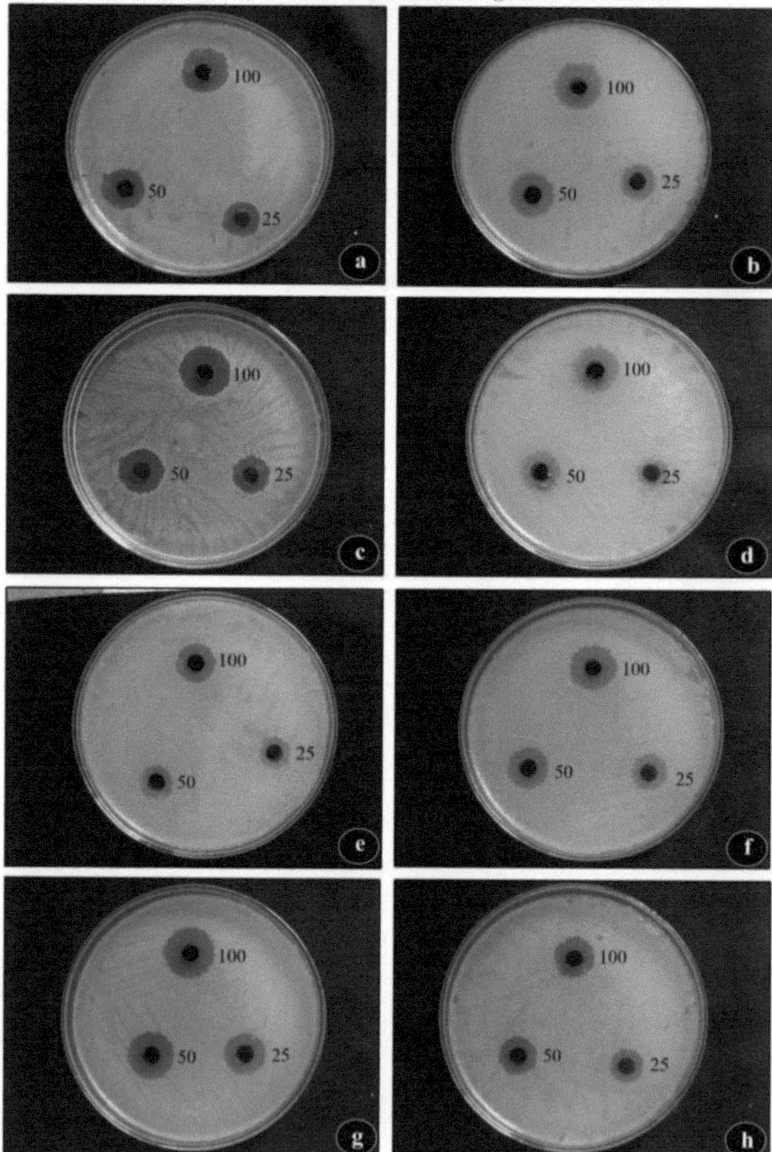

Fig. a. *Agrobacterium tumefaciens*; b. *Escherichia coli*; c. *Klebsiella pneumonia*; d. *Pseudomonas aeruginosa*; e. *Pseudomonas syringae*; f. *Staphylococcus aureus*; g. *Streptomyces pneumoniae*; h. *Xanthomonas campestris*.

Capítulo 5. Discussão

As aves construíram o seu ninho com briófitas

5.

Discussão

5.1. Cenário atual da briologia

Apesar de a Índia ter formas de relevo diversificadas, condições ambientais espectaculares e uma variedade de tipos de floresta, os estudos sobre a brioflora são escassos em muitas partes do nosso país. Estranho mas verdadeiro, no cenário atual da nação, os estudos, as investigações e os apoios financeiros são considerados principalmente para animais ou angiospérmicas ou microorganismos (vírus, bactérias e fungos). Os Ghats Ocidentais são ricos em briófitas, mas a informação sobre este grupo é insuficiente. Isto é evidente pelo facto de não existirem bons manuais ou monografias sobre os briófitos dos Ghats Ocidentais, do sul da Índia ou da Índia. Em comparação com os estudos briófitos do Norte da Índia, o cenário do Sul da Índia é mais patético. A razão para isso é o número limitado de investigadores activos em briologia e a inexistência de centros de investigação dedicados aos estudos briófitos.

Lal (2005) dividiu a brioflora indiana em seis regiões biogeográficas, *nomeadamente o* território dos Himalaias ocidentais, as planícies do Ganges, o território dos Himalaias orientais, a zona central da Índia, as planícies do Punjab e o Rajastão e a zona sul da Índia. Segundo ele, a atual área de estudo, o distrito de Chikkamagaluru de Karnataka, pertence à zona do Sul da Índia.

A briologia do sul da Índia necessita de estudos sistemáticos urgentes sobre este grupo amigo do ambiente. As áreas regionais de estudos de briófitos com maior intensidade são provavelmente o melhor método para desenvolver uma base de dados nacional. O presente trabalho é significativo neste aspeto. A presente investigação tem como principal objetivo estudar a diversidade de briófitos do distrito de Chikkamagaluru, Karnataka, e conhecer a atividade fitoquímica e antimicrobiana dos briófitos. O distrito de Chikkamagaluru é um dos distritos mais frescos do Estado, com uma paisagem espetacular, regiões montanhosas, numerosas quedas de água, prados e uma grande variedade de tipos de floresta. Este tipo de estudo é limitado no sul da Índia e, neste estudo, foi documentado um total de 115 espécies de briófitas. Este número de documentação em três anos de estudo é muito elevado quando comparado com a lista de 85 espécies de briófitas do Santuário de Vida Selvagem de Bhadra (Sathisha, 2007), 171 espécies de briófitas dos Ghats Ocidentais do distrito de Wayanad (Nair *et al,* 2005) e Easa (2003) tinha uma lista de 232 espécies de todo o estado de Kerala (Nair *et al,* 2005).

5.2. Diversidade e distribuição dos briófitos

O presente estudo relata 115 espécies de briófitas pertencentes a 61 géneros e 38 famílias, das

158

quais os musgos compreendem 69 espécies pertencentes a 37 géneros e 23 famílias, as hepáticas compreendem 41 espécies pertencentes a 21 géneros e 13 famílias e as hornworts compreendem cinco espécies pertencentes a três géneros e duas famílias. Meteoriaceae é a maior família, com nove espécies, seguida de Bryaceae e Fissidentaceae, com sete espécies cada, entre os musgos, e Lejeuneaceae, com nove espécies, é a maior família de hepáticas. Das 115 espécies, 24 espécies foram identificadas apenas até ao nível genérico, devido à falta de literatura e à falta de alguns caracteres morfológicos.

De acordo com a recente modificação na taxonomia de briófitas (Hentschel *et al*, 2006), *Chiloscyphus* sp. e *Heteroscyphus* spp. são classificados na família Lophocoleaceae no presente estudo. Mas Nair *et al.* (2005) tinham classificado estes géneros na família Geocalycaceae.

Os briófitos são competidores fracos e específicos do substrato e, enquanto colonizadores, ocorrem maioritariamente apenas em pequenos microhabitats temporariamente disponíveis, como o solo, cascas de árvores, folhas, troncos mortos, rochas e pedras. Para estes pequenos microhabitats são necessários macrohabitats fortes e saudáveis.

Para a análise quantitativa da diversidade e do padrão de distribuição dos briófitos, foi seguido o método dos transectos em macro e microhabitats. Os macro-habitats foram estudados como taluks e zonas de vegetação. Esta classificação depende principalmente das classificações de tipos de Pocs (1982) e Nair *et al.* (2005) com algumas modificações para lidar com a distribuição de briófitas na área de estudo. Embora os briófitos sejam cosmopolitas em termos de distribuição, a maioria deles exibe uma forte preferência por tipos específicos de floresta e microhabitats. Normalmente não existem como populações isoladas, mas encontram-se em crescimento misturadas com outras espécies de briófitos, fetos, ervas e gramíneas como associação biológica de comunidades.

Daniels e Kariyappa (2007) investigaram a diversidade de briófitas em diferentes plantações do distrito de Kanyakumari, Tamil Nadu. Segundo os autores, foram efectuadas 2580 recolhas em 144 quadrículas dispostas em 48 transectos. Entre as oito plantações, a floresta sempre-verde a 1000 m de altitude teve 429 recolhas, seguida da floresta degradada a 310 m (401 recolhas), das plantações de seringueira a 160 m (338), da floresta sempre-verde a 480 m (324), das plantações de seringueira a 420 m (312), da floresta degradada a 710 m (294), e as plantações de cravinho a 250 m e 520 m de altitude tiveram o menor número de recolhas, 272 e 219, respetivamente. Em comparação com estes resultados, no presente estudo, as diferentes vegetações são classificadas em vegetações naturais e plantações de monocultura. Foi registado um total de 17402 colónias em 186 quadrantes dispostos em 62 transectos. As florestas de folha perene têm 5467 colónias, seguidas das florestas de folha caduca húmida (3908), matagal (2227), prados (1967), floresta de folha caduca seca (1134), plantações de acácia (898), plantações de areca (674), sholas (617), plantações de café (351) e plantações de teca (159). As florestas perenes albergam 46 espécies, seguidas de prados (44), plantações de Areca (32), florestas decíduas húmidas (31), florestas decíduas secas (26), plantações de café (23), plantações de Acácia (21), matagais (20), sholas (14) e plantações de teca (9). Mas, em comparação com o estudo de Daniels e Kariyappa (2007), as florestas sempre verdes albergam 105 espécies, seguidas das florestas sempre verdes degradadas com 58 espécies, das plantações de cravinho com 33 espécies e das plantações de seringueira com 34 espécies.

Em todo o distrito de Chikkamagaluru, as espécies de briófitos não apresentam uma distribuição equitativa, mesmo os três principais grupos, ou *seja,* hepáticas, hornworts e musgos, apresentam uma distribuição desigual e mesmo os macro e micro habitats, ou seja, vegetações, taluques e substratos, também apresentam uma distribuição desigual. As florestas perenes suportam uma grande diversidade de briófitos em comparação com outros tipos de floresta, devido a alguns factores ambientais e à taxa de perturbação que influenciam a distribuição e a diversidade dos briófitos. Nakanishi (1999) mostrou que a relação entre a diversidade de espécies e os gradientes ambientais nas comunidades de briófitas em condições naturais tem uma forma de sino simétrica semelhante à das comunidades de plantas superiores, enquanto nas zonas urbanas a relação entre a diversidade de espécies e a deterioração ambiental é uma linha reta. Jonsgard e Bircks (1993) sugeriram que o macroclima é o fator ambiental mais importante para a briodiversidade. Na observação de diferentes tipos de vegetação, as florestas de folha perene contêm um elevado teor de humidade, alta humidade, baixa temperatura e um dossel florestal fechado, que suporta uma diversidade luxuriante de briófitas neste tipo de floresta.

Chaudhary *et al.* (2008) sugeriram que o efeito da temperatura na distribuição de briófitas é difícil de avaliar, uma vez que afecta a humidade e a humidade. No presente estudo, os musgos pendentes, *Rhynchostegium herbaceum, Papillaria* spp. e os musgos rasteiros, *Meteoriopsis squarrosa, Macromitrium sulcatum, M. moorcroftii, Isopterygium* spp. foram encontrados em condições de baixa temperatura e elevada humidade em florestas sempre verdes e os seus padrões de copa mantêm o teor de humidade e também proporcionam vários habitats húmidos e sombrios, proporcionando uma plataforma adequada para briófitas. Eldridge e Tozer (1997) também concordam que a precipitação é o principal fator determinante da cobertura vegetal e que o fator luz afecta a distribuição das briófitas. Muitos briólogos estudaram a diversidade de briófitas ao longo de gradientes altitudinais (Lloret *et al,* 1997; Theurillat *et al,* 1993; Andrew *et al,* 2003; Daniels e Kariyappa, 2007). No presente estudo, a altitude mais elevada foi encontrada em Bababudan giri, Mullaiyyana giri, Kemmannugundi, Kallathigiri, Megur, perto de Hanethe gudda, com florestas sempre verdes, sholas e prados. A riqueza de espécies a maior altitude é moderadamente elevada. Lloret *et al.* (1997) verificaram que a riqueza máxima de espécies diminuía a partir de uma certa altitude. Theurillat *et al.* (2003) concluíram que a riqueza de espécies de briófitos diminuía ao longo do gradiente de elevação.

Em termos de taluk, o estudo quantitativo revelou que a maior riqueza se encontra no taluk de Sringeri (69 espécies) com o maior número de indivíduos (5085). Seguem-se Mudigere (68),

Koppa (58), Chikkamagaluru (53), Tarikere (41), N.R.Pura (40) e Kadur (20). De acordo com os dados de precipitação de dez anos, o taluk de Sringeri recebe a maior precipitação anual em comparação com outros taluks. O taluk de Sringeri tem florestas frescas, densas, de folha perene a caducifólia húmida, prados, vegetações de sholas com outros tipos diferentes de plantações de monoculturas, que também suportam uma diversidade luxuriante de briófitos. Os taluks de Mudigere também recebem a segunda maior precipitação e têm tipos de floresta diversificados, *nomeadamente* florestas de folha perene, florestas de folha caduca húmidas e prados, pelo que também suportam a diversidade de briófitos. O taluk de Kadur é o que recebe menos precipitação anual, pelo que a diversidade de briófitos é muito reduzida em comparação com outros taluks.

Entre os diferentes tipos de vegetação, a densidade, abundância e frequência mais elevadas de briófitos em diferentes vegetações do distrito de Chikkamagaluru foram encontradas em florestas sempre verdes. Devido à ausência de perturbações, o dossel fechado da floresta, a baixa temperatura e outros factores favoráveis favorecem o crescimento luxuriante de briófitos. Seguem-se as florestas caducifólias húmidas, as florestas caducifólias secas, os prados, os matagais, as sholas, as plantações de areca, as plantações de acácia, as plantações de café e as plantações de teca. Para além da vegetação natural, as plantações de monoculturas têm sofrido uma série de perturbações, inferência humana, utilização de produtos químicos (pesticidas, insecticidas, rodenticidas) nas plantações de areca e de café. A maior parte das plantações de teca está inserida numa floresta decídua seca. A descamação da casca das árvores de teca e a temperatura mais elevada nas plantações são as principais desvantagens para a diversidade de briófitas nas plantações de teca.

Na área de estudo, as florestas sempre-verdes apresentam a maior diversidade de espécies (D=0,956 e H' = 3,454), seguidas pelas plantações de areca (D=0,947 e H' = 3,180), embora a área seja menor em extensão em comparação com a floresta decídua húmida (D=0,945 e H' = 3,069), isto deve-se principalmente à disponibilidade de substratos mais adequados, que suportam uma variedade de briófitos. As plantações de areca suportam um maior número de espécies de hepáticas e musgos, devido ao facto de a água estar disponível durante todo o ano, ou seja, a chuva das monções cai durante a estação das chuvas e a irrigação durante as estações do inverno e do verão. Em comparação com as plantações de monocultura, as plantações de café (D=0,940 e H' = 2,978) também seguiram as plantações de areca, suportando melhor a diversidade de briófitos do que as plantações de acácia (D=0,934 e H' = 2,864) e teca (D=0,873 e H' = 2,125). Quando estes resultados foram comparados com os resultados de Daniels e Kariyappa (2007), a floresta perenifólia a 1000 m tem a maior diversidade H' = 3,764, seguida da floresta perenifólia degradada a 710 m (H' = 3,362) e da floresta perenifólia a 480 m (H' = 3,041). As plantações de monocultura, como a plantação de cravo-da-índia a maior altitude (520 m), apresentam a maior diversidade H' = 2,511, em comparação com as plantações de seringueira a 420 m e 160 m de altitude (H' = 2,490 e 2,428, respetivamente). O nosso resultado é semelhante ao de Nair *et al.* (2005), a floresta perene suporta a percentagem mais elevada (26%) de distribuição de briófitas entre os diferentes tipos de vegetação, seguida da floresta semi-perene (25%), da floresta caducifólia húmida (19%) e assim por diante.

De acordo com as nossas observações, a cobertura do dossel das florestas sempre-verdes e das florestas caducifólias húmidas estende-se por uma região mais vasta, o que contribui para a presença de briófitos no tronco e nos ramos das árvores, enquanto que nos pedaços de madeira essa cobertura é menor. As vegetações dos taluks de Sringeri e Koppa sofrem algumas perturbações humanas, como o corte de madeira, a recolha de lenha e a extração de madeira. A extração de madeira é uma ameaça para os briófitos específicos dos troncos (Johnson, 1992).

No presente estudo, o nicho ecológico, a especificidade do substrato, o número de dias de chuva, o coberto de copas, a perturbação do habitat (por animais), os estratos florestais, as perturbações humanas como o corte de madeira, a recolha de lixo, a recolha de briófitas, especialmente musgos, são os principais factores que influenciam a sua retenção/presença em determinados tipos de floresta. Com base nos factores acima referidos, cada tipo de floresta é categorizado em micro-habitats com base na especificidade do seu substrato para maior comodidade.

No presente estudo, entre cinco substratos diferentes (microhabitats), a riqueza mais elevada foi registada na madeira, com o maior número de indivíduos. Segue-se o solo, a rocha, a madeira morta e a folha. As briófitas são componentes importantes do solo da floresta (Cajander, 1909), o que indica que o distrito de Chikkamagaluru tem tipos de floresta ricos e substratos fortes e saudáveis como epífitas, terrícolas e litófitas.

As briófitas que se encontram na casca da árvore são consideradas madeira. No presente estudo, os musgos, especialmente os que rastejam nos ramos da árvore, são considerados epífitos. *Rhynchostegium herbaceum, Meteoriopsis squarrosa, Macromitrium sulcatum, M. moorcroftii, Thuidium pristocalyx, Calyptothecium* spp. e *Isopterygium* spp. são comuns em madeira e troncos mortos. Os briófitos são indicadores da riqueza, riqueza e saúde da floresta. Alguns briófitos, especialmente algumas hepáticas foliares (*Lejeunea* sp. *Cololejeunea* sp. *Lejeunea flava, Cololejeunea mizutaniana*) e musgos são mais sensíveis a certos tipos de florestas e preferem apenas alguns substratos (folha e madeira). Os musgos suspensos são indicadores de tipos de florestas sempre-verdes e semi-verdes.

5.3. Padrão de distribuição dos briófitos em diferentes estações do ano em áreas de estudo selecionadas

Foram selecionadas duas parcelas permanentes, *a saber*, floresta perenifólia perturbada e floresta perenifólia não perturbada, com base na taxa de perturbação, espessura da floresta, cobertura de copa e conveniência da visita de campo para a investigação do padrão de distribuição de briófitas em diferentes estações (chuvosa, inverno e verão).

5.3.1. Floresta perenifólia perturbada

Na floresta perenifólia perturbada, a estação das chuvas contribui mais para a diversidade de briófitos do que o inverno e o verão. A precipitação, a temperatura, a humidade e outros factores climáticos influenciaram o crescimento dos briófitos. Na estação das chuvas, ocorrem espécies de hepáticas e de hornworts, mas no inverno e no verão estão secas. Alguns musgos também completaram as suas fases de esporófito após a estação das chuvas e no início da estação do inverno. Aqui, o solo favorece o número máximo de briófitos em comparação com outros microhabitats na estação das chuvas. Com a mudança de estação, os briófitos terrestres desaparecem, no sentido em que secam. O corte de madeira, a recolha de troncos para combustível, a recolha de lixo e o pastoreio de animais são as principais ameaças aos briófitos.

5.3.2. Floresta perene não perturbada

Na floresta sempre-verde não perturbada, aqui também a estação das chuvas contribui para a riqueza de briófitas. O maior número de colónias foi registado em todas as estações de 2013, com o maior número de colónias na estação das chuvas (1426), no inverno (475) e no verão (322), em comparação com o ano de 2012. O substrato de madeira tem o maior número de colónias em todas as estações de 2013 em comparação com todas as estações de 2012. A precipitação suficiente, a elevada humidade, a baixa temperatura, a ausência de perturbações e o elevado teor de humidade nesta floresta favorecem o crescimento abundante de briófitas. Os musgos suspensos, os musgos rasteiros e os briófitos foliícolas são o indicador da riqueza desta floresta.

Alguns musgos, *nomeadamente Bryum coronatum, B. plumosum, B. pseudotriquetrum, Philonotis* spp., *Fissidens ceylonensis, Fissidens* spp., *Funaria hygrometrica, Meteoriopsis squarrosa, Floribundaria* spp., *Barbula indica, Hyophila involuta* e *Hyophila* spp. encontram-se frequentemente mesmo perto das zonas de habitação. Algumas hepáticas, *nomeadamente Asterella khasiana, A. wallichiana, Reboulia hemisphaerica, Fossombronia indica, Pallavicinia* spp., *Porella* sp. *Cyathodium cavernarum, Targionia hypophylla* e hornworts como *Anthoceros* spp. e *Phaeoceros* spp. são frequentemente encontradas perto das bermas das estradas e das zonas residenciais na estação das chuvas.

As espécies *Bryum coronatum, Hyophila involuta* e *Philonotis* spp. são frequentemente encontradas em paredes de cimento. *Fissidens ceylonensis* foi também encontrado em termiteiras, *Calyptothecium* spp., *Isopterygium* spp, *Trachypodopsis serrulata* e *Fissidens* spp. foram surpreendentemente encontrados em Macrofungi *Ganoderma* spp. em florestas sempre verdes de Sringeri, Koppa e Mudigere taluks. Os briófitos, especialmente os musgos e as hepáticas, formam excelentes bancos de sementes para plântulas e amostras, especialmente em florestas sempre verdes. Servem de abrigo a muitos invertebrados e fornecem materiais de construção de ninhos para aves e outros insectos (Pant e Tewari, 1981).

Um índice de diversidade é uma medida matemática da diversidade de espécies numa comunidade. Os índices de diversidade fornecem mais informações sobre a composição da comunidade do que simplesmente a riqueza de espécies (ou seja, o número de espécies presentes); também têm em conta as abundâncias relativas das diferentes espécies.

A diversidade beta foi definida por Whittaker (1972) como "a extensão da substituição de espécies ou da mudança biótica ao longo de gradientes ambientais". A diversidade beta mede a rotação de espécies entre dois locais em termos de ganho ou perda de espécies.

5.4. Rastreio fitoquímico e actividades antimicrobianas de algumas briófitas novas

Para além de alguma importância ecológica, da utilização medicinal tradicional, da utilização folclórica, das propriedades medicinais e da importância económica, os briófitos são uma fonte rica de compostos biologicamente activos (Asakawa, 2007). Por conseguinte, a utilização etnomedicinal de diferentes briófitos deve ser investigada cientificamente no que respeita aos princípios activos, a fim de estabelecer uma ponte entre o conhecimento tradicional e a farmacologia. A partir deste contexto, juntamente com a análise quantitativa da diversidade e do padrão de distribuição dos briófitos, foram efectuados no presente estudo o rastreio fitoquímico e as propriedades antimicrobianas dos extractos de solvente orgânico (éter de Pet, clorofórmio e metanol) de três musgos, *nomeadamente Macromitrium moorcroftii, Garckea flexuosa* e *Pogonatum microstomum*, contra bactérias patogénicas humanas e vegetais, tanto Gram-positivas como Gram-negativas, e fungos dermatófitos.

No presente estudo, o rastreio fitoquímico de diferentes extractos dos três musgos revelou a presença de vários metabolitos secundários. *O Macromitrium moorcroftii* mostrou a presença de esteróis nos três extractos. Os flavonóides, os fenóis e os glicosídeos estão presentes no extrato metanólico. Mas os alcalóides estão presentes apenas no extrato clorofórmico. Já *a Garckea flexuosa* mostrou a presença de fenóis e esteróis nos três extractos. Os glicosídeos estão presentes nos extractos de éter de petróleo e metanólico. Os alcalóides e os taninos estão presentes nos extractos clorofórmico e metanólico. Os flavonóides estão presentes no extrato clorofórmico. As saponinas estão presentes nos extractos metanólicos. Os triterpenóides estão presentes no éter de petróleo. Enquanto que, em *Pogonatum microstomum*, os flavonóides, glicosídeos, triterpenóides, fenóis e esteróis estão presentes nos três extractos. As saponinas estão presentes apenas no extrato de clorofórmio.

Os metabolitos secundários são substâncias químicas naturais. Este estudo mostra a presença de numerosos metabolitos secundários nestas novas briófitas. Geralmente, as plantas medicinais são conhecidas como "minas de ouro químicas", uma vez que contêm substâncias químicas naturais que não podem ser sintetizadas em laboratório. Muitos metabolitos secundários das plantas são comercialmente importantes e são utilizados numa série de compostos farmacêuticos. Semelhante ao nosso resultado, Mishra e Verma (2009) detectaram a composição de flavonóides em *Wiesnerella denudata* Steph. Os flavonóides podem ajudar a fornecer proteção contra estas doenças, contribuindo, juntamente com vitaminas e enzimas antioxidantes, para o sistema de defesa antioxidante total do corpo humano. Estudos epidemiológicos mostraram que a ingestão de flavonóides e carotenóides está inversamente relacionada com a mortalidade por doenças coronárias e com a incidência de ataques cardíacos (Donald e Cristobal, 2006). Do ponto de vista biológico, os glicosídeos desempenham um papel importante na vida das plantas, envolvendo as suas funções reguladoras, transportadoras e protectoras. Tem propriedades de cicatrização de feridas e propriedades antimicrobianas (Stevenson *et al,* 2002). Os esteróides e os seus metabolitos activos associados são de grande valor na indústria farmacêutica e de medicamentos. Têm numerosas e diversificadas funções fisiológicas e efeitos farmacológicos, tais como a influência no metabolismo dos hidratos de carbono, das proteínas, dos lípidos e das purinas; no equilíbrio eletrolítico e hídrico; nas capacidades funcionais do sistema cardiovascular, *nomeadamente* nos rins, no esqueleto, nos músculos, no sistema nervoso e em alguns órgãos e tecidos. As saponinas também são conhecidas por terem vários efeitos benéficos para a saúde, por exemplo, aumento da imunidade, redução da glucose no sangue e outros efeitos antidiabéticos e redução do colesterol no sangue (Francis et *al.,* 2002). Entre todos os elementos encontrados nas plantas, os alcalóides são os mais poderosos, exibindo actividades analgésicas, espasmolíticas, anti-inflamatórias, anticarcinogénicas e outras (Vidal *et al,* 2012).

Comparado com *Macromitrium moorcroftii* e *Garckea flexuosa, Pogonatum microstomum* tem uma fonte rica de metabolitos secundários. *O Pogonatum microstomum* pertence à família Polytrichaceae e contém um dos géneros mais importantes do ponto de vista medicinal, *o Polytrichum*. Uma das espécies mais conhecidas, *Polytrichum commune*, reduz a inflamação e actua como antipirético, laxante e agente hemolítico (Hu, 1987; Glime e Saxena, 1991). O extrato de óleo do musgo *Polytrichum commune* é utilizado para embelezar e fortalecer o cabelo (Pant e Tewari, 1990).

5.4.1. Atividade antimicrobiana dos briófitos

No presente estudo, a atividade antimicrobiana dos extractos de éter de petróleo, clorofórmio e metanólico de três musgos, contra duas estirpes de bactérias gram positivas, sete estirpes de bactérias gram negativas e quatro fungos.

5.4.1.1. Atividade antibacteriana

Entre os três musgos, *Pogonatum microstomum* mostrou a atividade mais significativa contra estirpes bacterianas Gram-positivas e Gram-negativas testadas, em comparação com *Garckea flexuosa* e *Macromitrium moorcroftii*. Os diferentes extractos de solvente de *P. microstomum* apresentaram resultados variados em diferentes concentrações. *Streptomyces pneumoniae* e *Klebsiella pneumoniae* mostraram o maior grau de zona de inibição (18 mm), seguidas por *Escherichia coli* (17 mm), *Pseudomonas aeruginosa* (16 mm), *Staphylococcus aureus* (16 mm) e *Agrobacteirum tumefaciens* (16 mm) no extrato de clorofórmio, em comparação com a ciprofloxacina padrão (15 mm) contra *Escherichia coli* mostrou a atividade mais significativa. Enquanto *a Garckea flexuosa* mostrou melhores resultados contra *Escherichia coli* e *Xanthomonas campestris* mostrou o maior grau de zona de inibição (14 mm) seguido por *Agrobacterium tumefaciens, Staphylococcus aureus* e *Pseudomonas syringae* no extrato de metanol. Mas, *Macromitrium moorcroftii* mostrou baixa atividade quando comparado com *G.*

flexuosa e *P. microstomum*. Mostrou uma atividade pouco elevada contra, *Pseudomonas aeruginosa* mostrou o maior grau de zona de inibição (12 mm) seguido por *Agrobacterium tumefaciens* (12 mm), *Escherichia coli* (11 mm), *Staphylococcus aureus* (10 mm) e *Xanthomonas campestris* (10 mm) no extrato de clorofórmio.

5.4.I.2. Atividade antifúngica

Os extractos de éter de petróleo, clorofórmio e metanol de *Macromitrium moorcroftii, Garckea flexuosa* e *Pogonatum microstomum* foram submetidos à atividade antifúngica contra quatro fungos dermatófitos.

Entre estes três musgos, a atividade antifúngica do extrato de *Pogonatum microstomum* apresentou melhores resultados em comparação com os outros musgos. Entre os fungos testados, *Candida albicans* apresentou o maior grau de zona de inibição (13 mm) seguido de *Trichophyton rubrum* (8 mm) numa concentração de 100 por cento de extrato de éter de petróleo. Mas, contra *Chrysosporium keratinophilum* e *C. merdarium* não mostrou atividade em todos os extractos. Enquanto que no extrato de clorofórmio, contra *T. rubrum* (10 mm) mostrou a zona de inibição máxima seguida por *C. albicans* (8 mm). O extrato de metanol não mostrou zona de inibição contra os quatro fungos testados. As actividades antifúngicas do extrato etéreo de *Garckea flexuosa* mostraram uma atividade significativa contra *T. rubrum* (10 mm). Os extractos de clorofórmio e metanol de *G. flexuosa* não mostraram atividade contra os quatro fungos testados. Mas a atividade antifúngica dos extractos *de Macromitrium moorcroftii* mostrou uma zona de inibição mínima contra *C. albicans* e *T. rubrum* (6 mm) em extractos de éter de petróleo. Os extractos de clorofórmio e metanol não mostraram quaisquer actividades. Em geral, os três musgos não apresentaram a atividade antifúngica esperada.

De acordo com Banerjee e Sen (1979), a atividade antibiótica de 52 espécies de briófitos foi testada com extractos de água, metanol, etanol, éter e acetona contra 12 microrganismos, incluindo três Gram-positivos, cinco Gram-negativos, uma bactéria ácido-resistente e três fungos. Das 52 espécies de briófitas, 29 eram activas contra pelo menos uma das bactérias, mas nenhuma possuía qualquer propriedade antifúngica. No entanto, Singh *et al.* (2006) realizaram uma atividade antimicrobiana de *Plagiochasma appendiculatum* (Aytoniaceae). O extrato da planta mostrou uma atividade antibacteriana e antifúngica significativa contra os organismos de teste e também o resultado mostrou que o extrato de *P. appendiculatum* tem uma capacidade potente de cicatrização de feridas. Kumar e Chaudhary (2010) analisaram a atividade antibacteriana do extrato bruto com solventes como etanol, éter de petróleo, acetona e benzeno de *Entodon myurus,* contra algumas bactérias patogénicas. A atividade antibacteriana máxima mostrada pelo extrato de acetona e metanol contra *Enterobacter aerogenes*, enquanto a atividade antibacteriana mínima mostrada pelo extrato de acetona contra *Klebsiella pneumonia*. A partir de todos estes resultados e da revisão de trabalhos anteriores, as briófitas têm uma atividade potencial contra bactérias patogénicas humanas e fungos dermatofíticos.

5.5. Lista de ameaças aos briófitos no distrito de Chikkamagaluru, Karnataka

Os briófitos desempenham um papel proeminente nos aspectos que alteram o ecossistema, no ciclo de nutrientes, na produção primária, na deteção de poluições, na cama de sementes para plantas superiores e fornecem micro-habitats para outras plantas e animais, preenchem lacunas nos habitats e promovem a sucessão vegetal. São também utilizadas como antibióticos naturais, fungicidas e pesticidas devido à sua elevada concentração de flavonóides e terpenóides. Mas, apesar de tudo isto, estas fascinantes e minúsculas plantas têm merecido muito pouca atenção em comparação com as plantas superiores. Estranho mas é verdade, os botânicos e os conservacionistas ignoram-nas geralmente como ervas daninhas inúteis. De acordo com a observação minuciosa da área de estudo, a flora de briófitas do distrito de Chikkamagaluru está sujeita a numerosas ameaças, que são as seguintes

Falta de conhecimento sobre briófitas: As briófitas são menos populares entre os cientistas das plantas devido ao seu tamanho minúsculo, o que as ajuda a escapar à atenção de olhos não atentos. Apesar de o distrito de Chikkamagaluru ter uma briodiversidade rica, há falta de conhecimento sobre briófitas. Este estudo é um trabalho de investigação preliminar. Antes do estudo da flora de briófitos, muitos habitats de musgos, hepáticas e hornworts estão a ser destruídos sem se saber, o que pode levar à extinção de muitos taxa raros.

Aumento do turismo: O distrito de Chikkamagaluru tem inúmeros locais e templos de grande beleza paisagística. As principais atracções turísticas incluem as cascatas de Kallathagiri, Amruthapura, as cascatas de Hebbe, o santuário de vida selvagem de Bhadra (Muthodi, Kemmanagundi), Kudremukh, o parque nacional de Kudremukh, Kemmannu gundi, Mullayyanagiri, Bababudangiri (Dattapeeta), Shri Sharada Peetam, Sringeri. Devido ao turismo, as auto-estradas nacionais (NH-14 e 206) e muitas auto-estradas estatais passam pelo distrito e ligam aos distritos de Shivamogga, Davangere, Chitradurga, Tumakuru, Hassan, Dakshina Kannada e Udupi de Karnataka, marcando os limites geográficos de Chikkamagaluru. As briófitas são mais sensíveis ao CO, CO_2 e outros gases nocivos (Gilbert, 1968; Whitehead e Brooks, 1969; Nash e Nash, 1974), indicadores de poluição atmosférica e ambiental e de flutuações climáticas recentes (Frahm e Klaus, 2001).

Extensão e reparação de estradas: O distrito de Chikkamagaluru foi afetado por uma elevada precipitação e, devido ao turismo, as estradas foram frequentemente danificadas, pelo que é necessário repará-las regularmente. A maior parte das zonas do distrito situa-se em regiões montanhosas e as estradas estão demasiado congestionadas, pelo que, para evitar acidentes e problemas de tráfego, está a ser efectuada uma extensão regular das estradas. Por conseguinte, isso afecta diretamente a diversidade de briófitos (Prato-17: Fig. b).

Resíduos de plástico e de vidro: Os resíduos sólidos, tais como plásticos, garrafas de plástico, latas de bebidas quentes e frias, garrafas de vidro e outras partículas de vidro, estão a ser eliminados na vegetação natural. Estes resíduos têm impedido o crescimento de hepáticas, hornworts e musgos (Placa-17: Fig. c).

Destruição do habitat: Atualmente, a destruição das florestas para o desenvolvimento das cidades, a agricultura ou a industrialização e a exploração mineira estão a destruir os habitats dos briófitos. O comércio de produtos florestais como a madeira, o bambu e a cana também está a destruir o habitat dos briófitos epífitos (Prato-17: Fig. d).

Plantações de monoculturas: Atualmente, no distrito de Chikkamagaluru, as vegetações naturais estão a converter-se em plantações de monocultura, tais como acácia, areca, teca, borracha, café, carvalho prateado e arrozais. Esta situação afecta diretamente a riqueza e a diversidade de espécies de briófitos (Placa-17: Fig. f).

Deslizamentos de terras: Uma grande quantidade de deslizamentos de terras em encostas de prados, regiões florestais e bermas de estradas causam depleções na diversidade de briófitos (Placa-17: Fig. a).

As briófitas são específicas do substrato. Estão limitadas a crescer nalgumas espécies de árvores como *Calyptothecium wightii, C. recurvulum, Macromitrium moorcroftii, M. sulcatum, Entodon plicatus, Pterobryopsis* spp., *Rhynchostegium* spp. e *Metieoriopsis*. Os troncos e os ramos das árvores, os troncos mortos e as folhas são utilizados como combustíveis e nos adubos orgânicos. Por isso, são também prejudiciais para os briófitos epífitos (corticícolas e foliícolas).

Sobre-exploração: Com o aumento da população, a procura de produtos florestais também está a aumentar. A utilização insustentável dos produtos florestais para fins comerciais e as necessidades quotidianas das pessoas que residem nas proximidades das florestas são responsáveis pelo desaparecimento gradual dos briófitos (Prato-17: Fig. g & h).

Pastoreio: O pastoreio de gado é também outra ameaça para os briófitos em shola, prados e bermas de estrada. Os animais domésticos e selvagens (veados e bisontes, cabras selvagens, vacas, búfalos) pastam gramíneas e outras ervas nos prados. Algumas espécies importantes de briófitos crescem no mesmo habitat. Alguns briófitos que gostam de sombra crescem debaixo das plantas mais altas, muitos dos briófitos ficam debaixo dos seus pés e são destruídos (Placa-17: Fig. e).

5.6. Estratégias básicas de conservação

As plantas superiores, que servem de habitat aos briófitos, também foram conservadas para a conservação *in situ* dos briófitos corticícolas e foliícolas. Assim, conservar as plantas superiores.

Nalgumas zonas ricas em briófitos, as manchas de plantas que crescem ao longo da estrada ou em locais expostos foram rodeadas por pequenas vedações para as proteger dos animais que as procuram.

As zonas protegidas, tais como santuários de vida selvagem, parques nacionais e reservas da biosfera, desempenham um papel importante na conservação *in situ* de briófitos e outras plantas.

Os bosques sagrados também desempenham um papel importante na conservação dos briófitos.

Porque há menos perturbação humana e menos medo e crenças sobre Deus e cobras (Naga Banas).
Nos bosques sagrados, as comunidades vegetais e animais foram conservadas em nome de Deus.

O táxon raro e monotípico *Monosolenium tenerum* é atualmente conhecido de um único local no
país *in situ* (Singh, 2008). Mas, atualmente, tem sido conservado *ex situ*. Outra forma de
conservação *ex situ*, através do desenvolvimento de um "Jardim de Musgo", quando estabelecido,
para além de conservar taxa raros, servirá também como jardim educativo para sensibilizar as
pessoas comuns e os estudantes para o significado destas plantas pequenas mas preciosas.

Plate - 17

Major threats to Bryodiversity in the study area

Land slide	Construction activities
Plastics and Glass wastes & Exotic invasion	Effects of Mining activity
Over grazing	Monoculture plantations
Raw materials for medicine	Wood cutting and Road etension activities

Capítulo 6. Resumo

Cascatas de Sirimane, Sringeri

6.

Resumo

Um total de 115 espécies de briófitas pertencentes a 61 géneros e 38 famílias, destas, os musgos compreendem 69 espécies pertencentes a 37 géneros e 23 famílias, as hepáticas compreendem 41 espécies pertencentes a 21 géneros e 13 famílias e as hornworts compreendem cinco espécies pertencentes a três géneros e duas famílias foram documentadas no presente estudo.

Utilizando o método de transectos, a análise quantitativa da densidade global, abundância e frequência do distrito de Chikkamagaluru é de 280,68, 1463,43 e 15,61, respetivamente.

A densidade, abundância e frequência mais elevadas de briófitos em diferentes vegetações do distrito de Chikkamagaluru foram encontradas em florestas sempre verdes. Seguem-se as florestas caducifólias húmidas, as florestas caducifólias secas, os prados, os matagais, as sholas, as plantações de Areca, as plantações de Acácia, as plantações de café e as plantações de teca.

Os índices de diversidade analisados revelaram que os índices de Simpson e de Shannon wiener mais elevados foram observados na floresta sempre verde, seguidos pelas plantações de Areca, floresta decídua húmida, pastagens, plantação de café, decídua seca, plantação de Acácia, mato, sholas e plantação de teca.

A densidade de briófitas mais elevada foi registada no taluk de Koppa, seguido de Sringeri, Chikkamagaluru, Mudigere, Tarikere, N.R. Pura e Kadur. Os índices de diversidade revelaram que os índices de Simpson e de Shannon-Wiener mais elevados foram observados em Mudigere, seguido de Koppa, Sringeri, Chikkamagaluru, Tarikere, N.R. Pura e Kadur.

A densidade, abundância e frequência mais elevadas de briófitos em microhabitats do distrito de Chikkamagaluru foram encontradas na madeira. Seguem-se o solo, a madeira morta, a folha e a rocha. Os índices de diversidade revelaram que os índices de Simpson e de Shannon-Wiener mais elevados foram observados no solo, na madeira, na rocha, na madeira morta e na folha.

Padrão de distribuição dos briófitos em diferentes estações do ano

Foram selecionadas duas parcelas permanentes para a investigação do padrão de distribuição de briófitas em diferentes estações (chuvosa, inverno e verão). Duas parcelas, uma floresta perene perturbada e uma floresta perene não perturbada, foram estudadas sazonalmente durante dois anos (2011-12 a 2012-13).

Na floresta perenifólia perturbada, os resultados revelaram que o maior número de colónias foi registado na estação das chuvas (591) e no inverno (352) do ano de 2013, em comparação com a estação das chuvas (403) e o inverno (219) do ano de 2012. Os índices de riqueza e diversidade de espécies mais elevados foram registados na estação das chuvas do ano de 2013 (S=19, D= 0,93 e H' = 2,791) em comparação com a estação das chuvas do ano de 2012. Na estação de inverno do ano de 2013 foi registada a maior riqueza de espécies (18) e índices de diversidade (D=0,92, H' = 2,692) em comparação com o ano de 2012.

Na floresta perene não perturbada, o maior número de colónias foi registado em todas as estações do ano de 2013, com o maior número de colónias na estação das chuvas (1426), no inverno (475) e no verão (322), em comparação com o ano de 2012. O substrato de madeira tem o maior número de colónias em todas as estações de 2013 em comparação com todas as estações de 2012. Os índices de riqueza e diversidade de espécies mais elevados foram registados na estação chuvosa do ano de 2012 (S=27, D= 0,941 e H' =3,071) em comparação com a estação chuvosa do ano de 2013. Na estação de inverno do ano de 2012 foi registada a maior riqueza de espécies (26) e índices de diversidade (D=0,924, H' = 2,894) em comparação com o ano de 2013.

A partir da presente investigação, os resultados mostram que a diversidade e a equidade no habitat não perturbado são muito mais elevadas do que no habitat perturbado. A floresta não perturbada não só tem um maior número de espécies presentes, como os indivíduos da comunidade estão distribuídos de forma mais equitativa entre estas espécies.

Análise fitoquímica

O rastreio fitoquímico qualitativo preliminar de *Macromitrium moorcroftii* mostrou a presença de esteróis, flavonóides, fenóis, glicosídeos e alcalóides em diferentes extractos de solventes. Já a *Garckea flexuosa* revelou a presença de fenóis, esteróis, glicosídeos, alcalóides e taninos, flavonóides, saponinas e triterpenóides. Em *Pogonatum microstomum,* os flavonóides, glicosídeos, triterpenóides, fenóis e esteróis estão presentes nos três extractos. As saponinas estão presentes apenas no extrato clorofórmico.

Atividade antibacteriana

A atividade antibacteriana do extrato *de Macromitrium moorcroftii* mostra resultados variados em diferentes concentrações. Entre as bactérias testadas, *Pseudomonas aeruginosa* mostrou o maior grau de zona de inibição (12 mm) seguido por *Agrobacterium tumefaciens, Escherichia coli, Staphylococcus aureus* e *Xanthomonas campestris* no extrato de clorofórmio.

A atividade antibacteriana do extrato *de Garckea flexuosa* mostrou resultados variados em diferentes concentrações. Entre as bactérias, *Escherichia coli* e *Xanthomonas campestris* testadas mostraram o maior grau de zona de inibição (14 mm) seguido por *Agrobacterium tumefaciens, Staphylococcus aureus* e *Pseudomonas syringae* no extrato de metanol.

A atividade antibacteriana do extrato *de Pogonatum microstomum* mostra resultados variados em diferentes concentrações. Entre as bactérias testadas, *Streptomyces pneumoniae* e *Klebsiella pneumoniae* mostraram o maior grau de zona de inibição (18 mm) seguido por *Escherichia coli*

(17 mm), *Pseudomonas aeruginosa* (16 mm), *Staphylococcus aureus* (16 mm) e *Agrobacteirum tumefaciens* (16 mm) no extrato de clorofórmio.

Atividade antifúngica

A atividade antifúngica do extrato *de Pogonatum microstomum* mostra resultados variados em diferentes concentrações. Entre os fungos testados, *Candida albicans* apresentou o maior grau de zona de inibição (13 mm) seguido por *Trichophyton rubrum* (8 mm) no extrato de éter de petróleo. Enquanto que no extrato de clorofórmio, contra *T. rubrum* (10 mm) mostrou a zona de inibição máxima seguida por *C. albicans* (8 mm). O extrato de metanol não mostrou zona de inibição contra os quatro fungos testados. As actividades antifúngicas do extrato etéreo de *Garckea flexuosa* mostraram uma atividade significativa contra *T. rubrum* (10 mm). Os extractos de clorofórmio e metanol de *G. flexuosa* não mostraram atividade contra os quatro fungos testados. Mas a atividade antifúngica dos extractos de *Macromitrium moorcroftii* mostrou uma zona de inibição mínima contra *C. albicans* e *T. rubrum* (6 mm) em extractos de éter de petróleo. Os extractos de clorofórmio e metanol não mostraram quaisquer actividades.

Ameaças à briodiversidade do distrito de Chikkamagaluru

Estranho mas verdadeiro, os botânicos e conservacionistas ignoram-nas geralmente como ervas daninhas inúteis. De acordo com a observação minuciosa da área de estudo, a flora de briófitas do distrito de Chikkamagaluru está sujeita a numerosas ameaças, *nomeadamente a* falta de conhecimentos sobre briófitas, o aumento do turismo, a extensão e reparação de estradas, os resíduos de plástico e vidro, a destruição do habitat, o aumento das plantações de monoculturas, os deslizamentos de terras, a exploração excessiva e o pastoreio.

Capítulo 7. Conclusão

Cascatas de Hebbe, Kemmannugundi

7.

Conclusão

O presente estudo foi efectuado no distrito de Chikkamagaluru, no Karnataka, que se insere na região central dos Ghats Ocidentais da Índia e é considerado a principal região de crescimento e desenvolvimento luxuriantes de briófitas. Não existem dados históricos disponíveis sobre a briodiversidade do distrito de Chikkamagaluru, Karnataka. Assim, este estudo fornece dados de base iniciais sobre a diversidade de espécies, a composição e a distribuição das espécies de briófitos e também sobre a fitoquímica e o ensaio antimicrobiano de três novos briófitos. Será útil para futuros estudos de biomonitorização e filogenéticos.

Atualmente, os estudos e a investigação estão muito relacionados com plantas superiores e/ou micróbios (fungos, bactérias e vírus), mas, entre estes dois grupos altamente considerados, os briófitos são um grupo diverso, importante e negligenciado de plantas terrestres inferiores. A Índia é um país vasto e os estudos relativos à sistemática e à distribuição das briófitas estão ainda por explorar em muitas partes do país. As áreas regionais de estudos de briófitos são provavelmente o melhor método para desenvolver uma base de dados nacional. O presente estudo é significativo neste aspeto.

O presente estudo registou um total de 115 espécies de briófitas (musgos 69 espécies, hepáticas 41 espécies e hornworts 05 espécies). As briófitas são facultativas, obrigatórias e específicas do substrato, o seu nicho ecológico não é mais do que um mundo dentro de um mundo. Neste contexto de aquecimento global e alterações climáticas, este estudo é essencial para conhecer o seu significado evolutivo. Devido às inúmeras ameaças aos habitats, o fluxo genético constitui um obstáculo à sua especiação. O estudo global revelou que as assembleias de briófitas dependem dos tipos de micro e macrohabitats. A maioria dos briófitos, especialmente os musgos e as hepáticas folhosas, privilegia a madeira. Este facto evidencia a importância dos habitats de madeira (árvores) na promoção da briodiversidade.

É um facto conhecido que só a natureza faz a floresta, o homem pode fazer plantações. Se o pedaço de floresta deixado vago sem interferência humana, todas as outras condições permanecerem favoráveis, ele pode recuperar-se por si próprio. O aumento das plantações de monocultura está a afetar a riqueza de espécies de briófitos e também de outra flora e fauna. Na área de estudo, as plantações de monocultura de café, areca, acácia, teca e seringueira não estão a suportar uma diversidade suficiente. O presente estudo precisa de encontrar o equilíbrio certo entre o ambiente e o desenvolvimento.

176

Os estudos fitoquímicos e antimicrobianos das briófitas são limitados e dispersos na Índia. As briófitas são plantas terrestres delicadas e não possuem cutícula e casca espessas, pelo que possuem compostos bioquimicamente activos que desempenham um mecanismo de defesa para as proteger de inimigos como fungos, bactérias e insectos. No presente estudo, três musgos, tais como *Pogonatum microstomum, Garckea flexuosa* e *Macromitrium moorcroftii,* mostraram a presença de constituintes fitoquímicos secundários úteis e apresentaram actividades antibacterianas e antifúngicas significativas.

Os briófitos servem como um bom nicho para a diversidade microbiana, um bom estabelecimento de plântulas para plantas superiores e algas e fungos da casca e desempenham um papel importante na construção de ninhos de aves e insectos, devido às suas estruturas semelhantes a almofadas para ovos e crias e também actuam como ar condicionado nos ninhos. Por isso, a conservação dos briófitos é obrigatória. Para além da negligência destes grupos, serão levados a cabo cada vez mais estudos e estratégias de conservação para a riqueza da briodiversidade.

As briófitas são plantas sensíveis que estão a desaparecer rapidamente dos seus habitats naturais. Por isso, é urgente efetuar estudos e catalogar cientificamente a brioflora a nível regional, nacional e mundial, antes que seja destruída.

Referências

Referências

Acebey, A., Gradstein, S.R. e Krome, T. 2003. Species richness and habitat diversification of bryophytes in submontane rain forest and fallows of Bolivia. *J. TropicalEcol,* 19: 9-18.

Adderly, L. 1964. Duas espécies de musgo como meio de cultura para orquídeas. *Ann. Orchid. Soc. Bull,* 34: 967-968.

Adebiyi, A.O., Oyedeji, A.A., Chikwendu, E.E. e Fatoke, O.A. 2012. Triagem fitoquímica de duas plantas de musgo tropical: *Thuidium gratum* P. Beauv e *Barbula indica* Brid. cultivadas na zona ecológica do sudoeste da Nigéria. *American J. Analyt. Chem,* 3: 836-839.

Ahmed, S. 1942. Três novas espécies de *Riccia* da Índia. *Curr. Sci.,* 11: 433-434.

Ah-Peng, C., Petiot, M.C., Julien, B.D., Bardat, J., Stamenoff, P. e Strasberg, D. 2007. Bryophyte diversity and distribution along an altitudinal gradient on a lava flow in La Réunion. *Diversity Distrib.,* 13: 654-662.

Alam, A. 2012. Atividade antifúngica dos extractos de *Plagiochasma rupestre* (Forst.) Steph. *Investigador,* 4: 62-64.

Alam, A. 2013. Eficácia antifúngica de *Hyophila rosea* (Bryophyta: Pottiaceae). *Mycopath,* 11: 1517.

Alam, A., Sharma, V., Sharma, S.C. e Kumari, P. 2012. Atividade antibacteriana dos extractos alcoólicos de *Entodon nepalensis* Mizush. contra algumas bactérias patogénicas. *Relatório e Opinião,* 4: 44-47.

Alam, A., Tripathi, A., Vats, S., Behera, K.K. e Sharma, V. 2011. Eficácia antifúngica *in vitro* do extrato aquoso de *Dumortiera hirsuta* (Swaegr.) Nees contra a esporulação e o crescimento de fungos fitopatogénicos pós-colheita. *Arquivo de Bryologia,* 103: 1-9.

Allen, B. 1989. Um tratamento preliminar do género *Campylopus* (Musci: Dicranaceae) na América Central. *Trop. Bryol.,* 1: 63-94.

Allorge, V. e Allorge, P. 1938. Sur la répartition et l'écologie des hépatiques epiphylls aux Acores. *Bol. Soc. Brot.,* 13: 211-231.

Alvarenga, L.D.P. e Porto, K.C. 2007. Efeitos do tamanho da parcela e do isolamento em briófitas epífitas e epífilas na fragmentada Mata Atlântica brasileira. *Biol. Conserv.,* 134: 415427.

Ando, H. e Matsuo, A. 1984. Briologia Aplicada. *In: Advances in Bryology* (Bonnot, E.J., Gradstein, S.R., Greene, S.W., Hattori, S., Miller, N.G. e Szweykowski, J. eds.), *J. Cramer,* Stuttgart. 2: 133-224.

Andrew, N.R., Rodgerson, L. e Dunlop, M. 2003. Variation in invertebrate bryophyte community structure at different spatial scale along altitudinal gradients. *J. Biogeograh.,* 30: 731-176.

Anesini, E. e Perez, C. 1993. Triagem de plantas usadas na medicina popular argentina para atividade antimicrobiana. *J. Ethnopharmacol,* 39: 119-128.

Anónimo. 2005. Conservation international. www.conservation.org.

Anónimo. 2009. Quarto relatório nacional da Índia para a Convenção sobre a Diversidade Biológica. Ministério do Ambiente e das Florestas, Governo da Índia, Nova Deli, p. 75.

Anónimo, 2013. http://www.blog.gurukpo.com/economic-importance-of-bryophytes.

Ariyanthi, N.S., Bos, M.M., Kartawinata, K., Tjitrosoedirdjo, S.S., Guhardja, E. e Gradstein, S.R. 2008. Briófitas em troncos de árvores em florestas naturais, florestas exploradas seletivamente e agroflorestas de cacau em Sulawesi Central, Indonésia. *Biol. Conserv.,* 141: 2516-2527.

Artizzu, N., Bonsignore, L., Cottiglia, F. e Loy, G. 1995. Estudos sobre a atividade diurética e antimicrobiana do óleo essencial *de Cynodon dactylon. Fitoterapia,* 66: 174-175.

Aruna, K.B. e Krishnappa, M. 2014. Distribuição de briófitas nas regiões de Malnad do distrito de Chikmagalur, Karnataka, Ghats ocidentais. *Folhetos de Ciências da Vida,* 49: 65-88.

Aruna, K.B., Shivaprasad, S., Kumaraswamy Udupa, E.S. e Krishnappa, M. 2014. Diversidade de briófitas na Área de Conservação de Plantas Medicinais (mpca), Parque Nacional Kudremukh, Ghats Ocidental Central, Índia. *NeBio: Um Jornal Internacional de Meio Ambiente e Biodiversidade,* 5(4): 19-24.

Asakawa, Y. 1981. Substâncias biologicamente activas obtidas de briófitas. *J. Hattori Botanical Lab,* 50: 123 -142.

Asakawa, Y. 1982. Constituintes químicos de briófitas. In: *Progress in the chemistry of organic Natural Products* (Herz, W., Grisebach, H.G. e Kirby, W. eds.), Springer, Viena, 42: 1285.

Asakawa, Y. 1984. Algumas substâncias biologicamente activas isoladas de hepaticae: terpenóides e compostos aromáticos lipofílicos. *J. Hattori Botanical Lab,* 56: 215 -219.

Asakawa, Y. 1990. *Bryophyte Development: Physiology and Biochemistry.* CRC Press, Boston.

Asakawa, Y. 2004. Chemosystematics of the Hepaticae. *Phytochem,* 65: 623-669.

Asakawa, Y. 2007. Compostos biologicamente activos de briófitas. *Pure Appl. Chem.* 79: 557-580.

Asakawa, Y., Takemoto, T., Fujiki, H. e Sugimura, T. 1980. Biologically active substances isolated from liverworts. *Planta Medica,* 39: 233.

Asthana, A.K. e Nath, V. 1994. Padrão de distribuição de *Phaeoceros* Prosk. nas regiões de Kamaon e Garhwal, Himalaias ocidentais. *Cryptogamie Bryol. Lichenol.,* 15: 129-134.

Asthana, A.K. e Srivastava, S.C. 1991. Indian Hornworts (A Taxonomic Study). *Bryophytorum Bibliotheca,* 42: 1-158.

Asthana, A.K., Nath, V. e Sabu, V. 2005. *Phaeoceros kashyapii* Asthana et Sriv - novo nos Himalaias Orientais. *Curr. Sci.,* 88: 864-865.

Ayub, D. M., da Costa, D.P. e dos Santos, R.P. 2014. Adições à flora de Ricciaceae do Rio Grande do Sul, incluindo dois registros notáveis para a flora brasileira de hepáticas. *Phytotaxa,* 161: 294-300.

Baisheva, E.Z. 1995. Vegetação briófita da Bashkiria (Urais do Sul). III. Comunidades epífitas e epixílicas do nordeste da Bashkiria. *Arctoe,* 4: 55-63.

Baisheva, E.Z., Zhigunova, S.N., Martynenko, V.B. e Shirokikh, P.S. 2009. Caraterísticas ecológicas e fitocenóticas do componente briófito das Florestas de Proteção da Água no Planalto de Ufa. *Russian J. Ecol.,* 3:195-201.

Banerjee, R.D. e Sen, S.P. 1979. Antibiotic activity of bryophytes. *The Bryologist,* 82: 141-153.

Bansal, P. e Nath, V. 2013. Situação atual do gênero *Bryum* Hedw. no Himalaia Oriental, Índia. *Taiwania,* 58: 205-212.

Bansal, P. e Nath, V. 2014. Género *Bryum* Hedw. na Índia Peninsular. *Frahmia,* 4: 1-11.

Bapna, K.R. 1958. Uma nota sobre a flora hepática do Monte Abu. *Curr. Sci.,* 7: 259-260.

Bapna, K.R. e Kachroo, P. 1999. *Hepaticology in India-I and II.* Himanshu Publications, Udaipur.

Bapna, K.R., Singh, R.P. e Chaudhary, B.L. 1984. Indução de órgãos sexuais em *Targionia hyphophylla* L. *The Bryologist,* 87: 340-342.

Bargagli, R., Brown, D.H. e Nelli, L. 1995. Bio-monitorização de metais com musgos: Procedimentos para a correção da contaminação do solo. *Environ. Pollution,* 89: 169-75.

Barkman, J.J. 1958. *Phytosociology and Ecology of Crytogamic Epiphytes.* Van Grocum and Co., Assen, Países Baixos.

Bartram, E.B. 1955. Musgos do Noroeste dos Himalaias. I. *Bull. Torrey. Bot. Club,* 82: 22-29.

Basile, A., Giordano, S., Saez, J.A.L. e Cobianchi, R.C. 1999. Atividade antibacteriana de flavonóides puros isolados de musgos. *Phytochem,* 52: 1479-1482.

Basile, A., Sorbo, S., Conte, B., Golia, B., Montanari, S., Cobianchi, R.C. e Esposito, S. 2011. Atividade antioxidante em extratos de *Leptodictyum riparium* (Bryophyta), estressados por metais pesados, choque térmico e salinidade. *Pl. Biosystems,* 145: 77-80.

Basile, A., Sorbo, S., Giordano, S., Lavitola, A. e Cobianchi, R.C. 1998. Atividade antibacteriana do extrato de *Pleurochaete squarrosa* (Bryophyta). *Int. J. Antimicrob. Agents,* 10: 169-172.

Bates, J.W. 2000. Nutrição mineral, ecologia do substrato e poluição. In: *Bryophyte Biology* (Shaw, A.J. and Goffinet, B. eds.), Cambridge University Press, U.K., pp. 248-311.

Belcik, F. P. e Wiegner, N. 1980. Actividades antimicrobianas ou antibiose de certos extractos de hepáticas, líquenes e musgos do leste dos EUA. *J. Elisha Mitchell Sci. Soc.* 96: 94.

Bharadwaj, D.C. 1950. Studies in Indian Anthocertaceae-I. A morfologia de *Anthoceros crispulus* (Montin.) Douin. *J. Indian Bot. Soc.,* 29: 145-163.

Bharadwaj, D.C. 1960. Studies in Indian Anthocerotaceae-II. A morfologia de *Anthoceros* cf. *gemmulosus* (Hattori) Pande. *J. Indian Bot. Soc.,* 37: 75-92.

Bhat, V.C. 2011. *Musgos dos Ghats Ocidentais e da faixa costeira de Karnataka - um estudo taxonómico.* Tese de doutoramento, Universidade de Mangalore, Mangaluru.

Bodade, R.G., Borkar, P.S., Arfeen, M.S. e Khobragade, C.N. 2008. Triagem *in vitro* de briófitas para atividade antimicrobiana. *J. Med. Pl.,* 7: 23-28.

Bonjar, G. e Farrokhi, P.R. 2004. Atividade antibacilar de algumas plantas utilizadas na medicina tradicional do Irão. *Níger J. Nat. Prod. Med.,* 8: 34-39.

Bourell, M. 1992. Uma lista de verificação das briófitas de Chiapas, México. *Trop. Bryol.,* 6: 39-56.

Brotherus, V.F. 1898. Contribuição para a flora briológica dos Himalaias do Noroeste. *Ata Soc. Sci. Fenn.,* 24:46.

Brotherus, V.F. 1899. Contribuições para a flora briológica do sul da Índia. *Rec. Bot. Survey, Índia,* 1: 311-329.

Brown, R. 1931. *The Miscellaneous botanical works of Robert Brown,* 1: 1- 612.

Bruun, H.H., Jon, M., Risto, V., Jhon-Arvid, G., Oksanen, L. e Angerbjörn, A. 2006. Effects of altitude and topography on species richness of vascular plants, bryophytes and lichens in alpine communities (Efeitos da altitude e da topografia na riqueza de espécies de plantas vasculares, briófitas e líquenes em comunidades alpinas). *J. Veg. Sci,* 17: 37-46.

Buck, W.R. 1990. Biogeografia dos Musgos das Grandes Antilhas. *Trop. Bryol.,* 2: 35-48.

Bukvicki, D., Gottardi, D., Veljic, M., Marin, P.D., Vannini, L. e Guerzoni, M.E. 2012.

Identificação de componentes voláteis de extractos de hepática *(Porella cordaeana)* utilizando GC/MS-SPME e a sua atividade antimicrobiana. *Molecules,* 17: 6982-6995.

Bukvicki, D., Veljic, M., Sokovic, M., Grujic, S. e Marin, P.D. 2012. Atividade antimicrobiana de extratos de metanol dos musgos *Abietinella abietina, Neckera crispa, Platyhypnidium riparoides, Cratoneuron filicinum* e *Campylium protensum. Arch. Biol. Sci.* Belgrade, 64: 911-916.

Cailliau, A. e Price, M.J. 2006. Inventário das hepáticas e hornworts do Cantão de Genebra (Suíça). Catálogo bibliográfico (1838-2001). *Candollea,* 61: 393-423.

Cajander, A.K. 1909. Über Waldtypen. *Ata For. Fenn,* 1: 1 - 175.

Carothers, Z.B. e Kreitner, G.L.1967. Estudos de espermatogénese nas hepáticas. *The J. Cell Biol.,* 83: 43-51.

Castaldo-Cobianchi, R., Giordano, S., Basile A. e Violante, U. 1988. Ocorrência de atividade antibiótica em *Conocephalum conicum, Mnium undulatum* e *Leptodictyum riparium* (Briófitas). *Giornale Italiano.* 122: 303-312.

Chantanaorrapint, S. e Sridith, K. 2014. O género *Plagiochasma* (Aytoniaceae, Marchantopsida) na Tailândia. *Cryptogamie Bryologie* 35: 127-132.

Chaudhary, B.L. e Kumar, P. 2011. Atividade antibacteriana e rastreio fitoquímico preliminar do musgo epifítico *Stereophyllum ligulatum* Jaeg. *Int. J. Pharma. Biosci.,* 2: B674- B681.

Chaudhary, B.L., Sharma, T.P. e Bhagora, F.S. 2008. Bryophyte flora of North Konkan, Maharashtra- India. Himanshu Publications, Udaipur, Nova Deli, pp. 326.

Chaudhary, B.L., Sharma, T.P. e Sandhya, C. 2003. *Brachymenium turgidum* Broth. *ex.* Dix. Um novo registo de Mt. Abu, Rajasthan, Índia. *Phytomorphol.,* 53: 257-259.

Chauhan, R., Navlekar, A., Ghosh, E. e Abraham, J. 2014. Triagem e avaliação de agentes antimicrobianos de *Funaria* sp. contra vários patógenos. *Asian J. Pharmaceutical and Clinical Res,* 7: 84-87.

Chavan, A.R. e Mahabale, T.S. 1945. Distribuição de hepáticas em Gujarat. *Proc. 32nd Indian Sci. Congs.,* p. 79.

Chopra, R.S. 1943. A Census of Indian Hepatics. *J. Indian Bot. Soc.,* 22: 237-259.

Chopra, R.S. 1975. Taxonomy of Indian Mosses. *Botanical Monograph 10,* CSIR, New Delhi.

Chopra, R.S. 1981. Origin of the Bryophyta. *Miscellanea Bryologica et Lichenologiea,* 9: 1-7.

Chopra. R.S., Abrol, B.K. e Banga, M.S. 1956. Uma lista preliminar dos musgos da região de Mussoorie. *Res. Bull. Punjab Univ. Sci,* 85: 21-30.

Chuah-Petiot, M.S. 1995. Dados sobre a brioflora do Monte Quénia, Quénia. *Trop. Bryol.,* 10: 41-54.

Cobianchi, R.C., Giordano, S., Basile, A., Violante, U. 1988. Ocorrência de atividade antibiótica em *Conocephalum conicum, Mnium undulatum* e *Leptodictyum riparium* (Bryophyta). *Giorn BotItal,* 122: 303-11.

Colak, E., Kara, R., Ezer, T., Celik, G.Y. e Elibol, B. 2011. Investigação da atividade antimicrobiana de alguns musgos pleurocárpicos turcos. *African J. Biotechnol,* 10: 12905-12908.

Conard, H.S. 1935. Mosses and soil erosion Lawa state. *Coll. J. Sci.,* 9: 347-351.

Cottam, G e Curtis, J.T. 1956. The use of distance measures in phytosociological sampling.

Ecology, 37: 451-460.

Culberson, W.L. 1955. Estudos qualitativos e quantitativos sobre a distribuição de líquenes corticícolas e briófitas no Wisconsin. *Lloydia*, 18: 25-26.

Dabhade, G.T. 1969. Investigação do género *Bryum* (Hedwig) Schimper da Índia ocidental. Maharashtra, *Vig. Mandir Patrika*. 4: 13-21.

Dabhade, G.T. 1970. Novos registos de *Funaria nutans* (Mitt.) Broth. do oeste da Índia. *Bull. Bot. Soc. Bengal*, 24: 83-85.

Dandotiya, H.D., Govindapyari, Suman, S. e Uniyal, P.L. 2011. Checklist of the bryophytes of India. *Arquivo de Briologia*, 88: 1-126.

Daniels, A.E.D. 2010. Checklist of the Bryophytes of Tamil Nadu. *Arquivo de Bryologia*, 65: 1-117.

Daniels, A.E.D. e Daniel, P. 2003. Additions to the bryoflora of Peninsular India. *Ind. J. Forestry*, 26: 389-396.

Daniels, A.E.D. e Daniel, P. 2003. *Fissidens griffithii* Gangulee (Musci: Fissidentales). Uma adição à Bryoflora da Índia. *Ind. J. Forestry*, 26: 193-194.

Daniels, A.E.D. e Daniel, P. 2009. *Cololejeunea distalopapillata* e *C. vidaliana* (Lejeuneaceae) Novas na flora de hepáticas da Índia. *Ata Botanica Hungarica*, 51: 61-66.

Daniels, A.E.D. e Kariyappa, K.C. 2007. Bryophyte diversity along a gradient of human disturbance in the southern Western Ghats. *Curr. Sci*, 93: 976-982.

Das, S. e Sharma, G.D. 2012. Barail Wildlife Sanctuary, Assam: um reservatório eco-climático de diversas hepáticas do Nordeste da Índia. *Curr. Sci*, 103: 1140-1141.

Dash, P.K. e Saxena D.K. 2009. Bryoflora of Khandadhar hill ranges, Orissa India. *Giobios*, 36: 113-116.

Dauphin, G. 1999. Briófitas da Ilha dos Cocos, Costa Rica: diversidade, biogeografia e ecologia. *Rev. Biol. Trop*, 47: 309-328.

Dauphin, G. 2005. Catálogo de Hepaticae e Anthocerotae da Costa Rica. *TropicalBryol*, 26: 141218.

Dauphin, G. e Gradstein, S.R. 2003. Uma nova espécie de *Cheilolejeunea* (Spruce) Schiffn. do Panamá. *J. Bryol*, 25: 259-261.

De Menendez, G.G.H. 1977. Liverworts new to South Georgia. *Br. Antarct. Surv. Bull*, 46: 99-108.

Deora, G.S. e Rathore, M.S. 2013. Atividade antimicrobiana de certas briófitas. *Biosci. Biotech. Res. Asia*, 10: 705-710.

Dey, M. e Singh, D.K. 2012. *Hepáticas epífilas dos Himalaias Orientais*. Botanical Survey of India, Ministério do Ambiente e das Florestas, p. 415.

Dey, M., Singh, D. e Singh, D.K. 2008. Uma nova espécie de *Cololejeunea* (Hepaticae: Lejeuneaceae) do Himalaia Oriental, Índia. *Taiwania*, 53: 258-263.

Dhondiyal, P. B., Pande, N. e Bargali, K. 2013. Potencial antibiótico de *Lunularia cruciata* (L.) Dum ex. Lindb (bryophyta) de Kumaon Himalaya. *African J. Microbiol. Res.*, 7: 4350-4354.

Dikshit, A. D., Pandey, D. K. e Nath, S. 1982. Antifungal activity of some bryophytes against human pathogens. *J. Indian Botanical Soc*, 61: 447-448.

Dillenius, J.J. 1741. *Historia Muscorum*. Oxford.

Dirkse, G.M., van Melick, H.M.H. e Touw, A. 1988. Checklist of Dutch bryophytes. *Lindbergia,* 14: 167-175.

Dixon, H.N. 1908. *Brachymenium turgidum* Broth.Sp. *Nov. Revue Bryol,* 35: 94-96.

Dixon, H.N. 1914. Report on the mosses collected by C.F.C. Fischer and others from South India and Ceylon. *Rec. Bot. Surv. India,* 6: 75-89.

Dixon, H.N. 1921. Sobre uma coleção de musgos do distrito de Kanara. *J. Indian Bot.,* 2: 174-188.

Dixon, H.N. 1937. Musgos recolhidos em Assam. *J. Bombay Nat. Hist. Soc,* 39: 769-795.

Donald, R.B. e Cristobal, M. 2006. Antioxidant activities of flavonoids. *J. Agric.,* 52: 125-757.

Downing, A., Oldfield, R. e Wilson, E.F. 2002. Mosses, Liverworts and Hornworts of Mount Canobolas, New South Wales. *Cunninghamia,* 7: 527-537.

Doyle, W.T. e Stotler, R.E. 2006. Contribuições para uma brioflora da Califórnia III. Chaves e catálogo de espécies anotado para hepáticas e hornworts. *Madrono,* 53: 89-197.

Dulin, M.V. 2008a. Lista de controlo preliminar das hepáticas da República de Komi (Rússia). *Folia Cryptog. Estónica, Fasc.* 44: 17-21.

Dulin, M.V. 2008b. Hepáticas raras na República de Komi (Rússia). *Folia Cryptog. Estónica, Fasc.* 44: 23-31.

Dulin, M.V., Philippov, D.A. e Karmazina, E.V. 2009. Estado atual do conhecimento da flora de hepáticas e hornworts da região de Vologda, Rússia. *Folia Cryptog. Estónica, Fasc.* 45: 13-22.

Eichler, A.W. 1883. Syllabus der vorlesungen uber soecielle und medicinisch pharmaceutische Botanik. 3rd ed. Berlim.

Eldridge, D.J. e Tozer, M.E. 1997. Environmental factors relating to the distribution of terricolous bryophytes and lichens in semi-arid eastern Australia. *The Bryologist,* 100: 2839.

Elibol, B., Ezer, T., Kara, R., Celik, G.Y. e Colak, E. 2011. Efeitos antifúngicos e antibacterianos de alguns musgos acrocarpicos. *African J. Bitechnol,* 10: 986-989.

Engler, A. 1892. *Ueber die Hqchgebrigs flora des tropischen Africa*. Berlim (Koen. Akad.Wiss).

Even, G. 1989. Musgos dos Mascarenhas-3. *Trop. Bryol.,* 1: 55-62.

Foreau, G. 1961. The moss flora of the Palni hills. *J. Bombay Nat. Hist. Soc.,* 58: 13-47.

Frahm, J.P. 1994. A contribution to the bryoflora of the Chocó region, Colombia. I. Musgos. *Trop. Bryol.,* 9: 89-110.

Frahm, J.P. e Klaus, D. 2001. Bryophytes as indicators of recent climate fluctuations in Central Europe. *Lindbergia,* 26: 97-104.

Frahm, J.P., Schwarz, U. e Manju, C.N. 2013. Uma lista de verificação dos musgos de Karnataka, Índia. *Arquivo para Bryology,* 158: 1-15.

Francis, G., Kerem, Z., Makkar, H.P.S. e Becker, K., 2002. A ação biológica das saponinas em sistemas animais - Uma revisão. *British J. Nutri,* 88: 587-605.

Franks, A.J. e Bergstrom, D.M. 2000. Briófitas corticícolas em florestas de fetos microfílicos do sudeste de Queensland: distribuição na faia antárctica *(Nothofagus moorei). Austral Ecol.,* 25: 386-393.

Frisvoll, A.A. 1981. Fifteen bryophytes new to Svalbard, including notes on some rare or interesting species. *Lindbergia*, 7: 91-102.

Gahtori, D. e Chaturved, P. 2011. Potencial antifúngico e antibacteriano dos extractos de metanol e clorofórmio de *Marchantía polymorpha* L. *Archives Phytopathol. Pl. Protect.*, 44: 726-731.

Gangulee, H.C. 1959. Musgos da Índia Oriental II. Eubryiidae. Série II. Dicranales, Família: Ditrichaceae. *Bull. Bot. Soc.*, Bengal, 13: 1-9.

Gangulee, H.C. 1960. Musgos da Índia Oriental II. Eubryiidae. Série II. Dicranales, Família: Dicranaceae. *Bull. Bot. Soc,* Bengal, 14: 10-57.

Gangulee, H.C. 1961. Musgos da Índia Oriental. Eubryiidae. Série II. Dicranales, Família: Leucobryaceae e Série III. Pottiales: Família Calymperaeceae. *J. Bombay Nat. Hist. Soc.*, 60: 606-637.

Gangulee, H.C. 1985. *Handbook of Indian Mosses*. Amerind Publishing Co., Nova Deli, p. 100.

Gignac, D. 2001. Bryophytes as indicators of climate change. *The Bryologist*, 104: 410-420.

Gilbert, O.L. 1968. Bryophytes as Indicators of Air Pollution in the Tyne Valley. *New Phytologist*, 67: 15-30.

Glime, J.M. e Saxena. D. 1991. *Uses of Bryophytes*. Today and Tomorrows Printers and Publishers, Nova Deli, pp. 100.

Goffinet, B. 1993. Notas taxonómicas e florísticas sobre Macromitrioideae (Orthotrichaceae) neotropicais. *Trop. Bryol.*, 7: 149.

Goffinet, B. e Shaw, A.J. 2009. Bryophyte Biology, 2nd Edn. University Press, Reino Unido.

Goffinet, B. e William, A.B. 2004. *Systematics of the Bryophyta (Mosses) from molecules to a revised classification*. Monografias em Botânica Sistemática. Molecular Systematics of Bryophytes (Missouri Botanical Garden Press), 98: 205-239.

Gradstein, S.R. 1991. Diversidade e distribuição da subfamília asiática Ptychanthoideae de Lejeuneaceae. *Trop. Bryol.*, 4: 1-16.

Gradstein, S.R. 1992. Briófitas ameaçadas da floresta tropical neotropical: um relatório de status. *Trop. Bryol.*, 6: 83-94.

Gradstein, S.R. e Allen, N.S. 1992. Diversidade de briófitas ao longo de um gradiente altitudinal no Parque Nacional Darién, Panamá. *Trop. Bryol.*, 5: 61-74.

Gradstein, S.R. e da Costa, D.P. 2003. *The Hepaticae and Anthocerotae of Brazil*. Memoirs of the New York Botanical Gardens, 87: 1-318.

Gradstein, S.R. e Yamada, K. 1991. O género *Radula* (Hepaticae) nas Ilhas Galápagos. *Trop. Bryol.*, 4: 63-68.

Gradstein, S.R., Montfoort, D. e Cornelissen, J.H.C. 1990. Species richness and phytogeography of the bryophyte flora of the Guianas, with special reference to the lowland rainforest. *Trop. Bryol.*, 2: 117-126.

Gradstien, S.R., Griffin, D., Morals, M.T. e Nadkarni, N.M. 2000. Diversidade e diferenciação de habitat de musgos e hepáticas na floresta nublada de Monteverde, Costa Rica. *Cladasia*, 23: 203-312.

Griffin, S.R.1990. Florística da flora de musgo do Páramo sul-americano. *Trop. Bryol.*, 2: 127-132.

Griffith, W. 1842. Muscologia Itineris Assamici. Calcutá. *J. Nat. Hist,* 2: 65-512.

Griffith, W. 1849a. *Notulae e Plantae Asiaticae - Musgos.* Bishops College Press, Calcutá, 386485.

Griffith, W. 1849b. *Icones Plantarum Asiaticum.* II. Bishops College Press, Calcutá.

Grolle, R. 1972. The hepatics of the South Sandwich Islands and South Georgia. *Br. Antarct. Surv. Bull.,* 28: 83-95.

Gupta, K.G. e Singh, B. 1971. Ocorrência de atividade antibacteriana em extractos de musgo. *Boletim de pesquisa. Punjab Univ. Sci.,* 22: 237-239.

Hallingback, T. e Hodgetts, N. 2000. *Status survey and conservation action plan for Bryophytes: mosses, liverworts and hornworts.* IUCN/SSC Bryophyte Specialist Group, IUCN, Gland, Suíça e Cambridge, Reino Unido.

Harborne, J.B. 1984. *Phytochemical Methods.* 2nd edition, Chapman and Hall Publications, London, New York, p. 288.

Hartman, E.L. 1969. A ecologia do musgo de cobre *Mielichhoferia mielichhoferi* no Colorado. *The Bryologist,* 72: 56-59.

Hasegawa, J. 1979. Estudos taxonómicos sobre Anthocerotae asiáticos (1). *Ata Phytotaxonomica et Geobotanica* 30: 15-30.

Hasegawa, J. 1980. Estudos taxonómicos sobre Anthocerotae asiáticos. II. Algumas espécies asiáticas de Dendroceros. *J. Hatt. Bot. Lab,* 47: 287-309.

Hasegawa, J. 1983. Estudos taxonómicos sobre Anthocerotae asiáticos. III. Espécies asiáticas de Megaceros. *J. Hatt. Bot. Lab.* 54: 227-240.

Hasegawa, J. 1994. Nova classificação de Anthocerotae. *J. Hattori Bot. Lab.* 76: 21-34.

Hassel de Menendez, G.G. 1988. Uma proposta para uma nova classificação dos géneros em Anthocerotophyta. *J. Hattori Bot. Lab.,* 20: 260.

Hedenas, L. 1991. Economic Bryology - a review of the uses of Bryophytes. *Svensk Botanisk Tisdskrift,* 85: 347-354.

Hentschel, J., Wilson, R., Burghardt, M., Zündorf, H.J., Schneider, H. e Heinrichs, J. 2006. Reinstatement of Lophocoleaceae (Jungermanniopsida) based on chloroplast gene *rbcL* data: exploring the importance of female involucres for the systematics of Jungermanniales. *Pl. Syst. Evol.,* 258: 211-226.

Hill, M.O., Bell, N., Bruggeman-Nannenga, M.A., Brugués, M., Cano, M.J., Enroth, J., Flatberg, K.I., Frahm, J.P., Gallego, M.T., Garilleti, R., Guerra, J., Hedenas, L., Holyoak, D.T., Hyvonen, J., Ignatov, M.S., Lara, F., Mazimpaka, V., Muñoz, J. e Söderström. 2006. Bryological Monogragh-An annotated checklist of the mosses of Europe and Macaronesia. *J. Bryol,* 28: 198-267.

Hoffman, G.R. e Kazmierskii, R.G. 1969. An ecological study of epiphytic bryophytes and lichens on *Pseudotsuga menziessi* from the Olympic peninsula, Washington- I. A description of the vegetation. *The Bryologist,* 72: 1-19.

Hofmeister, W. 1851. *Vergleichende untersuchungen,* Leipzig.

Hong, W.S. e Glime, J.M. 1997. Comparação das comunidades de forófitos em três grandes espécies de árvores na Ilha Ramsay, Ilhas Queen Charlotte, Canadá: briófito vs líquen dominante. *Lindbergia,* 22: 21-30.

Hoof, L., Van, D.A., Vanden Berghe, E., Petit e Vlietinck, A.J. 1981. Triagem antimicrobiana e antiviral de Bryophyta. *Fitoterapia,* 52: 223-229.

Hooker, W.J. 1808. Musci Nepalensis. *Trans. Linn. Soc. Land. (Bot.),* 9: 307-322.

Hooker, W.J. 1818-20. *Musci Exotici.* Vol. I-II, Londres.

Hooker, W.J. e Greville, R.K. 1825. Sobre o género *Hookeria* de Smith da ordem Musci. *Edinb. J. Sci.,* 2: 221-236.

Hosokawa, T. e Omura, M. 1959. Sobre um breve estudo da dinâmica da comunidade de epífitas. *Ser. E. (Biol.),* 3: 43-50.

Howe, M.A. 1899. Hepaticeae e Anthocerotaceae da Califórnia. *Mem. Torrey Bot. Club.,* 7:1-208.

Hu, R. 1987. *Bryology.* Imprensa do Ensino Superior, Pequim, pp. 465.

Hu, R. 1990. Distribuição de briófitas na China. *Trop. Bryol.,* 2: 133.

Huneck, S. 1983.Química e Bioquímica de Briófitas. In: Schuster, R.M., editor. New Manual of Bryology. Nichinan, Miyazaki, Japão: *The Hattori Bot. Lab.,* pp. 1-116.

Hyvonen, J. e Pippo, S. 1993. Análise cladística das hornworts (Anthocerotophyta). *J. Hattori Bot. Lab.,* 74: 105-119.

Ilhan, S., Savaroglu, F., Colak, F., ¡seen, C.F. e Erdemgil, F.Z. 2006. Atividade antimicrobiana de Palustriella commutata (Hedw.) *Turk J. Biol,* 30: 149-152.

Indu, M.N., Hatha, A.A.M., Abirosh, C., Harsha, U. e Vivekanandan, G. 2006. Atividade antimicrobiana de algumas especiarias do sul da Índia contra sorotipos de *Escherichia coli, Salmonella, Listeria monocytogenes* e *Aeromonas hydrophila. Braz. J. Microbiol.,* 37: 153-158.

Ivanova, V., Kolarova, M., Aleksieva, K., Dornberger, K.J. e Haertl, A. et al., 2007. Sanionins: Agentes anti-inflamatórios e antibacterianos com fraca citotoxicidade do musgo antártico *Sanionia georgico-uncinata.* Prep. *Biochem. Biotechnol.* 37: 343-352.

Iwaksuki, Z. 1979a. Musgos do centro do Nepal recolhidos pela expedição Kochi Himalayan da Universidade de Chiba em 1977. *J. Hattori Bot. Lab,* 46: 289-310.

Iwaksuki, Z. 1979b. Musgos do Nepal Oriental recolhidos pela expedição aos Himalaias da Universidade de Chiba em 1976. *J. Hattori Bot. Lab.,* 46: 373-384.

Iwatsuki, Z. 1990. Origem da flora de briófitas da Nova Caledónia. *Trop. Bryol.,* 2:139-148.

Johnson, J. 1992. A colheita secreta. *American Forests,* pp. 28-31.

Jones, C.G., Lawton, J.H. e Shachak, M. 1994. Organisms as ecosystem engineers. *Oikos* 69: 373-386.

Jonsgard, B. e Birks, H.J.B. 1993. Quantitative studies on saxicolous bryophytes - environmental relationship in Western Norway. *J. Bryol,* 17: 579-611.

Jussieu, A.L. 1836. Introduction in Historium Plantarum. Paris (Imprine Chez Paul Renouard.), 1: 111.

Kachroo, P. 1954. Estudos em Assam Hepaticae IV. Sobre algumas espécies de *Anthoceros* L., *Notothylas* Sull. e *Riccia* L. do leste da Índia. *J. Univ. Gauhati,* 5: 124-133.

Kachroo, P. 1967. Um novo *Anthoceros* de Kerala. *Curr. Sci,* 3: 353.

Kamimura, M. 1939. Estudos sobre a epífila Hepaticae e suas plantas anexas em Sikoku, Japão. *J. Jap. Bot,* 15: 63-83.

Kamimura, M. 1961. Uma monografia das Frullaniaceae japonesas. *J. Hattori Bot. Lab,* 24: 1-108.

Kamory, E., Keseru, G. M. e Papp, B. 1995. Isolamento e atividade antibacteriana da Marchantiina A, um bis (bifenilo) cíclico constituinte da *Marchantia polymorpha húngara. Planta Medica.* 61: 387-388.

Kashid, J.K. e Chavan, S.J. 2012. Potencialidade bioactiva de alguns extractos de hepáticas talóides. *J. Nat. Prod. Plant Resour,* 2: 593-596.

Kashyap, S.R. 1914. Morphological and biological notes on new and little known West-Himalayan liverworts I, *New Phytol,* 13: 206-236.

Kashyap, S.R. 1915. Morphological and biological notes on new and little known West-Himalayan liverworts III, *New Phytol,* 14: 1-18.

Kashyap, S.R. 1916. Liverworts of the Western Himalayas and the Punjab with notes on known species and description of new species I. *J. Bombay Nat. His. Soc.,* 24: 343-350.

Kashyap, S.R. 1917. Liverworts of the Western Himalayas and the Punjab with notes on known species and description of new species II. *J. Bombay Nat. His. Soc.,* 25: 279-281.

Kashyap, S.R. 1929-1932. Liverworts of the Western Himalayas and the Punjab Plain, Part I and II, (Reprint 1972). *Research Co Publications,* Trinagar, Delhi.

Kashyap, S.R. 1972. *Liverworts of the Western Himalayas and the Punjab Plain, Part-I and II* (Reprints 1972). Research Co. Publicações, Trinagar. Delhi.

Kashyap, S.R. e Chopra, R.S. 1932. *Liverworts of the Western Himalayas and the Punjab Plains-II.* Lahore.

Kitagawa, N. 1967. Estudos sobre as hepáticas da Tailândia. I. O género *Bazzania,* com introdução geral. *J. Hattori Bot. Lab,* 30: 249-270.

Kitagawa, N. 1968. Estudos sobre as hepáticas da Tailândia. III. O género *Leucolejeunea. Tonan Ajia Kenkyu (Estudos do Sudeste Asiático),* 6: 138-148.

Koch, L.F. 1956. Nota sobre a terminologia briológica. *The Bryologist,* 59: 23-25.

Koponen, T. 1990. Bryophyte flora of Western Melanesia. *Trop. Bryol.,* 2: 149160.

Koul, R.K. e Singh, G. 1972. Some Mosses from Kashmir. *The Bryologist,* 75: 586-588.

Krishnaswamy, N.R. 2003. *Chemistry of Natural Products - A Laboratory Handbook.* 1st ed., Universities press India Pvt. Ltd., pp. 136.

Kumar, P. e Chaudhary, B.L. 2010. Atividade antibacteriana do musgo *Entodon myurus* (Hook) Hamp. contra algumas bactérias patogénicas. *The Bioscan,* 5: 605-608.

Lal, J. 2005. *A Checklist of Indian Mosses.* Bishen Singh Mahendra Pal Singh Publications, Dehra Dun.

Lal, J. e Parihar, N.S. 1979. Contribuições para a brioflora da Zona Central da Índia I, Liverworts. *J. Indian Bot. Soc,* 58: 110-114.

Leimpriecht, K.G. 1895. Die Laubamoose Deutschlands, Österreichs und der Schweiz. III. In: *Kryptogamen Flora.* L. Rabenhorst, Leiprig.

Linnaeus, C. 1753. *Species Plantarum.* 2nd ed., Vol. II, Musci, Holmiae.

Lloret, F., Cros, R.M., Brogues, M. e De la Cerba, G.I. 1997. Biogeografia e corologia dos briófitos da Serra de Gredos (Espanha). *Cryptogamie Bryologie Lichenologie,* 18: 151164.

Lorimer, S.D. e Perry, N.B. 1993. Um bibenzil antifúngico da hepática da Nova Zelândia *Plagiochila stevensoniana*. *J. Natural Products*, 56: 1444-1450.

Lorimer, S.D. e Perry, N.B. 1994. Hidroxiacetofenonas antifúngicas da hepática da Nova Zelândia *Plagiochila fasciculata*. *Planta Medica*, 60: 386-387.

Macvicar, S.M. 1926. *The student's handbook of British hepatics*. Eastbourne.

Madson, G.C. e Pates, A.L. 1952. Ocorrência de substâncias antimicrobianas em plantas clorofiladas que crescem na Flórida. *Botanical Gazette*, 113: 293-300.

Magill, R.E. 2010. Moss Diversity: new look at old numbers. *Phytotaxa*, 9: 167-174.

Mahabale, T.S. 1941. Uma hepática há muito perdida do sul da Índia. *Aspiromitus,* um membro raro dos Anthocerotes. *Curr. Sci,* 10: 530-533.

Mahabale, T.S. e Bhate, P.D. 1945. The structure and life-history of *Fimbriaria angusta* St. *J. Univ. Bombay*, 13: 5-15.

Mahabale, T.S. e Chavan, A.R. 1954. The distribution of liverworts in Gujarat. *JM.S.Univ. Baroda*, 3: 13-16.

Mahabale, T.S. e Gorji, G.H. 1940. Chromosomes of *Riccia himalayensis* St. (Ms.) *Curr. Sci,* 1: 28-29.

Manju, C.N., Rajesh, K.P. e Madhusoodanan, P.V. 2008. Checklist of Bryophytes of Kerala, India. *TropicalBryol. Res. Rep.,* 7: 1-26.

Martellos, S., Aleffi, M., Tacchi, R., Riccamboni, R. e Nimis, P.L. 2013. Um sistema de informação sobre hepáticas, hornworts e musgos italianos. *Plant Biosystems,* 147: 529-535.

Matos, F.J.A. Aguiar, L.M.B.A. e Silva, M.G.A. 1988. Constituintes químicos e atividade antimicrobiana de *Vatairea macrocarpa* Ducke. *Ata Amazonica,* 18: 351-352.

Mattila, P. e Koponen, T. 1999. Diversidade da flora de briófitas e vegetação em madeira podre em florestas tropicais e montanhosas do nordeste da Tanzânia. *Trop. Bryol.,* 16: 139-164.

McCleary, J.A. e Walkington, D.L. 1966. Mosses and antibiosis. *Lichenol. Rev. Bryol,* 34: 30914.

McCleary, J.A., Sypherd, P.S. e Walkington, D.L. 1960. Mosses as possible sources of antibiotics. *Science,* 131: 108.

Merwin, M.C., Gradstein, S.R. e Nadkarni, N.M. 2001. Epiphytic bryophytes of Monteverde, Costa Rica. *Tropical Bryol.,* 20: 63-70.

Miller, H. e Whittier, H.O. 1990. Bryophyte floras of tropical pacific islands. *Trop. Bryol.,* 2: 167-176.

Miller, N.G. e Miller, H. 1979. Make use the Bryophyte. *Horticultura,* 57: 40-47.

Mishra, R. e Verma, D.L. 2009. Atividade antifúngica e composição flavonoide de *Wiesnerella denudata* Steph. *Academia Arena*, 1: 42-45.

Mitten, W. 1859. *Musci Indiae Orientalis,* uma enumeração dos musgos das Índias Orientais. *J. Finn. Soc. Bot. Suppl,* 1: 1-171.

Mitten, W. 1860. Hepaticae Indiae Orientalis, uma enumeração das Hepaticae das Índias Orientais. *J. Proc. Soc. Bot.,* 5: 89-108.

Mitten, W. 1861. Hepaticae Indiae Orientalis, uma enumeração das Hepaticae das Índias Orientais. *J. Proc. Soc. Bot.,* 5: 109-128.

Montagne, C.J.F. 1842. *Cryptogamme Nilgheriensis. Ann. Sci. Nat. Bot.,* 17: 213-256.

Mueller, C. 1853-1854. Musci Nilgheriensis. *Bot Ztg*, 1853:17-24. 33-40, 56-62; 1854: 556-559, 569-574.

Mueller, C. 1871. Musci Indici Novi. *Linnaea*, 37:163-182.

Mueller, K. 1951-58. Die Laberomoose Europas. 3rd ed., In: *Rabenhorst's Kryptogamen Flora*, Leipzing.

Mukhopadhyay, S.T., Mitra, S., Biswas, A., Das, N. e Sarkar, M.P. 2013. Triagem do potencial antimicrobiano e antioxidante de musgos selecionados do Himalaia Oriental. *European J. Med. Plants*, 3: 422-428.

Nair, M.C., Rajesh, K.P. e Madhusoodanan, P.V. 2004. *Bryum tuberosum* Mohamed e Damanhuri, um novo registo para a Índia. *Ind. J. Forestry*, 27: 39-40.

Nair, M.C., Rajesh, K.P. e Madhusoodanan, P.V. 2005. *Bryophytes of Wayanad in Western Ghats*. Malabar Natural History Society, Calicut, Índia, pp. i-iv+284.

Nakanishi, K. 1999. Diversidade de espécies de comunidades de briófitas em relação a gradientes ambientais. *J. Hattori. Bot. Lab.*, 86: 243-255.

Nash, E. 1972. *Effect of effluents from a zinc smelter on mosses (Efeito dos efluentes de uma fundição de zinco nos musgos)*. Tese de doutoramento, Universidade de Rutgers.

Nash, T.H. e Nash, E.H. 1974. Sensibilidade dos musgos ao dióxido de enxofre. *Oecologia*, 17: 257-263.

Nath, V. e Asthana, A.K. 1998. Diversidade e distribuição do género *Frullania* Raddi no Sul da Índia. *J. Hattori Bot. Lab.*, 85: 63-82.

Nath, V. e Singh, A.P. 2006. *Frullania udarii* sp. nov. - Uma nova espécie de Meghalaya, Índia. *Curr. Sci.*, 91: 744-746.

Nath, V., Asthana, A.K. e Kapoor, R. 2005. Um estudo sobre o género *Fissidens* Hedw (Musci.) do santuário de Achanakmar (Chattisgarh). *Ind. J. Forestry*, 28: 433-438.

Nath, V., Asthana, A.K. e Singh, A.P. 2000. Role of bryophytes in soil management and rock binding. *Geophytol.* 28: 95-100.

Negi, H.R. 2001. Diversidade e dominância de hepáticas de Chopta Tunganath nos Himalaias de Garhwal. *J. Ecol. Environ. Sci*, 27: 13-21.

Negi, H.R. e Gadgil, M. 1997. Species diversity and community ecology of mosses: A case study from Garhwal Himalaya. *Int. J. Ecol. Environ. Sci*, 23: 445-462.

Negi, H.R. e Gadgil, M. 2002. Cross-taxon surrogacy of biodiversity in the Indian Garhwal Himalaya. *Biological Conservation*, 105: 143-155.

Newton, M.E. 1972. Chromosome studies in some South Georgian Bryophytes. *Br. Antarct. Surv. Bull*, 30: 41-49.

Nikolajeva, V., Liepina, L., Petrina, Z., Krumina, G., Grube, M. e Muiznieks, I. 2012. Atividade antibacteriana de extratos de algumas briófitas. *Adv. Microbiol.*, 2: 345-353.

O'Neill, K.P. 2000. Papel dos ecossistemas dominados por briófitas no orçamento global de carbono. In: *Bryophyte Biology* (Shaw, A.J. e Goffinet, B. eds.), Cambridge University Press 344-368.

Pande, S.K. 1932. Sobre a morfologia de *Notothylas indica* Kash. *J. Indian Bot. Soc*, 11: 169-177.

Pande, S.K. 1934. Sobre a morfologia de *Notothylas levieri* Schiff. *MS Proc. Indian Acad. Sci,* 1: 205-217.

Pande, S.K. e Srivastava, K.P. 1954. Sobre algumas espécies indianas pouco conhecidas de *Asterella* Beauv. *J. Hattori Bot. Lab,* 11: 1-10.

Pande, S.K. e Udar, R. 1957a. A species of *Riccia, R. aravalliensis* Pande *et* Udar sp. nov., from Mt. Abu, Rajasthan India. *J. Indian Bot. Soc.,* 36: 248-253.

Pande, S.K. e Udar, R. 1957b. O género *Riccia* na Índia-I. A reinvestigation of the taxonomic status of the Indian species of Riccia. *J. Indian Bot. Soc,* 36: 564-579.

Pande, S.K. e Udar, R. 1958. O género Riccia na Índia - II. Espécies de *Riccia* do Sul da Índia com descrição de uma nova espécie e nota sobre a sinonímia de algumas espécies recentemente descritas. *Proc. Nat. Inst. Sci. India,* 24: 79-88.

Pande, S.K. e Udar, R. 1959. O género Riccia na Índia - III. Espécies de Riccia do Território dos Himalaias Orientais com descrição de uma nova espécie, *R. attenuata* Pande sp.nov. *Proc. Nat. Inst. Sci. India,* 25: 90-100.

Pande, S.K., Mahabale, T.S., Raje. Y.B. e Srivastava, K.P. 1954. Studies on Indian Metgzerineae I. *Fossombronia himalayensis* Kash. *Phytomorphology,* 4: 365-378.

Pant, G. 1981. Briófitas tolerantes aos metais, "ferramentas" interessantes para a prospeção geobotânica. *Indian J. Forestry,* 4: 186-190.

Pant, G.B. e Tewari, S.D. 1981. Birds gather bryophytes for nest building. *Phyta,* 5: 57-60.

Pant, G.B. e Tewari, S.D. 1990. Bryophytes and Mankind. *Ethnobotany,* 2: 97-103.

Pant, G.B., Pargalen M.C. e Bisht, L.S. 1986. Bryological activities in North West Himalaya II. A bryophyte foray in the Askot region of district Pithoragarh (Kumaon Himalayas). *Bryological Times,* 29: 2-3.

Paton, J. 1999. *The Liverwort Flora of the British Isles.* Harley Books, Inglaterra, p. 626.

Pejin, B., Sabovljevic, A., Sokovic, M., Glamoclija, J., Ciric, A., Vujicic, M. e Sabovljevic, M. 2012. Atividade antimicrobiana de *Rhodobryum ontariense. Hem. Ind,* 66: 381-384.

Perez, C., Pauli, M. e Bazerque, P. 1990. Um ensaio antibiótico pelo método de difusão em poço de ágar. *Ata Biologiae etMedecine Experimentaalis,* 15:113-115.

Perin, F. 1962. Os musgos da floresta - um meio de cultura pouco utilizado. *Am. OrchidSoc. Bull,* 31: 988.

Pocs, T. 1975. Hepáticas epífilas novas ou pouco conhecidas-I. *Cololejeunea* da África tropical. *Ata Bot. Acad. Sci. Hung,* 21: 353-375.

Pocs, T. 1978. Comunidades epífilas e sua distribuição na África Oriental. *Bryophyt. Biblioth.,* 13: 681-713.

Pocs, T. 1980. Hepáticas epífilas novas ou pouco conhecidas, II. Três novas *Cololejeunea* da África Oriental. *J. Hattori Bot. Lab.,* 48: 305-320.

Pocs, T. 1982. Briófitas das florestas tropicais. In: *Bryophyte Ecology* (Smith, A.J.E. ed.), Chapman and Hall, Landon, pp. 59-104.

Pocs, T. 1984. Hepáticas epífilas novas ou pouco conhecidas, III. O género *Aphanolejeunea* Evans na África tropical. *Cryptog. Bryol. Lichenol.,* 5: 239-267.

Pocs, T. 1985. Briófitas da África Oriental. VII. As hepáticas da expedição do projeto da floresta tropical de Usambaria, 1982. *Ata. Bot. Hung,* 31: 113-133.

Pocs, T. 1990. A exploração da brioflora da África Oriental. *Trop. Bryol.,* 2: 177-192.

Pocs, T. 1993. Hepáticas epífilas novas ou pouco conhecidas, IV. Duas novas Cololejuneoideae do Arquipélago de Comoro. *J. Hattori Bot. Lab.,* 74: 45- 57.

Pocs, T. 1996. Diversidade de hepáticas epífilas a nível mundial e sua ameaça e conservação. *Anales Inst. Biol. Univ. Nac. Auton.* México, *Ser. Bot.,* 67: 109-127.

Pocs, T. 1997a. A distribuição e a origem das briófitas foliícolas nas ilhas do Oceano Índico. *Abstr. Bot,* 21: 123-134.

Pocs, T. 1997b. Hepáticas epífilas novas ou pouco conhecidas, VI. *Papillolejeunea* gen. nov. da Papua Nova Guiné. *Trop. Bryol,* 13: 1-18.

Pocs, T. 1997c. Hepáticas epífilas novas ou pouco conhecidas, VII. Duas novas espécies de Lejeuneaceae das Ilhas Mascarenhas. *Cryptog. Bryol. Lichenol.,* 18: 195- 205.

Pocs, T. 2012a. Hepáticas epífilas novas ou pouco conhecidas, XVI. Uma pequena coleção do Laos. *Ata Biologica Plantatum Agriensis,* 2: 5-10.

Pocs, T. 2012b. Briófitas das Ilhas Fiji, VI. The Cololejeunea Raddi (Jungermanniopsida), com a descrição de sete novas espécies. *Ata Botanica Hungarica,* 54: 145-188.

Pócs, T. e Streimann, H. 1999. Epiphyllous liverworts from Queensland, Australia. *Bryobrothera,* 5: 165-172.

Pócs, T. e Streimann, H. 2006. Contribution to the Bryoflora of Australia, I. *Trop. Bryol,* 27: 1924.

Pojar, A. e Mac, K. 1994. Plants of the Pacific Northwest Coast. Vancouver, Lone Pine Publishing, Colúmbia Britânica.

Potier de la Varde, R. 1927. Musgos de 1' Oubangu.*Archs. Bot. Bull. Mens.,* 1: 1-153.

Proskauer, J. 1951. Estudos sobre Anthocerotales. III. *Bull. Torrey Bot. Club,* 78: 331-349.

Proskauer, J. 1953. Estudos sobre Anthocerotales IV. *Bull. Torrey Bot. Club,* 80: 65-75.

Proskauer, J. 1957. Estudos sobre Anthocerotales V. *Phytomorphol.,* 7: 113-135.

Raghavan, R.S. e Wadhwa, B.M. 1968. Musgos das cordilheiras Agumbe-Hulical do distrito de Shimoga. *Bull. Bot. Surv. India,* 10: 344-347.

Raghavan, R.S. e Wadhwa, B.M. 1970. Mosses of Agumbe (Shimoga District, Mysore State) II key to species and new records for India.*M.VM. Patrika,* 5: 28-37.

Redfearn, P. 1990. Componente tropical na flora de musgo da China. *Trop. Bryol.,* 2: 201-222.

Robinson, H. 1970. Rev. Bryologique *et* Lichenologique. *Fasc.,* 4: 941-947.

Rojas, R., Bustamante, B., Bauer, J., Fernández, I., Albán, J. e Lock, O. 2003. Antimicrobial activity of selected Peruvian medicinal plants. *JEthnopharmacol,* 88: 199-204.

Russell, M.D. 2010. Atividade antibiótica de extractos de alguns briófitos no sudoeste da Colúmbia Britânica. *Med. Student J. Australia,* 2: 9-14.

Sabovljevic, A., Sokovic, M., Glamoclija, J., Circ, A., Vujicic, M., Pejin, B. e Sabovljevic, M. 2011. Bioatividades de extratos de algumas briófitas cultivadas axenicamente e cultivadas naturalmente. *J. Med. Pl. Res.,* 5: 565-571.

Sabovljevic, M. 2000. Checklist of hepatics of the Federal Republic of Yugoslavia. *Lindbergia,*

25: 128-133.

Sabovljevic, M. 2006. Contribuição para a flora de briófitas do Parque Nacional de Djerdap (E Sérvia). *Phytologia Balcanica*, 12: 51-54.

Samy, R.P. 2005. Atividade antimicrobiana de algumas plantas medicinais da Índia. *Fitoterapia*, 76: 697699.

Sathisha, A.M. 2007. *Survey and Documentation of Bryophytes in Bhadra Wildlife sanctuary, Karnataka.* Tese de doutoramento, Universidade de Kuvempu, Shankaraghatta, Shivamogga.

Schiffner, V. 1929. Über epiphylle Lebermoose aus Japan nebst einigen Beobachtungen über Rhizoiden, Elateren and Brutkörper. *Ann. Bryol.,* 2: 87-106.

Schiffner, V. 1938. Monográfico do Gattung *Cyathodium-I. Ann. Bryol,* 11: 131-140.

Schiffner, V. 1939. Monográfico do Gattung *Cyathodium-II. Ann. Bryol.,* 12: 123-142.

Schofield, W.B. 1969. *Some Common Mosses of British Columbia (Alguns musgos comuns da Colúmbia Britânica).* Brit. Col. Prov. Museum Hand Book, Victoria, 28, p. 262.

Schofield, W.B. 2004. Géneros endémicos de briófitas da América do Norte (Norte do México). *Preslia, Praha,* 76: 255-277.

Schuster, R.M. 1958. Annotated key to the orders, families and genera Hepaticae of America and north of Mexico. *The Bryologist,* 61: 1- 66.

Schuster, R.M. 1966. The Hepaticae and Anthocerotae of North America east of the Hundredth meridian. Vol. I, Columbia University Press, Nova Iorque e Londres, pp. 1-802.

Schuster, R.M. 1992. The Hepaticae and Anthocerotae of North America, East of the Hundredth Meridian. Vol. 6, Field Museum of Natural History, Chicago, p. 937.

Schwagrichen, F. 1811-1842. (Hedwig's *Species Muscorum)* Opus posthumum supplementum primum scriptum. Leipzig. Suppl. 1(I): 1811; (II) 1816. Suppl. 2(I): 1826-27, Supl. 3(I): 1827-28; (II): 1829-30. Supl. 4(1): 1842.

Schwarz, U. 2011. An Updated Checklist of Bryophytes of Karnataka. *Arquivo de briologia,* 181: 142.

Shacklette, H.T. 1967. Copper mosses as indicators of metal concentrations". U.S. *Geol. Surv. Bull.,* 1198-G, Washington D.C.

Shannon, C.E. e Weaver, W. 1963. *The Mathematical Theory of Communication.* University of Illinois Press, Champaign, IL USA, p. 117.

Shapoval, E.E.S., Silveira, S.M., Miranda, M.L., Alice, C.B. e Henriques, A.T. 1994. Avaliação de algumas atividades farmacológicas de *Eugenia uniflora. J. Ethnopharmacol,* 44: 136-142.

Sharma, C., Sharma, A. e Katoch, M. 2013. Avaliação comparativa da atividade antimicrobiana do extrato metanólico e dos compostos fenólicos de uma hepática, *Reboulia hemispherica. Arquivo de Bryologia,* 192: 1-6.

Sharma, D. e Srivastava, S.C. 1993. Indian Lepidoziineae - (Uma revisão taxonómica). *Bryophytorum Bibliotheca,* 47: 1-353.

Sharma, M.P., Ratuari, R.P. e Gaur, R.D. 1981. Palynological studies on some liverworts of Garhwal Himalayas. *Curr. Sci,* 50: 353-356.

Shen, J., Li, G., Liu, Q., He, Q., Gu, J., Shi, Y. e Lou, H. 2010. Marchantin C: Um potencial agente anti-invasão em células de glioma. *Cancer Biol. Ther.,* 9: 33-39.

Shi, Y.Q., Liao, Y.X., Qu, X.J., Yuan, H.Q., Li, S., Qu, J.B. e Lou, H.X. 2008. Marchantin C, um bisbibenzil macrocíclico, induz a apoptose de células de glioma humano A172. *Cancer Lett,* 262: 173-182.

Shi, Y.Q., Zhu, C.J., Yuan, H.Q., Li, B.Q. e Gao, J. et al., 2009. Marchantin C, um novo inibidor de microtúbulos da hepática com atividade antitumoral in vivo e in vitro. *Cancer Lett,* 276: 160-170.

Siddiqui, A.A. e Ali, M. 1997. Practical pharmaceutical chemistry. 1st ed., CBS Publishers and Distributors, New Delhi, pp. 126-131.

Simpson, E.H. 1949. Measurement of diversity, *Nature,* 163: 688.

Sim-Sim, M., Bergamini, A., Luís, L., Fontinha, S., Martins, S., Lobo, C. e Stech, M. 2011. Diversidade de briófitos epífitos na Ilha da Madeira: Efeitos das espécies arbóreas na riqueza e composição de espécies de briófitos. *The Bryologist,* 114: 142-154.

Singh, A.P. e Nath, V. 2007. Hepaticae of Khasi and Jaintia Hills: Eastern Himalaya's. Bishen Singh Mahendra Pal Singh, Dehra Dun, Índia, p. 382.

Singh, D. e Singh, D.K. 2006. Studies on oil-bodies in some foliose Liverworts from East Sikkim. *Indian J. For,* 29: 457-461.

Singh, D., Dey, M. e Singh, D.K. 2008. Estudos sobre corpos oleosos em algumas hepáticas folhosas de East Sikkim-II. *Indian J. For,* 31: 315-320.

Singh, D.K. 1994. Distribuição da família Notothylaceae na Índia e seu significado fitogeográfico. *Adv. Plant Sci. Res.,* 2: 28-43.

Singh, D.K. 1997. Liverworts. In: *Floristic studies and conservation strategies in India-I* (Mudgal, V. and Hajra, P.K. eds.), Dehra Dun, pp. 235-300.

Singh, D.K. 2008. Redescoberta de *Calypogeia aeruginosa* Mitt. (Hepaticae: Calypogeiaceae)-Uma hepática há muito perdida de Sikkim, Índia. *J. Bryol,* 30: 231-237.

Singh, D.K. e Singh, S.K. 2003. *Conocephalum japonicum* (Thumb) Grolle (Bryophyta: Conocephalaceae) - Uma hepática redescoberta na Índia. *Ind. J. For.,* 26: 442-444.

Singh, M., Govindarajan, Nath.V., Singh, K.A.R. e Mehrotra. S. 2006. Atividade antimicrobiana de *Plagiochasma appendiculatum* Lehm. et Lind., *J. Ethanopharmacol,* 107: 67-72.

Singh, M., Rawat, A.K.S. e Govindarajan, R. 2007. Antimicrobial activity of some Indian mosses (Atividade antimicrobiana de alguns musgos indianos). *Fitoterapia,* 78: 156-158.

Singh, S.K. 1999. Indian Hepaticae: Status and Strategies. *Ann. For.,* 7: 199-211.

Singh, S.K. e Singh, D.K. 2007a. Um censo preliminar de Hepaticae e Anthocerotae de Doon Valley. *Bull. Bot. Surv. India,* 49: 1-14.

Singh, S.K. e Singh, D.K. 2007b. *Cephalozia schusteri* (Cephaloziaceae, Hepaticae) - uma nova espécie da Índia, com nota sobre as espécies indianas do género. *Lindbergia,* 32: 1-4.

Singh, S.K., Singh, D. e Singh, D.K. 2004. Sobre duas hepáticas dignas de nota dos Himalaias ocidentais, Índia. *Ann. For.,* 12: 56-60.

Sjögren, E. 1997. Briófitos epífilos nas ilhas dos Açores. *Arq. Life and Marine Sci,* 15: 1-49.

Slack, N.G. 1976. Especificidade do hospedeiro de epífitas briófitas no leste da América do Norte. *J. Hattori Bot. Lab,* 41: 107-132.

Smith, A.J.E. 1982. *Bryophyte Ecology.* Chapman and Hall Ltd. e Methuen, Inc. U.S.A.

Smith, G.M. 1955. *Cryptogamic Botany-II: Bryophytes andPteridophytes*. McGraw Hill Book Co. Inc., EUA.

Srinivasan, K.S. 1968. An ecological and distributional resume of the liverworts and mosses of India. *Bot. Surv. India*, 10: 377-380.

Srivastava, S.C. 1994. Bryophyta: morfologia, sistemática, biologia reprodutiva. In: *Botany in India- History and progress* (Johri, B.M. ed.), Nova Deli, pp. 387-436.

Srivastava, S.C. e Rawat, K.K. 2001. Sobre uma hepática endémica há muito perdida (Hepaticae) da Índia. *Curr. Sci,* 80: 1848-1486.

Srivastava, S.C. e Verma, P.K. 2004. Exploração da diversidade de hepáticas na plantação de Cinchona em Dodabetta, Nilgiri hills, Índia. *Geophytol,* 32 :1-18.

Srivastava, S.C. e Alam, A. 2005. Família Scapaniaceae, nova na Bryoflora do Sul da Índia. *Ind. J. For,* 28: 291-294.

Stephani, F. 1900. *Species Hepaticarum-1*. Genebra.

Stephani, F. 1906. *Species Hepaticarum-2*. Genebra.

Stephani, F. 1906-1909. *Species Hepaticarum-3*. Genebra.

Stephani, F. 1909-1912. *Species Hepaticarum-4*. Genebra.

Stephani, F. 1912-1917. *Species Hepaticarum-5*, Genebra.

Stephani, F. 1917-1924. *Species Hepaticarum-6*. Genebra.

Stevenson, P.C., Simmonds, M.S., Sampson, J., Houghton, P.J. e Grice, P. 2002. Atividade de cicatrização de feridas de glicosídeos iridóides acilados de *Scrophularia nodosa. Phytotherapy Res,* 16: 3335.

Stringer, P.W. e Stringer, M.H.L. 1974. A quantitative study of corticolous bryophytes in the vicinity of Winnipeg, Manitoba. *The Bryologist,* 77: 551-560.

Theurillat, J.P., Schlussel, A., Geissler, P., Guisan, A., Velluti, C. e Wiget, L. 1993. Diversidade de plantas e briófitas ao longo de gradientes de elevação nos Alpes. In: *Alpine Biodiversity in Europe* (Nagy, L., Grabherr, G., Koerner, C. e Thompson, D.B.A. eds.), *Ecological studies (Springer)*, 167: 185-193.

Toyota M., Asakawa, Y. e Frahm, J.P. 1990. Entsesquiterpenóides e bis cíclicos (bibenzilos) da hepática *alemãMarchantiapolymorpha. Phytochem,* 29: 1577-1584.

Tyler, G. 1971. A análise de musgos como método de levantamento da deposição de metais pesados. In: *Proceedings of the Second International Clean Air Congress* (England, M. and Berry, W. eds.), Academic Press, New York, 129-132.

Ücüncü, O., Cansu, T.B., Özdemir, T., Alpay Karaoglu, §. e Yayli, N. 2010. Composição química e atividade antimicrobiana dos óleos essenciais de musgos (*Tortula muralis* Hedw., *Homalothecium lutescens* (Hedw.) H. Rob., *Hypnum cupressiforme* Hedw. e *Pohlia nutans* (Hedw.) Lindb.) da Turquia. *Turk J. Chem.,* 34: 825-834.

Udar, R., Srivastava, S.C. e Kumar, D. 1970. Oil-bodies in Indian liverworts. *Curr. Sci,* 20: 458459.

Udar, R. e Nath, V. 1971. Oil-bodies in South Indian liverworts. *Curr. Sci.,* 23: 638-640.

Udar, R. e Srivastava, S.C. 1972. Uma nova espécie de *Cyathodium* Kunze, *C. denticulatum* Udar et Srivastava sp. nov. de Darjeeling (Himalaias orientais), Índia. *Geophytol,* 1: 165-169.

Udar, R. 1976. *Avanços recentes em Hepaticae (Liverworts) na Índia.*

Udar, R. e Singh, D.K. 1979. Notothylas dissecta, um hornwort novo na Índia. *The Bryologist,* 82: 625-628.

Ulka, S.J. e Karadge, B.A. 2010. Atividade antimicrobiana de alguns briófitos (hepáticas e um hornwort) do distrito de Kolhapur. *Pharmacognosy. J,* 2: 25-26.

Underwood, L.M. 1894. The evolution of the Hepaticae. *Bot. Gaz.,* 19: 347-361.

Vanderpoorten, A. e Engels, P. 2002. The effects of environmental variation on bryophytes at a regional scale. *Ecografia,* 25: 513-522.

Vats, S. e Alam, A. 2013. Atividade antibacteriana de *Atrichum undulatum* (Hedw.) P. Beauv. contra algumas bactérias patogênicas. *J. Biol. Sci,* 13: 427-431.

Veljic, M., Ciric, A., Sokovic, M., Janackovic, P. e Marin, P.D. 2010. Atividade antibacteriana e antifúngica do extrato de metanol da hepática *(Ptilidium Pulcherrimum). Arch. Biol. Sci.* Belgrade, 62: 381-395.

Veljic, M., Duric, A., Sokovic, M., Ciric, A., Glamolija, J. e Marin, P.D. 2009. Atividade antimicrobiana de extractos de metanol de *Fontinalis antipyretica, Hypnum cupressiforme* e *Ctenidium molluscum. Arch. Biol. Sci.* Belgrade, 61: 225-229.

Vellak, K., Paal, J. e Liira, J. 2003. Diversidade e padrão de distribuição de briófitas e plantas vasculares numa floresta boreal de abetos. *Silva Fennica,* 37: 3-13.

Vidal, C.A.S., Sousa, E.O., Rodrigues, F.F.G., Campos, A.R., Lacerda, S.R. e Costa, J.G.M. 2012. Triagem fitoquímica e interações sinérgicas entre aminoglicosídeos, antibióticos selecionados e extratos do briófito *Octoblepharum albidum* Hedw. (Calymperaceae). *Arch. Biol. Sci.,* Belgrado, 64: 465-470.

Villarreal, J.C., Cargill, D.C., Hagborg, A., Soderstrom, L. e Renzaglia, K.S. 2010. Uma síntese da diversidade de hornwort: Patterns, causes and future work. *Phytotaxa,* 9: 150-166.

Vital, D.H., Giancotti, C. e Pursell, R.A. 1991. A Bryoflora de Fernando de Noronha, Brasil. *Trop. Bryol.,* 4: 23-24.

Vohra, J.N. e Aziz, M.N. 1997. Musgos. *In: Floristic Studies and Conservation Strategies in India* (Mudgal, V. and Hajra, P.K. eds.), Dehra Dun, 1: 301-374.

von Konrat, M., Soderstrom, L., Renner, M.A.M., Hagborg, A. e Briscoe, L. 2010. Early Land Plants Today (ELPT): Quantas espécies de hepáticas existem? *Phytotaxa,* 9: 22-40.

Welch, W.H. 1950. Studies in Indian Bryophytes VIII. *Indian Acad. Sci,* 60: 117-122.

Whitehead, N.E. e Brooks, R.R. 1969. Briófitas aquáticas como indicadores da mineralização do urânio. *The Bryologist,* 72: 501-507.

Wu, P, 1992. The Mossflora of Xishuangbanna, Southern Yunnan, China. *Trop. Bryol.,* 5: 27-34.

Zhu, R.L., Wang D., Xu L., Shi R. P, Wang J. e Zheng M. 2006. Atividade antibacteriana em extractos de algumas briófitas da China e da Mongólia. *J. Bot. Lab,* 100: 603-615.

yes
I want morebooks!

Buy your books fast and straightforward online - at one of world's fastest growing online book stores! Environmentally sound due to Print-on-Demand technologies.

Buy your books online at
www.morebooks.shop

Compre os seus livros mais rápido e diretamente na internet, em uma das livrarias on-line com o maior crescimento no mundo! Produção que protege o meio ambiente através das tecnologias de impressão sob demanda.

Compre os seus livros on-line em
www.morebooks.shop

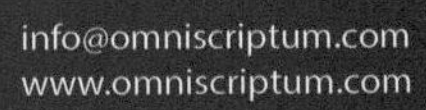

Printed by Books on Demand GmbH, Norderstedt / Germany